普通高等教育"十三五"规划教材

资源循环科学与工程专业系列教材　薛向欣　主编

城市垃圾安全处理与资源化利用

吴畏　编

北　京

冶金工业出版社

2021

内 容 提 要

　　本教材为资源循环科学与工程专业系列教材之一。内容包括：绪论、城市垃圾收集和清运、固体废物的预处理、危险废物的处理方法、固体废物的生物化学处理技术与资源化、城市垃圾卫生填埋处理技术、城市垃圾焚烧及资源化技术、污泥处理技术、废塑料的资源化利用、固体废物处理技术展望等。

　　本教材为资源循环科学与工程专业本科教材和参考书，可作为相关专业研究生参考书，也可作为环境科学与工程专业的本科教学参考书。

图书在版编目（CIP）数据

　　城市垃圾安全处理与资源化利用／吴畏编. —北京：冶金工业出版社，2021. 1

　　普通高等教育"十三五"规划教材

　　ISBN 978-7-5024-8698-3

　　Ⅰ.①城… Ⅱ.①吴… Ⅲ.①城市—垃圾处理—高等学校—教材 ②城市—废物综合利用—高等学校—教材 Ⅳ.①X799. 305

　　中国版本图书馆 CIP 数据核字（2021）第 020551 号

出 版 人　苏长永
地　　　址　北京市东城区嵩祝院北巷 39 号　邮编　100009　电话　(010)64027926
网　　　址　www.cnmip.com.cn　电子信箱　yjcbs@cnmip.com.cn
责任编辑　刘小峰　美术编辑　彭子赫　版式设计　禹　蕊
责任校对　李　娜　责任印制　李玉山
ISBN 978-7-5024-8698-3
冶金工业出版社出版发行；各地新华书店经销；三河市双峰印刷装订有限公司印刷
2021 年 1 月第 1 版，2021 年 1 月第 1 次印刷
787mm×1092mm　1/16；13.5 印张；324 千字；199 页
45.00 元

冶金工业出版社　投稿电话　(010)64027932　投稿信箱　tougao@cnmip.com.cn
冶金工业出版社营销中心　电话　(010)64044283　传真　(010)64027893
冶金工业出版社天猫旗舰店　yjgycbs.tmall.com
　　　　　　　（本书如有印装质量问题，本社营销中心负责退换）

序

人类的生存与发展、社会的演化与进步，均与自然资源消费息息相关。人类通过对自然界的不断索取，获取了创造财富所必需的大量资源，同时也因认识的局限性、资源利用技术选择的时效性，对自然环境造成了无法弥补的影响。由此产生大量的"废弃物"，为人类社会与自然界的和谐共生及可持续发展敲响了警钟。有限的自然资源是被动的，而人类无限的需求却是主动的。二者之间，人类只有一个选择，那就是必须敬畏自然，必须遵从自然规律，必须与自然界和谐共生。因此，只有主动地树立"新的自然资源观"，建立像自然生态一样的"循环经济发展模式"，才有可能破解矛盾。也就是说，必须采用新方法、新技术，改变传统的"资源—产品—废弃物"的线性经济模式，形成"资源—产品—循环—再生资源"的物质闭环增长模式，将人类生存和社会发展中产生的废弃物重新纳入生产、生活的循环利用过程，并转化为有用的物质财富。当然，站在资源高效利用与环境友好的界面上考虑问题，物质再生循环并不是目的，而只是一种减少自然资源消耗、降低环境负荷、提高整体资源利用率的有效工具。只有充分利用此工具，才能维持人类社会的可持续发展。

"没有绝对的废弃物，只有放错了位置的资源。"此言极富哲理，即若有效利用废弃物，则可将其变为"二次资源"。既然是二次资源，则必然与自然资源（一次资源）自身具有的特点和地域性、资源系统与环境的整体性、系统复杂性和特殊性密切相关，或者说自然资源的特点也决定了废弃物再资源化科学研究与技术开发的区域性、综合性和多样性。自然资源和废弃物间有严格的区分和界限，但互相并不对立。我国自然资源禀赋特殊，故与之相关的二次资源自然具备了类似特点：能耗高，尾矿和弃渣的排放量大，环境问题突出；同类自然资源的利用工艺差异甚大，故二次资源的利用也是如此；虽是二次资源，但同时又是具有废弃物和污染物属性的特殊资源，绝不能忽视再利用过程的污染转移。因此，站在资源高效利用与环境友好的界面上考虑再利用的原理和技术，不能单纯地把废弃物作为获得某种产品的原料，而应结合具体二次资源考虑整体化、功能化的利用。在考虑科学、技术、环境和经济四者统一原则下，遵从只有科学原理简单，技术才能简单的逻辑，尽可能低投入、低消耗、低污染和高效率地利用二次资源。

2008 年起，国家提出社会经济增长方式向"循环经济""可持续发展"转变。在这个战略转变中，人才培养是重中之重。2010 年，教育部首次批准南开大学、山东大学、东北大学、华东理工大学、福建师范大学、西安建筑科技大学、北京工业大学、湖南师范大学、山东理工大学等十所高校，设立战略性新兴产业学科"资源循环科学与工程"，并于 2011 年在全国招收了首届本科生。教育部又陆续批准了多所高校设立该专业。至今，全国已有三十多所高校开设了资源循环科学与工程本科专业，某些高校还设立了硕士和博士点。该专业的开创，满足了我国战略性新兴产业的培育与发展对高素质人才的迫切需求，也得到了学生和企业的认可和欢迎，展现出极强的学科生命力。

"工欲善其事，必先利其器"。根据人才培养目标和社会对人才知识结构的需求，东北大学薛向欣团队编写了《资源循环科学与工程专业系列教材》。系列教材目前包括《有色金属资源循环利用（上、下册）》《钢铁冶金资源循环利用》《污水处理与水资源循环利用》《无机非金属资源循环利用》《土地资源保护与综合利用》《城市垃圾安全处理与资源化利用》《废旧高分子材料循环利用》七个分册，内容涉及的专业范围较为广泛，反映了作者们对各自领域的深刻认识和缜密思考，读者可从中全面了解资源循环领域的历史、现状及相关政策和技术发展趋势。系列教材不仅可用于本科生课堂教学，更适合从事资源循环利用相关工作的人员学习，以提升专业认识水平。

资源循环科学与工程专业尚在发展阶段，专业研发人才队伍亟待壮大，相关产业发展方兴未艾，尤其是随着社会进步及国家发展模式转变所引发的相关产业的新变化。系列教材作为一种积极的探索，她的出版，有助于我国资源循环领域的科学发展，有助于正确引导广大民众对资源进行循环利用，必将对我国资源循环利用领域产生积极的促进作用和深远影响。对系列教材的出版表示祝贺，向薛向欣作者团队的辛勤劳动和无私奉献表示敬佩！

中国工程院院士

2018 年 8 月

主编的话

众所周知，谁占有了资源，谁就赢得了未来！但资源是有限的，为了可持续发展，人们不可能无休止地掠夺式地消耗自然资源而不顾及子孙后代。而自然界周而复始，是生态的和谐循环，也因此而使人类生生不息繁衍至今。那么，面对当今世界资源短缺、环境恶化的现实，人们在向自然大量索取资源创造当今财富的同时，是否也可以将消耗资源的工业过程像自然界那样循环起来？若能如此，岂不既节约了自然资源，又减轻了环境负荷；既实现了可持续性发展，又荫福子孙后代？

工业生态学的概念是 1989 年通用汽车研究实验室的 R. Frosch 和 N. E. Gallopou-louszai 在 "Scientific American" 杂志上提出的，他们认为 "为何我们的工业行为不能像生态系统那样，在自然生态系统中一个物种的废物也许就是另一个物种的资源，而为何一种工业的废物就不能成为另一种资源？如果工业也能像自然生态系统一样，就可以大幅减少原材料需要和环境污染并能节约废物垃圾的处理过程"。从此，开启了一个新的研究人类社会生产活动与自然互动的系统科学，同时也引导了当代工业体系向生态化发展。工业生态学的核心就是像自然生态那样，实现工业体系中相关资源的各种循环，最终目的就是要提高资源利用率，减轻环境负荷，实现人与自然的和谐共处。谈到工业循环，一定涉及一次资源（自然资源）和二次资源（工业废弃物等），如何将二次资源合理定位、科学划分、细致分类，并尽可能地进入现有的一次资源加工利用过程，或跨界跨行业循环利用，或开发新的循环工艺技术，这些将是资源循环科学与工程学科的重要内容和相关产业的发展方向。

我国的相关研究几乎与世界同步，但工业体系的实现相对迟缓。2008 年我国政府号召转变经济发展方式，各行业已开始注重资源的循环利用。教育部响应国家号召首批批准了十所高校设立资源循环科学与工程本科专业，东北大学也在其中，目前已有30 所学校开设了此专业。资源循环科学与工程专业不仅涉及环境工程、化学工程与工艺、应用化学、材料工程、机械制造及其自动化、电子信息工程等专业，还涉及人文、经济、管理、法律等多个学科；与原有资源工程专业的不同之处在于，要在资源工程的基础上，讲清楚资源循环以及相应的工程和管理。

通过总结十年来的教学与科研经验，东北大学资源与环境研究所终于完成了《资源循环科学与工程专业系列教材》的编写。系列教材的编写思路如下：

（1）专门针对资源循环科学与工程专业本科教学参考之用，还可以为相关专业的研究生以及资源循环领域的工程技术人员和管理决策人员提供参考。

（2）探讨资源循环科学与工程学科与冶金工业的关系，希望利用冶金工业为资源循环科学与工程学科和产业做更多的事情。

（3）作为探索性教材，考虑到学科范围，教材内容的选择是有限的，但应考虑那些量大面广的循环物质，同时兼顾与冶金相关的领域。因此，系列教材包括水、钢铁材料、有色金属、硅酸盐、高分子材料、城市固废和与矿业废弃物堆放有关的土壤问题，共7个分册。但这种划分只能是一种尝试，比如水资源循环部分不可能只写冶金过程的问题；高分子材料的循环大部分也不是在冶金领域；城市固废的处理量也很少在冶金过程消纳掉；即使是钢铁和有色金属冶金部分也不可能在教材中概全，等等。这些也恰恰给教材的续写改编及其他从事该领域的同仁留下想象与创造的空间和机会。

如果将系列教材比作一块投石问路的"砖"，那么我们更希望引出资源能源高效利用和减少环境负荷之"玉"。俗话说"众人拾柴火焰高"，我们真诚地希望，更多的同仁参与到资源循环利用的教学、科研和开发领域中来，为国家解忧，为后代造福。

系列教材是东北大学资源与环境研究所所有同事的共同成果，李勇、胡恩柱、马兴冠、吴畏、曹晓舟、杨合和程功金七位博士分别主持了7个分册的编写工作，他们付出的辛勤劳动一定会结出硕果。

中国工程院黄小卫院士为系列教材欣然作序！冶金工业出版社为系列教材做了大量细致、专业的编辑工作！我的母校东北大学为系列教材的出版给予了大力支持！作为系列教材的主编，本人在此一并致以衷心谢意！

东北大学资源与环境研究所

2018 年 9 月

前　言

　　随着我国现代化建设步伐的加快，城市化进程稳步推进，城市规模和数量不断扩大和增加，城市常住人口迅猛增长。与此同时，工业生产产生的废弃物和城市生活垃圾也在逐年上升，固体废弃物所带来的环境压力正在加大，废弃物所引发的环境负面影响越来越深刻。而传统的固体废弃物处理采取简易填埋处理、卫生填埋处理等方法，由于新建厂区土地紧张、距离城市中心远、运输成本逐年高攀、资源回收率低、渗滤液难以处理等问题，面对不断增加的固体废弃物显得力不从心，难以应对。在此背景下，对固体废弃物进行"资源化、减量化及无害化"的"3R"处理，实现固体废弃物污染有效控制，大力推广、应用多途径固体废弃物处理技术，积极拓展资源化利用途径，成为社会发展的必由之路。

　　实现固体废弃物处理与资源化，既是资源循环相关企业的一项主要工作，同时也是环境保护工作者的一项重要任务。固体废弃物处理与资源化是一项非常复杂的系统工程，所涉及的固体废弃物的组分复杂，理化性质各异，特别是城市生活垃圾作为处理对象时，问题尤显突出。由于我国长期采取混合回收的方法进行清运，城市生活垃圾的含水率高、成分复杂，难于分拣且热值偏低，且直接受地域和季节影响，在处理和循环利用时需要综合考虑各种因素的影响，甚至可能会由于地域和成分的变化，一些看似合理的处理工艺无法获得理想的处理效果。因此，从事资源循环的相关技术人员有必要充分掌握各类固体废弃物的基本理化性质，并结合本地具体情况，具体问题具体分析，确定科学合理的处理方案和循环利用技术途径。

　　为了更好地培养具有扎实专业基础知识的环保及资源循环利用技术人员和工程人员，本教材有针对性地介绍了城市生活垃圾、危险废弃物、剩余污泥和废塑料等各种废弃物的基本特性，以及代表性的处理技术工艺发展现状和发展趋势；针对城市生活垃圾，从清运、中转到预处理、卫生填埋、焚烧以及生化处理等，按传统处理流程逐步进行系统、全面的描述。为了适应时代的发展，本教材还有侧重地对固体废弃物的气化处理技术应用和发展趋势进行了介绍，引导我国固体废物处理与资源化技术与国际最新发展趋势并轨。

本教材共分为 10 章。其中，第 1~3 章主要叙述了城市生活垃圾发生特性、清运及各类预处理技术和相关设备。第 4 章重点叙述了危险废弃物的固化、稳定化及安全填埋技术工艺。第 5 章重点介绍了包括好氧堆肥和厌氧发酵处理技术在内的固体废物的生物化学处理技术工艺原理、工艺及设备。第 6 章对固体废弃物的卫生填埋场建设方法及相关处理工艺进行了叙述。第 7 章重点叙述了城市生活垃圾采用包括焚烧、气化技术在内的热化学处理技术进行无害化、减量化及能源循环利用时的相关技术工艺、发展现状，并介绍了一些国际上最新发展动态和案例。第 8 章介绍了污水处理工艺所产生的剩余污泥的各种脱水、处理及处置技术工艺。第 9 章介绍了高能体—废塑料的物质循环、能量循环技术工艺和案例。第 10 章对固体废物处理技术进行了展望。

本教材为资源循环科学与技术专业本科教学用书，可作为相关专业研究生参考书，也可作为环境科学与工程专业及相关专业的学生、工程技术人员的参考书。

本教材的编写从始至终得到了薛向欣教授的具体指导，在此表示由衷的感谢。

限于学识和文字水平，书中不足之处在所难免，望读者批评指正。

吴 晨

2020 年 9 月

目　　录

1　绪论 ………………………………………………………………… 1

1.1　城市垃圾概述 ……………………………………………………… 4
1.1.1　我国生活垃圾产生情况 ……………………………………… 4
1.1.2　国外生活垃圾产生情况 ……………………………………… 4
1.1.3　城市生活垃圾组成 …………………………………………… 6
1.1.4　城市生活垃圾的性质 ………………………………………… 6
1.2　城市生活垃圾的危害 ……………………………………………… 8
1.3　控制固体废物污染技术政策 ……………………………………… 11
思考题 …………………………………………………………………… 12

2　城市垃圾收集和清运 ……………………………………………… 13

2.1　城市垃圾的收运与储存 …………………………………………… 14
2.1.1　城市垃圾的收集方式 ………………………………………… 14
2.1.2　生活垃圾的储存 ……………………………………………… 15
2.2　城市垃圾的清运 …………………………………………………… 17
2.2.1　移动容器操作方法 …………………………………………… 19
2.2.2　收集车辆 ……………………………………………………… 19
2.3　周转站的设置 ……………………………………………………… 21
本章小结 ………………………………………………………………… 22
思考题 …………………………………………………………………… 22

3　固体废物的预处理 ………………………………………………… 23

3.1　固体废物的压实 …………………………………………………… 23
3.1.1　压实设备与流程 ……………………………………………… 23
3.1.2　压实处理的优点 ……………………………………………… 25
3.2　固体废物的破碎工艺及设备 ……………………………………… 26
3.3　物料分选 …………………………………………………………… 30
3.3.1　筛分设备 ……………………………………………………… 31
3.3.2　筛分效率及其影响因素 ……………………………………… 32
3.4　重力分选 …………………………………………………………… 33
3.4.1　重介质分选 …………………………………………………… 34
3.4.2　跳汰分选 ……………………………………………………… 34
3.4.3　风力分选 ……………………………………………………… 35

3.5　浮选 ··· 36

3.5.1　浮选原理 ··· 36

3.5.2　浮选设备及工艺 ·· 37

3.6　磁选 ··· 38

3.7　磁流体分选 ·· 38

3.8　电力分选 ··· 39

3.8.1　电选原理 ··· 39

3.8.2　电选设备 ··· 40

本章小结 ··· 41

思考题 ··· 42

4　危险废物的处理方法 ··· 43

4.1　工业固体废物固化 ··· 44

4.1.1　水泥固化 ··· 45

4.1.2　沥青固化 ··· 46

4.1.3　塑料固化 ··· 46

4.1.4　玻璃固化 ··· 47

4.1.5　其他固化方法 ·· 48

4.1.6　固化产物性能的评价 ·· 50

4.2　危险废物安全填埋场 ·· 52

本章小结 ··· 54

思考题 ··· 55

5　固体废物的生物化学处理技术与资源化 ·························· 56

5.1　好氧堆肥 ··· 57

5.1.1　好氧堆肥原理 ·· 57

5.1.2　堆肥化历程 ··· 58

5.1.3　好氧堆肥工艺流程 ·· 59

5.1.4　堆肥装置 ··· 61

5.1.5　发酵工艺的影响因素 ·· 63

5.1.6　堆肥的农业应用 ·· 66

5.2　厌氧发酵 ··· 66

5.2.1　厌氧发酵制沼气 ·· 68

5.2.2　厌氧发酵的工艺条件及其控制 ································ 71

5.2.3　发酵装置 ··· 73

5.2.4　发酵设备设计 ·· 75

5.2.5　厌氧发酵技术应用 ·· 78

本章小结 ··· 79

思考题 ··· 80

6　城市垃圾卫生填埋处理技术 ·· 81

　6.1　填埋法分类 ·· 82

　6.2　填埋场选址及利用计划 ·· 82

　　6.2.1　填埋场选址 ·· 82

　　6.2.2　场址开发利用计划 ·· 84

　6.3　填埋场地的设计 ·· 84

　　6.3.1　场地的面积和容量 ·· 84

　　6.3.2　渗滤液产生及地下水保护系统 ······························ 85

　　6.3.3　填埋气体的产生及控制 ···································· 87

　6.4　安全填埋 ·· 88

　　6.4.1　安全填埋场地设计规划与管理 ······························ 89

　　6.4.2　填埋工艺 ·· 92

　6.5　渗滤液的控制 ·· 92

　　6.5.1　影响渗滤液产生因素 ·· 92

　　6.5.2　渗滤液产生量估算方法 ···································· 95

　　6.5.3　渗滤液收排系统 ·· 95

　6.6　卫生填埋场防渗体系建设 ······································ 96

　　6.6.1　防渗体系及材料 ·· 96

　　6.6.2　垃圾填埋场防渗材料 ·· 99

　　6.6.3　渗滤液收集体系建设 ·· 99

　6.7　渗滤液处理 ·· 101

　6.8　填埋气体的产生与控制 ·· 103

　　6.8.1　填埋气体的产生 ·· 103

　　6.8.2　填埋气体产量估算 ·· 104

　　6.8.3　填埋场产气持续时间 ·· 104

　　6.8.4　影响填埋气体迁移和释放的因素 ···························· 105

　　6.8.5　填埋场气体的控制系统 ···································· 105

　　6.8.6　填埋场气体利用技术 ·· 105

　6.9　危险废物填埋技术 ·· 107

　6.10　填埋操作管理 ·· 108

　本章小结 ·· 111

　思考题 ·· 111

7　城市垃圾焚烧与资源化技术 ····································· 112

　7.1　城市生活垃圾焚烧技术 ·· 112

　7.2　焚烧及焚烧产物 ·· 113

　7.3　焚烧废气污染形成机制 ·· 116

　7.4　废物焚烧的控制参数 ·· 118

7.4.1　焚烧温度 …………………………………………………… 118

7.4.2　停留时间 …………………………………………………… 118

7.4.3　扰动强度 …………………………………………………… 119

7.4.4　过剩空气 …………………………………………………… 119

7.4.5　四个燃烧控制参数的互动关系 …………………………… 119

7.5　主要焚烧参数计算 ………………………………………………… 120

7.5.1　燃烧空气量 …………………………………………………… 120

7.5.2　焚烧烟气量及其组成 ……………………………………… 120

7.5.3　发热量计算 …………………………………………………… 121

7.5.4　废气停留时间 ……………………………………………… 122

7.5.5　燃烧室容积热负荷 ………………………………………… 122

7.5.6　焚烧温度推算 ……………………………………………… 123

7.5.7　停留时间的计算 …………………………………………… 123

7.6　生活垃圾衍生燃料制造技术 …………………………………… 124

7.7　垃圾焚烧系统 ……………………………………………………… 127

7.7.1　垃圾储存及进料系统 ……………………………………… 128

7.7.2　焚烧炉系统的控制 ………………………………………… 131

7.7.3　焚烧灰渣的收集 …………………………………………… 132

7.8　垃圾焚烧设备 ……………………………………………………… 133

7.8.1　前处理系统 …………………………………………………… 133

7.8.2　进料系统 ……………………………………………………… 133

7.8.3　焚烧炉系统 …………………………………………………… 134

7.8.4　空气系统 ……………………………………………………… 137

7.8.5　烟气系统 ……………………………………………………… 137

7.9　垃圾焚烧发电系统 ………………………………………………… 137

7.9.1　炉排炉焚烧发电系统 ……………………………………… 137

7.9.2　流化床式焚烧炉发电系统 ………………………………… 139

7.9.3　回转窑式焚烧炉发电系统 ………………………………… 140

7.10　焚烧尾气控制技术 ……………………………………………… 142

7.10.1　概述 ………………………………………………………… 142

7.10.2　粒状污染物控制技术 ……………………………………… 143

7.10.3　酸性气体控制技术 ………………………………………… 144

7.10.4　重金属控制技术 …………………………………………… 148

7.10.5　二噁英的控制技术 ………………………………………… 149

7.11　垃圾焚烧灰无害化技术 ………………………………………… 150

7.12　生活垃圾资源化技术 …………………………………………… 154

7.12.1　固体废物的气化技术 ……………………………………… 154

7.12.2　生活垃圾气化发电技术 …………………………………… 159

7.12.3　垃圾气化制清洁气体燃料技术 …………………………… 160

7.12.4　垃圾气化熔融发电技术 ································· 161

7.12.5　生物质废弃物气化合成液体燃料技术 ················· 164

本章小结 ··· 166

思考题 ··· 166

8　污泥处理技术 ··· 167

8.1　污泥的分类 ··· 168

8.2　污泥的性质指标 ··· 168

8.3　污泥处理的目的和方法 ··· 169

8.4　污泥浓缩处理技术 ··· 169

8.5　污泥调理 ··· 171

8.5.1　污泥的洗涤 ··· 171

8.5.2　加药调理 ··· 172

8.5.3　热处理 ··· 173

8.5.4　冷冻熔融法 ··· 173

8.6　污泥脱水 ··· 174

8.6.1　过滤及过滤介质 ··· 174

8.6.2　过滤脱水设备 ··· 175

8.7　污泥减量化及处置 ··· 176

本章小结 ··· 178

思考题 ··· 179

9　废塑料的资源化利用 ··· 180

9.1　塑料制品的分类及塑料垃圾的主要来源 ······················· 180

9.1.1　塑料的分类 ··· 180

9.1.2　废塑料的产生、特性及危害 ······························· 181

9.2　塑料垃圾的筛选及回收 ··· 182

9.2.1　塑料标志鉴别法 ··· 182

9.2.2　常规鉴别法 ··· 183

9.2.3　密度鉴别法 ··· 183

9.2.4　加热分析法 ··· 183

9.2.5　其他鉴别方法 ··· 184

9.3　废塑料的物质循环再生利用 ····································· 184

9.3.1　直接再生利用案例及工艺流程 ····························· 184

9.3.2　改性再生利用及工艺流程 ································· 187

9.4　废塑料的循环利用技术 ··· 188

9.4.1　废塑料油化技术 ··· 188

9.4.2　替代化石资源 ··· 191

9.5　废塑料化学循环利用技术 ······································· 192

9.5.1 废塑料合成氮肥技术 …………………………………………………… 192

9.5.2 废 PET 塑料饮料瓶的回收利用 …………………………………… 193

本章小结 ……………………………………………………………………… 194

思考题 ………………………………………………………………………… 194

10 固体废物处理技术展望 ………………………………………………… 195

参考文献 ……………………………………………………………………… 197

1 绪 论

固体废弃物是指在生产、生活和其他活动中产生的，失去原有利用价值或丧失部分利用价值而被丢弃，可能造成环境破坏的固态、半固态物质。根据产生源头的不同，主要可分为城市生活垃圾、农业生产废弃物、工业固体废弃物、医疗垃圾及建筑垃圾等。固体废弃物并非完全是固态，根据我国现行管理体制规定，对于存储于容器中而且无法排入水系中的液态废弃物和不能排入大气中的气态废弃物，也被视为固体废弃物，主要包括废油、废酸、废弃氯氟烃等物质。

固体废弃物中与我们日常生活息息相关的是城市生活垃圾，简称生活垃圾，是城市居民日常生活或为城市居民日常生活提供服务时产生的各种固体废弃物。生活垃圾的主要组分包括废金属、废塑料、废纸张、厨余、渣土等。通常，一个地区的生活水平越高、物质消费能力越强，人均生活垃圾排放量也就越大。但在同等发达的国家和地区，由于饮食和消费习惯的不同，人均垃圾排放量仍存在巨大差异。另外，人们的生活规律和物质消费内容会随季节的变化进行相应的调整，因此，季节的变化也会导致城市垃圾组分的明显变化。即生活垃圾发生量和居民的生活水平、生活习性以及季节有密切的关联性，这就导致城市垃圾发生特性极难准确把握，确定合理的城市垃圾处理工程变得极为复杂。总体来说，一个国家或地区的城市化率越高、经济越发达，城市垃圾的发生量也就越多。

我国幅员辽阔，民族众多，存在较大的地域发展不平衡现象，由此导致各地的生活习性和消费水平不同，居民日常投弃的生活垃圾成分也千差万别，生活垃圾组分复杂多变。尽管如此，由于受传统生活习惯的影响，我国居民在日常生活中，多以居家自行烹饪、进餐为主，因此，我国城市生活垃圾中，食物加工产生的厨余类废弃物占比相对较高。此外，由于商品包装的细致化和信息化技术的提高，垃圾当中纸张和高分子包装物的含量也在明显上升。与此同时，受城市现代化的影响，城市中楼房逐步成为居民的主要居所，平房数量急剧减少乃至消失，集中供暖、供气的普及，导致生活垃圾中的残土、煤灰、玻璃等无机物质含量急剧减少，尤其是粉煤灰类物质，现在已经很难再在垃圾中找到，这一明显变化，直接影响我国城市生活垃圾的处理、利用技术及观念的改变，表1-1为我国城市垃圾组成。我国生活垃圾的组成特点，正由过去的热值低、含水率高、无机物偏多，向含水率逐年下降、有机质及高分子物质含量明显提升、热值逐步上升、组分趋近发达国家的方向发展。这一变化对我国现行垃圾处理体系提出了挑战，同时，也为深入开展生活垃圾资源化带来便利和机遇。

生活垃圾具有持续发生、组成相对稳定、有毒有害及可循环利用等4个特征，即无间断地连续发生、发生量及组分相对稳定、有害健康和环境，以及具有较高的资源性。垃圾之所以会连续、稳定地发生，是因为生活垃圾是伴随人们日常生活而发生的。因此，只要有人居住，存在人居生活活动行为的区域，每天都会产生生活垃圾，日复一日，从不间断。鉴于垃圾的这一特点，结合其资源特性，欧美、日本等发达国家早已将生活垃圾归类

表 1-1　中国城市垃圾组分

组成	质量分数/%	干基元素分析/%			
		C	H	O	N
厨余	51.25	24.37	3.26	23.20	0.42
果皮	12.80	6.09	0.79	5.82	0.10
纸类	8.77	4.19	0.55	3.96	0.07
塑料	10.48	5.81	0.71	3.62	0.34
纤维	1.90	1.05	0.13	0.66	0.06
竹木	1.27	0.69	0.08	0.46	0.04
树枝杂草	4.55	2.13	0.28	2.11	0.04
小计	91.02	14.4	1.9	13.5	0.3

为"可再生能源"，甚至有些国家还将垃圾视为未来社会的主要能源之一。由于城市人口，尤其是区域人口在相对较长的时间域里，多呈现一定的稳定性，除特殊历史和社会背景外，人口数量波动相对平缓，同时，人们的生活水平和习性的改变也非一朝一夕，因此，区域内垃圾发生量和垃圾质量变化迟缓，较长时间内会维持在一个相对稳定的区间。这一特点，也为垃圾处理设施的稳定运行提供了重要保障。生活垃圾中病菌数量极高，同时，厨余类物质极易腐烂变质、滋生蚊虫，更为严重的是一些剧毒化学药品及重金属制品的混入，进一步加剧了生活垃圾对人类健康和环境的潜在威胁。尽管如此，垃圾中同时又蕴含有大量的生物质、高分子物质及其制品，诸如纸张、包装箱、塑料、橡胶等，蕴含大量的潜能，尤其是高分子有机物，属于高能质物质，具有较高的回收利用价值。由于生活垃圾这种"可再生"资源可以持续、稳定、无偿地就地产生，因此，与自然资源利用相比，把生活垃圾作为能源或生产原料进行循环利用时，不会受到运输方式、运输成本、地缘政治、社会安定性及供求关系的影响，具有独特的优点。

当前，我国在城市生活垃圾处理方面，主要采取的技术有堆肥、卫生填埋、焚烧等。利用堆肥技术处理垃圾时，要求被处理的垃圾原料能够生物降解，这在很大程度上制约了堆肥技术的广泛使用。由于历史原因，卫生填埋是我国使用较为普遍的方法之一。卫生填埋技术要求相对偏低，简单易行。过去，由于我国的城市规模相对较小、加之政府在土地划拨方面具有诸多便利条件，以及居民的环保意识水平相对有限等，规模以上城市大多采用卫生填埋法对城市垃圾进行处理。政府部门多在城市周边选择适当农业用地或利用自然地形，建设垃圾填埋场。而中小城镇、乡村，由于可用于市政建设的资金非常有限，无力建设合乎规范的卫生填埋场，大多直接利用坑洼地带，对生活垃圾进行露天堆存或简易填埋处理。由于这类集中处理方法缺乏必要的卫生防护和环保措施，所以在满足集中管理、处置垃圾要求的同时，也给周边地区的环境卫生带来巨大的潜在威胁。

近年来，随着我国城镇化进程的加快、中心城市规模的不断扩大，以及居民环保意识的普遍提高，受"邻避效应"影响，开展大规模征地、大面积建设填埋场工作因为频繁受到当地居民的强烈抵制变得极为困难，征地及选址问题成为制约卫生填埋发展的关键因素。如果垃圾填埋场远离市中心，不但增加垃圾清运工序，而且长途转运也导致清运费急剧上升，给各地政府的市政建设带来极大负担；而靠近市中心区域，由于征地费用高昂、居民抵触情绪高，即便选定适宜场址，建设和运行也是困难重重。这一问题，在一些超大型中心城市，如北京、上海、广州等地尤显突出。为此，近十年来，我国诸多大型城市，不约而同地将目光转向了垃圾焚烧处理，并且陆续建成了一批大型垃圾焚烧发电设施。垃圾焚烧法虽然早已经在国外被广泛推广、应用，但由于这种方法的技术含量高、初期投资大、工艺技术相对复杂，加之以往我国垃圾普遍含水率高、热值低，卫生填埋简单易行等原因，因此，焚烧法在我国的推广应用相对较晚。近30年来，人们对垃圾焚烧的必要性、可行性、迫切性有了新的理解和认识，在经济相对发达的地区和城市，垃圾焚烧设施建设方兴未艾，并逐渐成为我国垃圾处理的主要技术及方法之一。不过，垃圾的焚烧过程伴生二噁英问题，如果不能有效抑制的话，还将在很长一段时间里，限制焚烧技术在我国的应用与发展。

选择垃圾处理技术应当遵循"适正"原则，即"适宜和正确"。这里的"适宜"是指选定的垃圾处理技术应该适应时代的经济、技术发展水平，适应社会需求和民众对垃圾处理要求；所谓"正确"，是指选定的技术工艺无论从设计、建造方面，还是运行管理方面，均应符合国家相关规范、标准和要求。国家规范、标准和要求是基本标准，技术工艺只能高于相关标准，不应有不达标或不规范的地方。垃圾处理技术繁多，技术更新更是日新月异，许多技术是面向未来或为满足各种循环社会模式而开发出来的，具有很强的前瞻性和技术复杂性。一个区域在选择垃圾处理技术时，应该结合本地域经济发展状况、技术加工水平和技术接纳能力，量力而定，过度追求高新技术含量、过度强调循环利用率，即便采用了先端技术，也会因为缺乏必要的经济支撑和技术支撑，无法达到理想效果。因此，各地域在垃圾处理方法选择上应因地制宜，选择最适合地域发展水平的处理技术为宜；但也不能一味强调经济成本，如果在设计、建设和运营上未能切实满足国家相关标准，则建设的处理工艺就是错误的工艺，简单易行却满足不了社会需要和环保要求，治理效果必然缺失，不当处理极有可能造成污染迁移，并引发新的环境问题，甚至诱发群体事件。因此，选择垃圾处理技术工艺时，一定要符合"适正"准则。

垃圾处理的最终目的主要是减量化、资源化、无害化。减量化主要通过分类收集、倡导循环利用和减容处理（焚烧）等途径实现；资源化主要从物质循环、能量循环两个方面着手，资源化的技术工艺种类繁多，代表性技术包括堆肥处理、垃圾焚烧发电、垃圾气化发电等；无害化主要采用焚烧、熔融、固化等。垃圾经过处理或经过简单预处理后，最终处理残渣和预处理废物大多还需以卫生填埋的方法进行最终处置。

工业垃圾主要来自各个生产、加工部门的生产环节，按行业可划分为冶金工艺废弃物、能源工业废弃物、石油化工工业废弃物、矿业废弃物、轻工业及其他工业废弃物。其主要成分见表1-2。

表 1-2 各类工业固体废弃物及其发生源

发生源	产生的主要固体废弃物
矿业	废石、尾矿、金属、砖瓦、水泥、砂石等
冶金、金属结构、交通、机械行业	金属、炉渣、砂石、模型、陶瓷、涂料、管道、废木材、塑料、橡胶、各种建筑材料、烟尘等
建筑材料行业	金属、水泥、黏土、陶瓷、石膏、石棉、砂、石、纤维

发生源	产生的主要固体废弃物
食品行业	肉、谷物、蔬菜、硬壳果、水果、烟草
橡胶、皮革、塑料等行业	橡胶、塑料、皮革、纤维、燃料、金属等
石化工业	化学药剂、金属、塑料、橡胶、陶瓷、沥青、污泥油毡、石棉、陶瓷、绝缘材料等
电器、仪器仪表等工业	金属、玻璃、木材、橡胶、化学药剂、研磨料、陶瓷、绝缘材料等
纺织服装工业	布头、纤维、金属、橡胶、塑料等
造纸、木材、印刷等工业	刨花、锯末、碎木、化学药剂、金属填料、塑料等
维修、再生行业	计算机、手机等
核工业及放射性医疗单位	金属、含放射性物质残渣、粉尘、污泥、器具和建筑材料等

有毒有害性废弃物又称危险性废物，包括医疗垃圾、废树脂、药渣、含重金属污泥、酸/碱废物等。由于危险性废物通常具有毒性、爆炸性、易燃性、腐蚀性、化学反应性、传染性、放射性等一种或几种危害特性，对人体和环境产生极大危害，因此国内外均将其作为重点管理对象，采取一些特殊措施进行安全处理。其主要来源是工业固体废弃物、废电池、废日光灯、日用化工产品等。

1.1　城市垃圾概述

1.1.1　我国生活垃圾产生情况

随着我国经济的高速增长及城市化建设的蓬勃发展、人民生活水平的不断提高，以及城市化进程的快速推进，城市生活垃圾发生量与日俱增。据统计，1979年以来，我国生活垃圾的产生量以大约9%的速度增长。2003~2009年，我国垃圾年均清运量维持在1.5亿吨左右，2009年，全国城市生活垃圾清运量达到1.57亿吨，较2003年的1.36亿吨增加了15%，2010年1.58亿吨、2011年1.64亿吨，2012年1.71亿吨，2013年1.72亿吨，2014年1.79亿吨，2015年1.91亿吨，2016年2.15亿吨；无害化率：2011年79.7%；2012年84.8%；2013年89.3%；2014年91.8%；2015年94.1%；图1-1所示为我国城市生活垃圾清运量变化情况。从图1-1中可以看出2009~2016年城市生活垃圾产量逐年递增。城市垃圾清运量除与生活水平有密切关系外，更主要的是受城市人口的影响。由于村镇、地市等小型人口集聚区域的扩建和数量增长，导致需要清运的生活垃圾量剧增。同时由于现存的生活垃圾处理基础设施不足，加之现有处理技术相对单一，大量的生活垃圾得不到妥善、迅速处理，从而造成垃圾污染现象呈现日趋严重态势。如何减少垃圾的排放量，实现垃圾的资源化利用，是我国亟须解决的问题。

1.1.2　国外生活垃圾产生情况

近年来，发达国家生活垃圾年产量也在逐年增加，全球每年新增垃圾约100亿吨。1960~2007年美国生活垃圾年产量由8000万吨上升到2.55亿吨，所产生的垃圾量占全球

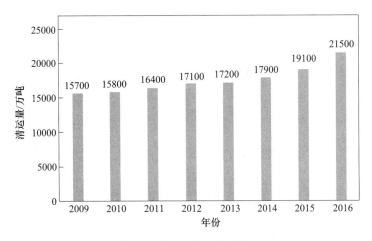

图 1-1 城市生活垃圾清运量

首位。日本年产垃圾 1.26 亿吨。总体来看，世界上发达国家城市生活垃圾产生量增长较快。垃圾产生量和经济发达程度成正比，经济越发达，人均垃圾产生量也就越高。同时，值得注意的是，随着发达国家环保意识发展、居民环保意识的增强，一些发达国家人均垃圾产生量呈现增长趋缓，甚至负增长的趋势。例如日本、德国等发达国家，人均年均垃圾清运量呈现逐年递减态势。表 1-3 为 2006 年欧盟生活垃圾人均年产量的统计数据。从表中可以看出，欧洲国家人均年产垃圾量已经超过了 570kg，最低的希腊人均年产量为 428kg，最高的爱尔兰人均年产量已达 732kg。

表 1-3 欧盟 15 国垃圾无害化处理方式比重及人均年产量

国家	生活垃圾处理技术占比/%			人均年产垃圾量 /kg
	焚烧	堆肥	填埋	
奥地利	10.7	59.3	30.0	610.0
卢森堡	41.6	35.7	22.6	658.0
德国	22.9	57.2	19.9	638.0
瑞典	45.0	41.4	13.6	471.0
比利时	35.7	51.8	12.6	446.0
丹麦	53.8	41.2	5.0	675.0
荷兰	32.9	64.4	2.7	599.0
希腊	0.0	8.2	91.8	428.0
葡萄牙	21.7	3.5	74.8	452.0
英国	8.0	18.0	74.0	592.0
爱尔兰	0.0	31.0	69.0	732.0
芬兰	9.1	27.6	63.3	450.0
意大利	9.4	28.9	61.8	523.0
西班牙	6.6	34.2	59.3	609.0
法国	33.7	28.2	38.1	561.0
欧盟 15 国	18.7	36.4	44.9	577.0

1.1.3　城市生活垃圾组成

城市生活垃圾的组成受地理条件、居民生活习惯、城市规模及居民生活水平的影响。各国经济发展水平、生活习惯等有较大差异，造成各国垃圾组分差异明显，城市生活垃圾的最终处理方式受其组分的影响。随着我国经济的发展及生活水平的提高，我国城市生活垃圾中有机物组分逐渐增多，无机物组分逐渐减少。在世界发达国家中，城市垃圾中有机物含量较高，其产量依然呈上升趋势。表1-4为我国城市垃圾成分统计。

表 1-4　我国部分城市生活垃圾成分统计　　　　　　（质量分数，%）

城市	有机物					无机物		
	厨余	木竹	纸制品	塑料	纤维	金属	玻璃	砖瓦
北京	39.00	0.70	18.18	10.35	3.56	2.96	13.02	12.23
上海	70.00	0.89	8.00	12.00	2.80	0.12	4.00	2.19
广州	63.00	2.80	4.80	14.10	3.60	3.90	4.00	3.80
深圳	58.00	5.18	7.91	13.70	2.80	1.20	3.21	8.00
南京	52.00	1.08	4.90	11.20	1.18	1.28	4.09	24.27
武汉	50.75	1.50	7.72	12.86	2.93	1.25	4.04	18.95

1.1.4　城市生活垃圾的性质

1.1.4.1　物理性质

城市生活垃圾的物理性质与其成分组成密切相关。城市垃圾的物理性质常用含水率和容重等物理量表示。

（1）含水率。含水率指单位质量垃圾的含水量，以%（质量分数）表示。城市垃圾中水的存在形态包括内部结合水、吸附水、膜状水、毛细管水等，随垃圾成分、季节、气候等条件而变化。影响垃圾含水率的主要因素是垃圾中动植物含量和无机物含量。一般动植物含量高、无机物的含量低时，垃圾含水率就高；反之，含水率就低。另外，垃圾含水率还受其收运方式的影响。一般采用烘干法测定垃圾含水率。

（2）容重。城市垃圾的容重是指在自然状态下单位体积的质量，以 kg/m³ 表示。它是选择和设计储存容器、收运机械与设备、处理设备和填埋构筑物的重要依据，随垃圾成分和压实程度变化。原始垃圾容重测定常采用全试样测定法和小样测定法。我国环卫系统现场测定常采用"多次称量平均法"。表1-5为城市垃圾中常见组分含水率及其容重统计。

1.1.4.2　化学性质

城市垃圾的化学性质主要由挥发性固体含量、灰分、灰分熔点、元素组成、固定碳、发热值等参数加以表征，是垃圾处理及资源化利用技术选择的重要依据。

表 1-5 城市垃圾组分的含水量和容重

成分	含水率/%		容重/kg·m⁻³		成分	含水率/%		容重/kg·m⁻³	
	范围	典型值	范围	典型值		范围	典型值	范围	典型值
食品废物	50~80	70	120~480	290	废木料	10~40	20	120~320	240
废纸类	4~10	6	30~130	85	玻璃陶瓷	1~4	2	160~480	195
硬纸板	4~8	5	30~80	50	非铁金属	2~4	2	60~240	160
塑料	1~4	2	30~130	65	钢铁类	2~6	3	120~1200	320
纺织品	6~15	10	30~100	65	渣土类	2~12	8	360~960	480
橡胶	1~4	2	90~200	130	混合垃圾	15~40	30	90~180	130
皮革类	8~12	10	90~260	160	马口铁罐头盒	2~4	3	45~160	90
庭院废物	30~80	60	60~225	105					

（1）挥发性固体含量。挥发性固体含量是反映垃圾中有机物含量近似值的指标参数，以 V_S（%）表示。其测定方法是使用普通天平称取一定量的烘干试样 W_1，装入质量为 W_2 的坩埚，再将坩埚置于马弗炉内，于 600℃ 灼烧 2h 后置于干燥器中冷却至室温，再称量 W_3，得挥发性固体含量为：

$$V_S = (W_3 - W_2) / W_1 \times 100\% \tag{1-1}$$

（2）灰分。灰分指垃圾中不能燃烧也不挥发的物质，用于反映垃圾中无机物含量的参数，其数值即是灼烧残留量，以灰分 A（%，质量分数）表示

$$A = 1 - V_S \tag{1-2}$$

灰分熔点高低受灰分的化学组分影响，主要取决于硅、铝等元素的含量。

（3）元素组成。城市垃圾元素组成主要指 C、H、O、N、S 元素的百分比含量。测知垃圾化学元素组成可以估算出垃圾的发热值，确定垃圾焚烧方法的适用性；也可用于垃圾堆肥化等好氧处理方法中生化需氧量的估算，对选择垃圾处理工艺十分必要。化学元素测定常采用化学分析法和仪器分析法进行测定。

（4）发热值。有机垃圾的发热值是指单位质量有机垃圾完全燃烧时放出的热量。发热值是判断城市垃圾是否适用焚烧处理的重要参考依据。

发热值一般可根据燃烧产物中水分存在状态的不同，划分为高位发热值（HHV, high heating value）与低位发热值（LHV, low heating value）。高位发热值是指单位质量垃圾完全燃烧后，燃烧产物中的水分冷凝为液态时放出的热量；低位发热值是指单位质量垃圾完全燃烧后燃烧产物中的水分以水蒸气形态存在时放出的热量。一般城市垃圾的低热值大于约 3350kJ/kg 时，可实现自燃烧；如低于此值，就必须添加助燃剂。

城市垃圾发热值的测定方法包括直接试验测定法、经验公式法和组分加权计算法。当垃圾的成分未知时，常用氧弹量热计测定。当垃圾的组成已知时，可依经验公式估算，即：

$$Q_H = 81C + 300H - 26(O - S) \tag{1-3}$$

$$Q_L = 81C + 300 - 26(O - S) - 6(W + 9H) \tag{1-4}$$

式中 C，H，O，S——分别为垃圾元素组成中碳、氢、氧、硫的质量分数，%；

W——垃圾含水率，%（质量分数）。

1.1.4.3　生物特性

城市垃圾的生物特性包含两个方面：一是城市垃圾本身具有的生物性质及其对环境的影响；二是其可生化性，即可生物处理性能。

城市垃圾本身含有复杂的有机生物体，其中有许多生物性污染物，其腐化的有机物中含有各种有害的病原微生物，还含有植物害虫、昆虫和昆虫卵等。城市垃圾本身具有的生物性污染对环境及人体健康带来有害的影响，因此城市垃圾进行生物转化，对消灭致病性生物具有十分重要的意义。

城市垃圾可生化性是选择生物处理方法和确定处理工艺的主要依据。城市垃圾组成中含有大量有机物，可以为生物体提供碳源和能源，是进行生物处理的物质基础。通过不同生物转化作用（主要由堆肥化、沼气发酵化等），实现垃圾的无害化，是城市垃圾回收综合利用的重要途径。

1.1.4.4　感官性质

感官性能是指垃圾的颜色、嗅味、新鲜或者腐败的程度等，往往可以通过感官直接判断。

1.2　城市生活垃圾的危害

城市生活垃圾最大的危害性在于疾病传播。随意投弃的生活垃圾，将会滋生苍蝇、蚊虫及鼠疫发生；同时，腐败垃圾还将释放恶臭，严重影响公共卫生和环境景观。欧洲就曾在 19 世纪因垃圾的乱扔乱弃，诱发了黑死病（霍乱），造成大量居民死亡，人口剧减。因此，垃圾的合理回收和安全处理，是垃圾管理的必须手段。

长期以来，我国许多城市采取露天堆放、填坑和自然填沟的简单方式对生活垃圾进行处理，我国历年堆积未处理的垃圾量已达到 75 亿吨，如果不能对其进行妥善的处理，那么其中的有害物质就会随渗滤液逐渐渗入地下，污染地下水、周边土壤以及大气，同时还会侵占大量的土地资源，进而对生态系统造成不可逆转的损害，最终危及人类健康。

城市生活垃圾中含有病原体，微生物，酸、碱性物质以及重金属等有毒有害物质，在降雨及地表径流的作用下会被溶出，进入到河流湖泊，毒害水中的生物体，并污染水源。有些简易垃圾填埋场，在雨水淋滤的作用下，含有高浓度悬浮固态物和各种有机物的渗滤液会进入地下水或浅水层，从而导致水源污染。

废弃物中的难降解有机污染物（POPs）如果渗入土壤中会影响土壤中微生物的生长，破坏土壤自身对污染物净化的能力，使土壤本身的理化性质发生改变。并且 POPs 会蓄积在植物及动物体内，进而通过食物链进入人体内，对人体造成伤害，诱发疾病。

城市生活垃圾在运输、储存、处理过程中如果缺乏相应的防护措施，将会造成粉尘随风飘散，使空气环境质量下降。城市生活垃圾被填埋后，其中的有机组分在微生物的作用下将会分解产生甲烷及二氧化碳，如果任其聚集将会引发火灾。例如，北京昌平一垃圾堆放场在 1995 年发生了 3 次垃圾爆炸事故。另外，一些地方对堆存的垃圾进行露天焚烧，或利用简易的焚烧装置进行垃圾处理，产生的有毒有害烟气直接污染大气，造成严重的空气污染。

　　城市生活垃圾长期露天堆放，所需的土地面积越来越大，不仅会侵占大量的耕地面积，使耕地短缺的矛盾更加凸显，同时还会造成垃圾围城的困局。据调查，我国近700座规模以上城市中有200座以上的城市处于垃圾的包围之中。

　　城市生活垃圾以大气、水、土壤为介质，环境中的有害物质通过人体的呼吸道、消化道及皮肤进入人体，从而引发多种疾病；同时，垃圾又是老鼠、蚊蝇及病菌微生物栖息和繁殖的场所，是传染病的根源，对人类健康会造成极大的伤害；并且，散乱丢弃和堆存的垃圾，也会严重妨碍环境卫生，破坏自然景观（图1-2~图1-5）。据《新闻周报》2005年1月25日报道，被称为"亚洲第二大垃圾填埋场"的北京阿苏卫填埋场旁边的村落，近半数以上的人患有气肿、哮喘等疾病。更有报道，距太原市区5km，建于1990年的新沟村垃圾填埋场，是太原市小店区、居民生活垃圾处理点，每日接收200多卡车、约1000t垃圾。太原市环卫部门在此租用土地，没有土地拥有权，垃圾场未能封闭管理。由于掩埋周期较长，加上一些私人垃圾运输车乱倒垃圾，日积月累，附近的新沟、马庄、王家峰等村成了一个庞大的"垃圾村落"。这里有大量以垃圾为主要食物的"垃圾猪""垃圾羊"，放牧猪羊成了一些村民挣钱的"产业"，经常是垃圾刚运来就被翻个底朝天。携带多种病菌的猪肉、羊肉流入市场，极大地威胁人们的健康。新沟村400多亩果园大部分被垃圾包围，一些个体垃圾运输车把垃圾偷偷倒进梨树园内，许多果园和耕地因垃圾肆虐而荒废。

图1-2　随意丢弃的垃圾、露天焚烧、侵占林地情景

图 1-3　从垃圾中拣废品，放牧猪、羊成了一些村民挣钱的"产业"

图 1-4　垃圾对水体的污染，影响环境卫生

图 1-5　简易焚烧造成空气污染

综上所述，由于水体、土壤、大气被污染，土地被侵占，固体废弃物中有毒有害物质会通过各种途径最终危及人类健康（图1-6）。我国城市生活垃圾的处理问题十分严峻，如何采取有效措施，从根本上实现生活垃圾的资源化、减量化、无害化，是摆在广大环境工作者面前的一项重要任务。

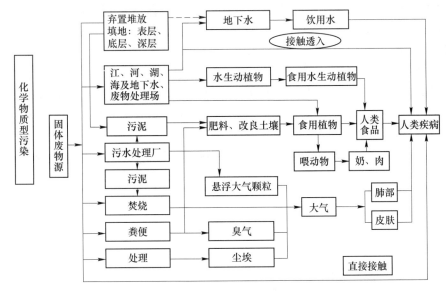

图1-6 垃圾污染环境、影响人类健康途径

1.3 控制固体废物污染技术政策

20世纪60年代中期以后，环境保护工作开始受到很多国家的重视，特别是西方工业发达国家，开始对污染治理技术进行深入的研究和广泛的应用，逐步形成了一系列处理方法，20世纪70年代，针对废物处置场地紧张、处理费用大，以及资源短缺等现实问题，西方国家提出了"资源循环"口号，开始从固体废物中回收资源和能源，逐步发展成为控制废物污染的途径——资源化。

固体废物处理是指将固体废物转变为适于运输、利用、储存或最终处置的过程。固体废物处理方法有物理处理、化学处理、生物处理、热处理、固化处理。

（1）物理处理：压实、破碎、分选、增稠、吸附、萃取。

（2）化学处理：氧化、还原、中和、化学沉淀和化学溶出等。

（3）生物处理：好氧处理、厌氧处理和兼性厌氧处理。

（4）热处理：焚烧、热解、湿式氧化以及焙烧、烧结等。

（5）固化处理：主要是针对有害废物和放射性废物。

我国固体废物污染控制工作起始于20世纪80年代初期，起步较晚，尚未在较大的范围内实现"资源化"。我国于20世纪80年代中期提出了以"资源化""无害化""减量化"作为控制固体废物污染的技术政策，并确定今后较长一段时间内应以"无害化"为主。

（1）无害化：指将固体废物通过工程处理，达到不损害人体健康、不污染周围自然环境的目的。包括垃圾的焚烧、卫生填埋、堆肥、粪便的厌氧发酵、有害废物的热处理和解毒处理。其中，"高温快速堆肥处理工艺"和"高温厌氧发酵处理工艺"在我国都已达到实用程度。"厌氧发酵工艺"用于废物"无害化"处理工程的理论也已经基本成熟，具有我国特点的"粪便高温厌氧发酵处理工艺"，在国际上一直处于领先地位。

（2）减量化：固体废物"减量化"的基本任务是通过适宜的手段减少固体废物的数量和容积。这一任务的实现，需从两个方面着手：一是对固体废物进行处理利用；二是减少固体废物的产生。对固体废物进行处理利用，属于物质生产过程的末端。对固体废物采用压实、破碎等处理手段，可以减小固体废物的体积，达到减量并便于运输、处置等目的。如污泥经过浓缩、脱水、干燥等处理后，可去除大部分水分从而减小体积，便于运输、处置。

（3）资源化：固体废物"资源化"的基本任务是采取工艺措施从固体废物中回收有用的物质和能源。固体废物的"资源化"是固体废物的主要归宿。

思　考　题

1-1　固体废弃物根据发生源的不同，主要可以划分为几类？

1-2　固体废弃物对人体健康及环境有哪些危害性？

1-3　垃圾的理化性质主要有哪些？

1-4　为什么说城市生活垃圾是"可再生资源"？

1-5　常规垃圾处理方式主要有哪些？

1-6　为什么说垃圾填埋在我国不可持续？

1-7　选择垃圾处理技术时，为什么要遵循"适正"原则？

2　城市垃圾收集和清运

本章提要：

　　本章重点介绍了城市生活垃圾收集、转运操作过程中所涉及的问题点、技术环节及基础设施，重点阐述了清运线路的设计、规划方法和基准。

　　垃圾收运，是指对垃圾进行集中处理之前，通过收集、临时储存、转运等方式，将垃圾由发生地集中送往处理地而开展的各种前期工作。垃圾的及时收运，是减少垃圾污染的有效、可行的重要手段，也是垃圾处理前必经的过程。收运工作开展得是否合理、有序，将决定后续废物处理或处置的可能性和程度。通过收运，要根据固体废物的特性、数量，达到处理利用的方向和技术要求。收运对象除了包括城市垃圾之外，通常还包括工业废物、危险废物。垃圾收运是垃圾处理过程中最烦琐、成本最高的一个过程，所需费用通常占整个垃圾处理系统费用的60%～80%。收运过程一般可分为如下三阶段：

　　（1）搬运与储存（简称运储）阶段，即由垃圾发生源运往集中收集的垃圾箱、垃圾房的过程。

　　（2）收集与清除（简称清运）阶段，是指从垃圾箱、垃圾站通过短距离运输，将垃圾运至周转站的过程。

　　（3）转运阶段，即由大型专用运输设备将垃圾由周转站运至处理场的过程。

　　当以回收、利用为最终目的对垃圾进行收运时，需根据回收利用及处理工艺的要求，按如下三种方式对垃圾进行必要的分类储存。

　　（1）按照垃圾的可燃性，将垃圾分为可燃垃圾和不可燃垃圾。

　　（2）按垃圾组分理化性质划分，可将垃圾分选成塑料、不可燃（金属、玻璃、陶瓷等）及可燃物等三类，也可进一步分选成四类或五类，即可燃物、金属类、玻璃类、塑料、陶瓷及其他不燃物。

　　（3）按垃圾危害性，可以进一步从垃圾中将电池、日光灯等危险物分离出来，单独处理。

　　此外，为了确保环境卫生，防止疾病传染，城市生活垃圾在进行收运时，必须及时、迅速地收集、搬运至处理、处置场地。收运过程中，为确保废物的性质不发生改变，主要利用物理法进行必要处理，对废物中的有用组分进行分离、提取、回收。如对空瓶、空罐、设备的零部件、金属、玻璃、废纸、塑料等有用原材料进行直接分拣回收。对收运至垃圾处理厂的垃圾，在处理厂进行合理、卫生的处理。

　　垃圾处理是把经预处理回收后的残余废物，通过热化学或生物化学的方法进行必要的处理，并使被处理废物的理化性质发生改变，进而得以处理或回收利用的处理过程。这一过程比预处理过程复杂，成本也较高。目前，广泛应用的处理方法主要包括以下三种：

（1）焚烧处理。通过燃烧废弃物，回收燃烧热并生产水蒸气、热水，进一步产生电力等，所获能源通常无法储存，需要随产随用。

（2）热解气化处理。垃圾经热解、气化处理后，可回收燃料气、油、微粒状燃料等，所产生的能源或物质可以储存，或长距离输送。

（3）微生物降解处理。主要利用微生物对废物进行分解，从而使废物原料化、产品化，继而再生利用。

经过上述三种类型工艺处理后的残渣，还需进行后处理，该过程中，残渣可进一步制备成各种建筑材料、道路材料或进行填埋等处置。

2.1 城市垃圾的收运与储存

2.1.1 城市垃圾的收集方式

垃圾进行收运时，首先要由垃圾产生者将垃圾投放到指定地点，之后才由环卫工人进行必要的收集和转运。这种由垃圾产生者（住户或单位）或环卫系统收集，从垃圾产生源头将垃圾送至储存容器或集装点的运输过程，称为搬运与储存（简称运储）。在对垃圾进行收集时，方式主要有两种，分别是混合收集和分类收集。所谓混合收集，指未经任何处理的原生固体废弃物混合在一起加以收集的方式。该方法简单易行、运行费用低，是我国主要采取的垃圾收集方式。但该方法不利于垃圾的进一步处理，难以进行分类，实施资源化、无害化处理困难。与此同时，普通垃圾中还易混入有毒有害废弃物，如废电池、日光灯、废油等。分类收集是指按城市生活垃圾组分进行分类加以收集的方式（图2-1）。该方法可以有效提高回收资源物质的纯度和数量，减少垃圾处理量。分类回收的废金属、废纸、废塑料等有利于实施资源化、无害化处理，降低废物运输及处理费用，特殊有害有毒废弃物的回收有利于安全处理方式的确定，减少环境污染可能性。目前我国正在通过政策制定及宣传等推广分类回收，促进垃圾资源再利用和社会的可持续发展。

垃圾由发生源被投放到指定地点后，由环卫工人进行必要的收集与清除，这一过程简

图2-1 垃圾分类收集箱

称清运。清运过程的运输通常指垃圾的近距离运输。一般用清运车辆沿一定路线收集清除容器或其他储存设施中的垃圾，并运至垃圾中转站；有时也可就近直接送至垃圾处理厂或处置场。清运是垃圾管理系统中最复杂、耗资最大的阶段。清运效率和费用主要取决于清运操作方式、收集清运车辆数量、装卸量及机械化装卸程度、清运次数、时间及劳动定员、清运路线。垃圾进行清运时，主要有移动容器搬运法和固定容器搬运法两种。

生活垃圾的搬运可分为散装收集和封闭化收集两种方法。过去，由于生活水平相对较低，多采用散装收集。散装收集过程中会发生撒、漏、扬尘等问题，污染严重，目前已被淘汰。封闭化收集是利用垃圾袋将垃圾装好后运往垃圾箱，分塑料袋及纸袋两种，目前普遍采用该方法。收集时，收集方法分上门收集、定点收集、定时收集等。其中，上门收集又包括如下几种收集方式：

（1）保洁人员到居民家门前或单元门口收集；

（2）管道收集，即在多层或高层建筑中设垃圾排放管道，方便高层居民；

（3）气力抽吸式管道收集，利用真空涡轮机对垃圾输送管道进行气力收集的方法；

（4）普通管道收集，由通道口倾入后集中在垃圾通道底部的储存间内，然后装车外运。

采用定点收集时，多采用垃圾房收集、集装箱垃圾站收集。其中，垃圾房收集是指居民将垃圾装袋后直接送到垃圾箱房的垃圾桶内，然后由垃圾收集车运往转运站。而集装箱垃圾站收集是指生活垃圾装袋后由居民放置于住宅楼下及附近的指定地点或容器内，由保洁人员运往集装箱垃圾收集站，之后，再被送往转运站或处理场。此外，目前许多发达国家的家庭，为减少厨余垃圾的发生量，利用垃圾磨碎机粉碎厨余，由下水道流入下水道系统，可以减少大约15%垃圾量。与居民家庭垃圾排放、收集有所不同，商业区及企事业单位发生的垃圾，通常由企事业单位自行搬运，环卫部门负责监管。公共垃圾箱如图2-2所示。

图2-2　公共垃圾箱

2.1.2　生活垃圾的储存

垃圾从发生、清运到中转站，其间包括家庭储存和区域集中储存的过程。根据储存地点的不同，可分为家庭储存、街道储存、单位储存和公共储存等四种。由于垃圾具有强烈的恶臭气息，同时，易于污染周边环境、传播疾病、滋生蚊虫等，因此，对临时储存垃圾的储存容器有严格的制作和质量要求。通常，室内临时储存垃圾的垃圾箱（桶）按容积大小划分为小型（小于 0.1m³）、中型（0.1~1.1m³）、大型（大于 1.1m³）等三种，其材质可以分别由金属（耐热、耐磨）、塑料（质轻、不耐磨、易损）和复合材料（性能优良）等三种材料加工而成，颜色又分为黄色、黑色、绿色及红色等。在我国，通常垃圾桶的颜色不同，代表用于盛装的垃圾种类不同，而国外通常通过垃圾桶上的标注加以区分。除垃圾桶外，可供区域居民共同使用的垃圾临时储存设施还有垃圾房和垃圾收集站。通常，居民小区周边可以设置垃圾房，垃圾房内设置有多个垃圾桶，并且在四周设有排水沟及绿化带，与周围建筑物距离大于 5m。垃圾收集站常规的服务半径在 600m 内，清洁工用手推车将收集的垃圾推运至垃圾收集站。垃圾收集站可配置垃圾集装箱和垃圾压缩装置。储存容器的容积一般以满足 1~3 天垃圾排放量的储存为宜，同时还必须具有密封性，防蚊虫滋生、防风雨、防气味散发，内部光滑，易于保洁、倒空，不残留垃圾，操作方便、布点合理，既方便居民倾倒垃圾，同时又方便清运操作。此外，还必须防腐、防火、坚固耐用、外形美观、价格低廉。

为确保设置的公共垃圾收集设施可以充分合理地满足服务区域对垃圾投放的需求，设置前需对垃圾储存容器设置数量进行必要的核算。核算的依据参数主要有居民数量、人均垃圾发生量、垃圾容重、容器大小及收集次数等；在采集必要数据的基础上，可按如下的计算公式进行容器数量推算。

（1）容器服务范围的垃圾日产量：

$$W = RCA_1A_2 \qquad (2-1)$$

式中　W——垃圾日产生量，t/d；

　　　R——服务范围内居民人口数，人；

　　　C——实测的垃圾单位产生量，t/（人·d）；

　　　A_1——垃圾日产量不均匀系数，1.1~1.15；

　　　A_2——居住人口变动系数，1.02~1.05。

（2）垃圾日产体积计算：

$$V_{ave} = W/(A_3 D_{ave}) \qquad (2-2)$$
$$V_{max} = KV_{ave} \qquad (2-3)$$

式中　V_{ave}——垃圾平均日产生体积，m³/d；

　　　A_3——垃圾容积变动系数，0.7~0.9；

　　　D_{ave}——垃圾平均容重，t/m³；

　　　K——垃圾产生高峰时体积的变动系数，1.5~1.8；

　　　V_{max}——垃圾产生高峰时最大体积，m³/d。

（3）容器数量计算：

$$N_{ave} = A_4 V_{ave}/(EF) \qquad (2-4)$$
$$N_{max} = A_4 V_{max} \qquad (2-5)$$

式中　N_{ave}——平时所需设置的垃圾容器数量，个；

　　　A_4——垃圾收集周期，d/次（每天一次时，$A_4 = 1$；每天两次时，$A_4 = 0.5$；每两天一次时，$A_4 = 2$，依此类推）；

E——单位垃圾容器的容积，$m^3/$个；

F——垃圾容器充填系数，$0.75 \sim 0.9$；

N_{max}——垃圾产生高峰时最大设置个数，个。

2.2 城市垃圾的清运

垃圾清运是指各垃圾产生源储存垃圾的集中与集装，以及收集车辆到终点的往返运输和在终点的卸料等过程。清运效率影响因素主要有清运操作方式、收集清运车辆的数量、装卸量及机械化程度、清运次数、时间和劳动定员、清运路线、清运操作方法等。清运方案需反复推敲、修改，并在实际应用中不断完善，方能固定下来。清运时，多采用收集机动车，根据垃圾装车形式，可分为前装式、侧装式、后装式、顶装式、集装箱直接拖曳式等。收集车辆原则上要求完全机械化、自动化，多数要求具有压缩功能和自动卸车功能。收集车数量配备、收集车劳力配备，不同车型配备人员数不同，一般小于 4 人。对于收集次数与作业时间，我国采用日产日清的基本准则。欧美则划分较细，视当地实际情况，如气候、垃圾产量与性质、收集方法、道路交通、居民生活习俗等确定，不是一成不变，其原则是希望能在卫生、迅速、低成本的情形下达到垃圾收集。

收集清运工作安排的科学性、经济性的关键，在于设定合理的收运路线。例如在德国，各清扫局都有垃圾车收集运输路线图和道路清扫图，将全市分成若干个收集区，明确规定扫路机的清扫路线，这个地区的垃圾收集日、收集容器的数量、安放位置及其车辆行驶路线等在路线图上都有明确标记。收集线路的设计需要进行反复试算，没有能适用于所有情况的固定规则。一条完整的收集清运路线大致由"实际路线"和"区域路线"组成。其中，实际路线是指垃圾收集车在指定的街区内遵循的实际收集路线，区域路线是指装满垃圾后，收集车为运往转运站（或处理处置场）需走过的地区或街区。进行收集路线设计时，主要考虑以下 4 个因素：

（1）每个作业日，每条路线限制在一个地区，尽可能紧凑，没有断续或重复的线路。

（2）平衡工作量，使每个作业、每条路线的收集和运输时间都合理，且大致相等。

（3）收集路线的出发点从车库开始。

（4）要考虑交通繁忙和单行街道等因素。在交通拥挤时间应避免在繁忙的街道上收集垃圾。

设计收集路线一般需要以下 4 个步骤：

（1）准备适当比例的地域地形图，图上标明垃圾清运区域边界、道口、车库和通往各个垃圾集装点的位置、容器数、收集次数等，如果使用固定容器收集法，应标注各集装点垃圾量。

（2）分析资料，将资料数据概要列为表格。

（3）初步设计收集路线。

（4）对初步收集路线进行比较，通过反复试算，进一步均衡收集路线，使每周各个工作日收集的垃圾量、行驶路程、收集时间等大致相等，最后将确定的收集路线画在收集区域图上。

操作计算：收集成本的高低，主要取决于收集时间长短，因此对收集操作过程的不同单元时间进行分析，可以建立设计数据和关系式，求出某区域垃圾收集耗费的人力和物力，从而计算收集成本。可以将收集操作过程分为四个基本用时，即集装时间、运输时间、卸车时间和非收集时间。

（1）集装时间（P_{hcs}）。每次行程集装时间包括容器点之间行驶时间、满容器装车时间及卸空容器放回原处时间三部分。用公式表示为：

$$P_{hcs} = t_{pc} + t_{uc} + t_{dbc} \qquad (2-6)$$

式中　P_{hcs}——每次行程集装时间，h/次；

t_{pc}——满容器装车时间，h/次；

t_{uc}——空容器放回原处时间，h/次；

t_{dbc}——容器间行驶时间，h/次。

如果容器行驶时间已知，可用下面运输时间公式估算。

（2）运输时间（h）。运输时间指收集车从集装点行驶至终点所需时间加上离开终点驶回原处或下一个集装点的时间，不包括停在终点的时间。当装车和卸车时间相对恒定时，运输时间取决于运输距离和速度。分析大量的不同收集车的运输数据，发现运输时间可以用下式近似表示：

$$h = a + bx \qquad (2-7)$$

式中　h——运输时间，h/次；

a——经验常数，h/次；

b——经验常数，h/km；

x——往返运输距离，km/次。

（3）卸车时间。专指垃圾收集车在终点（转运站或处理处置场）逗留时间，包括卸车时间及等待卸车时间。每一行程卸车时间用符号 S（h/次）表示。

（4）非收集时间。非收集时间指在收集操作全过程中非生产性活动所花费的时间。非收集时间常用符号 ω（%）表示，为非收集时间占总时间百分数。

因此，一次收集清运操作行程所需时间（T_{hcs}）可用式（2-8）表示：

$$T_{hcs} = (P_{hcs} + S + h)/(1 - \omega) \qquad (2-8)$$

也可以用式（2-9）表示：

$$T_{hcs} = (P_{hcs} + S + a + bx)/(1 - \omega) \qquad (2-9)$$

当求出 T_{hcs} 后，则每日每辆收集车的行程次数用式（2-10）求出：

$$N_d = H/T_{hcs} \qquad (2-10)$$

式中　N_d——每天行程次数，次/d；

H——每天工作时数，h/d；

其余符号意义同前。

每周所需收集的行程次数，即行程数可根据收集范围的垃圾清除量和容器平均容量，用式（2-11）求出：

$$N_w = V_w/(cf) \qquad (2-11)$$

式中　N_w——每周收集次数，即行程数，次/周（若计算值带小数，需进值到整数值）；

V_w——每周清运垃圾产量，m³/周；

c——容器平均容量，m³/次；

f——容器平均充填系数。

由此,每周所需作业时间 D_w(d/周)为:

$$D_w = N_w T_{hcs} \tag{2-12}$$

应用上述公式,即可计算出移动容器收集操作条件下的工作时间和收集次数,编制作业计划。

2.2.1 移动容器操作方法

移动容器收集法是指使用垃圾运输工具将装满垃圾的容器运往中转站或处理处置场,卸空后,将空容器送回原处再到下一个容器存放点(搬运容器方式,图2-3(a));或将空容器送到下一个垃圾集装点(交换容器法,图2-3(b)),再把该集装点装满垃圾的容器运走,如此重复循环进行垃圾清运。

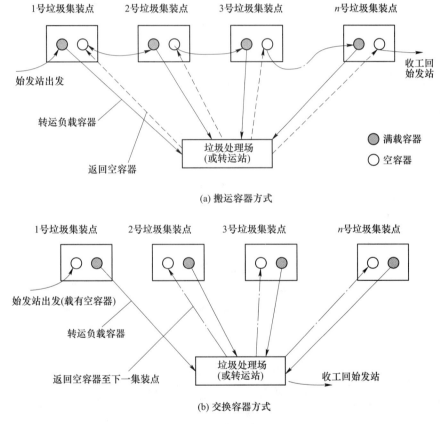

(a) 搬运容器方式

(b) 交换容器方式

图2-3 移动容器清运方式

2.2.2 收集车辆

各国对城市垃圾收集车辆还没有形成一个统一的分类标准。不同城市应根据当地的垃圾组成特点、垃圾收运系统的构成、交通、经济等实际情况,选用与其相适应的垃圾收集车辆。一般应根据整个收集区内的建筑密度、交通状况和经济能力选择最佳的收集车辆规格。

（1）人力车。人力车包括手推车、人力三轮车等靠人力驱动的车辆，主要是为了清运比较狭窄区域的垃圾，在发达国家已不再使用，但在我国仍发挥着重要的作用。

（2）简易自卸式收集车。适宜于固定容器收集法作业，一般需配以叉车或铲车，便于在车厢上方机械装车。常见的有两种形式：一是罩盖式自卸收集车；二是密封式自卸车。

（3）活动斗式收集车。主要用于移动容器收集法作业，这种收集车的车厢作为活动敞开式储存容器，平时放置在垃圾收集点。由于车厢贴地且容量大，适合于储存装载大件垃圾。

（4）密封压缩收集车。根据垃圾装填位置，分为前装式、侧装式和后装式三种类型。其中，侧装式密封收集车一般装有液压驱动提升装置，能够将地面上配套的垃圾桶提升至车厢顶部，由倒入口倾翻，然后空桶送回原处，完成收集过程。后装式压缩收集车是在车厢后部开设距地面较低的垃圾投入口，装配压缩推板装置，能够满足体积大、密度小的垃圾收集工作，在一定程度上可减轻造成二次污染的可能性，并且可大大减轻环卫工人的劳动强度，缩短工作时间。

（5）分类收集车。分类收集车是为了分类垃圾的收集专门设计的。它的料箱由若干个独立的料斗组成，一个料斗只装一种垃圾物。在每个料斗的一侧安装一个上料和卸料装置，以把垃圾桶提升到料斗的顶部，把桶中的垃圾翻倒入相应的料斗中，再把分类垃圾运至分拣站，各料斗分别向外侧作翻转，把分类垃圾倒入不同的储存地点。

大型、小型垃圾收集车和垃圾分类收集车如图2-4~图2-6所示。

图 2-4　大型垃圾收集车

图 2-5　小型垃圾收集车

图 2-6　垃圾分类收集车

2.3 周转站的设置

垃圾转运通常特指垃圾的远途运输时，在中转站（又称周转站、转运站）将垃圾转载至大容量运输工具上，运往远距离的处理处置场。周转站中是否设置有压实装置，对周转站的运行有较大的影响。周转站根据运输工具的不同，可分为公路、铁路、水路中转站。生活垃圾转运站（中转站）是连接垃圾产生源头和末端处置系统的结合点，起到枢纽作用。是否设置中转站，主要视经济性而定。周转站运行的经济性取决于两个方面：一方面是有助于降低垃圾收运的总费用，即由于长距离大吨位运输比小车运输的成本低，或由于收集车一旦取消长距离运输能够腾出时间更有效地收集；另一方面是对转运站、大型运输工具或其他必需的专用设备的大量投资会提高收运费用。按转运规模，周转站可划分为小型转运站，转运量小于150t/d；中型转运站，转运量150~450t/d；大型转运站，转运量大于450t/d。通常，在大、中城市需要设置多个垃圾中转站。每个中转站必须根据需要配置必要的机械设备和辅助设备，如铲车、卸料装置、挤压设备和称量用地磅等。

根据《城市环境卫生设施标准》（CJ 527—89）的规定，我国对垃圾中转站设置要求如下：公路中转站一般要求，公路中转站的设置数量和规模取决于收集车的类型、收集范围和垃圾转运量，一般每10~15km²设置一座中转站，一般在居住区或城市的工业、市政用地中设置，其用地面积根据日转运量确定。水路运输中转站一般要求有供卸料、停泊、调档等作用的岸线。岸线长度应根据装卸量、装卸生产率、船只吨位、河道允许船只停泊档数确定。

从环境保护与卫生要求角度出发，对垃圾转运站封闭形式、规范作业、环保措施等都有明确规定。当垃圾装卸属于露天操作时，周转站需设置防风网罩和其他栅栏，对抛撒到外边的固体废物要及时捡回，对暂存待装的垃圾要定期喷水，需人工操作时，操作人员要戴防尘面罩。周转站中需防火设施、卫生设施，绿化面积应达到10%。现场飘尘、噪声、臭气、排气等指标应符合环境监测标准。

中转站选址时，应尽可能位于垃圾收集中心或垃圾产量多的地方，靠近公路干线及交通方便的地方，居民和环境危害最少的地方，进行建设和作业最经济的地方。通常，周转站中垃圾车在货位上的卸料台卸料，倾入低货位上的压缩机漏斗内，然后将垃圾压入半拖挂车内，满载后由牵引车拖运，另一辆半拖挂车装料。应根据垃圾量相应建造必要的高低货位卸料台，并配备相应的压缩机数量，合理使用一定数量的牵引车和半拖挂车（图2-7、图2-8）。

图2-7 垃圾周转站外部情景

图 2-8　垃圾周转站内部情景

本 章 小 结

　　结合垃圾收储、转运过程可以看出，城市生活垃圾的清运工作虽然操作简单，但却是最为耗时、耗力的一个过程。清运不仅需要大量的基础垃圾贮存设施，简易的运输车辆，更需要大量的保洁人员周而复始、日复一日的辛勤劳作来实现，能否合理配置中转站，垃圾收集点，不仅关系到城市生活垃圾能否顺利、快捷地从发生源头清理出去，确保城市的清洁卫生，更将关系到后期城市垃圾能否得到合理处理和利用。

思 考 题

2-1　为什么需要实现垃圾日产日清？

2-2　日常垃圾收运车辆与垃圾转运车辆有何不同？

2-3　移动容器清运方式主要有哪两种方式？

2-4　为什么需要设置垃圾中转站，设置垃圾中转站的基本原则是什么？

3 固体废物的预处理

本章提要：

固体废物预处理又称前处理，是处置及资源化前的处理过程，主要包括收集、运输、压实、破碎、分选等工艺过程。预处理常涉及压实、固体废物中某些组分的分离与富集，因而往往又是一种材料回收的过程。本章重点介绍固体废弃物在实施深度处理、循环利用及处置前常见的预处理方法及相关设备、处理工艺，重点介绍了固体废物的压实、粉碎机分选等。

固体废物预处理又称前处理，是处置及资源化前的处理过程，主要包括收集、运输、压实、破碎、分选等工艺过程。预处理常涉及压实、固体废物中某些组分的分离与富集，因而往往又是一种材料回收的过程。

3.1 固体废物的压实

压实又称压缩，是利用机械的方法减少垃圾的空隙率，将空气挤压出来，增加固体废物的聚集程度。其目的有二：一是增大容重和减小体积，便于装卸和运输，确保运输安全与卫生，降低运输成本；二是制取高密度惰性块料，便于储存、填埋或作建筑材料。无论可燃、不可燃或放射性废物都可压缩处理。

3.1.1 压实设备与流程

压实流程：垃圾先装入四周垫有铁丝网的容器中，然后送入压缩机压缩，压力为 $160 \sim 200 kgf/cm^2$（$1kgf = 9.8N$），压缩比为 1/5。压块由上向推动活塞推出压缩腔，送入 $180 \sim 200℃$ 沥青浸渍池 10s，涂浸沥青防漏，冷却后经运输皮带装入汽车运往垃圾填埋场。压缩污水经油水分离器进入活性污泥处理系统，处理水灭菌后排放。图 3-1 所示为较为先进的国外城市垃圾压缩处理工艺流程。

按固体废物种类不同，压实设备可分为金属类废物压实器和城市垃圾压实器两类。

（1）金属类废物压实器主要有三向联合式和回转式两种；

（2）城市垃圾压实器主要包括高层住宅垃圾压实器和城市垃圾压实器两种。

压实技术最初主要用来处理金属加工业排出的各种松散废料，后来逐步发展到处理城市垃圾，如纸箱、纸袋和纤维制品等。一般固体废物经过压缩处理后，压缩比（即体积减小的程度）为（$3 \sim 5$）：1，如果同时采用破碎和压实技术，其压缩比可增加到（$5 \sim 10$）：1。压缩后的垃圾或袋装或打捆，对于大型压缩块，往往先将铁丝网置于压缩腔内，再装入废

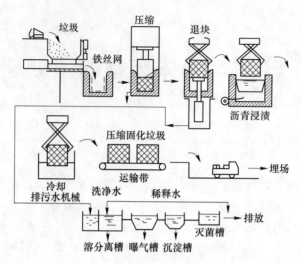

图 3-1　城市垃圾压缩处理流程

物，因而压缩完成即已牢固捆好。

　　大型工业压缩机一般安装在废物转运站、高层住宅垃圾滑道底部以及需要压实废物的场合，常用的主要包括水平压实器、三向联合压实器、回转式压实器等，如图 3-2~图 3-8 所示。

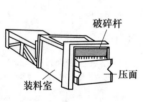

图 3-2　水平压头压实器

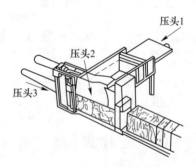

图 3-3　三向联合压实器

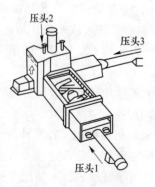

图 3-4　回转式压实器

图 3-5　垃圾压实机

图 3-6　垃圾传输带

图 3-7　垃圾装卸情景

图 3-8　垃圾转运设备

移动式压实器是指在填埋现场使用的轮胎式或履带式压土机、钢轮式布料压实机以及其他专门设计的压实机具。它是带有行驶轮或可在轨道上行驶的压实器，主要用于填埋场废物的压实，也用于垃圾车接受的废物的压实。按压实过程工作原理的不同，移动式压实器（图 3-9）可分为碾（滚）压实机、夯实压实机、振动压实机三大类，固体废物压实处理主要采用碾（滚）压方式。

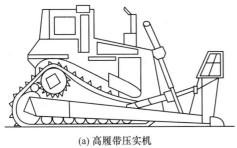

(a) 高履带压实机

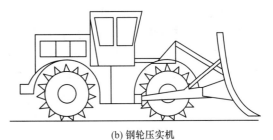

(b) 钢轮压实机

图 3-9　移动式压实设备

3.1.2　压实处理的优点

固体废物压实处理具有以下优点：

（1）便于运输。

（2）减轻环境污染。对经过高压压缩的垃圾块切片用显微镜镜检，结果表明，它已成为一种均匀的类塑料结构。日本东京湾的垃圾块在自然暴露3年后进行检验，没有任何可见的降解痕迹，足见其确已成为一种惰性材料，可减轻对环境的污染。

（3）快速安全造地。用惰性固体废物压缩块作地基或填海造地材料，上面只需覆盖很薄土层，所填场地不必做其他处理或等待多年沉降，即可利用。

（4）节省储存或填埋场地。对于废金属切屑、废钢铁制品或其他废渣，其压缩块在加工利用之前，往往需要堆存保管，对于放射性废物要深理于地下水泥堡或废矿坑等中，压缩处理可大大节省储存场地；对于城市垃圾的填埋处置，生活垃圾压缩后容积可减少60%～90%，从而可大大节省目前国内外均日趋紧张的填埋用地。

3.2　固体废物的破碎工艺及设备

垃圾经中转运至处理厂后，通常要做必要的粉碎、筛分等预处理。破碎是通过人力或机械等外力的作用，破坏物体内部的凝聚力和分子间作用力而使物体破裂的操作过程。利用外力克服固体废物质点间的内聚力而使大块固体废物分裂成小块的过程称为破碎；使小块固体废物颗粒分裂成细粉的过程称为磨碎。固体废物破碎和磨碎的目的如下：

（1）减小固体废物的容积，便于运输和储存。

（2）为固体废物的分选提供符合要求的入选粒度，以便有效地回收固体废物中某种成分。

（3）使固体废物的比表面积增加，提高焚烧、热分解、熔融等作业的稳定性和热效率。

（4）为固体废物的下一步加工作准备。例如，煤矸石的制砖、制水泥等都要求把煤矸石破碎和磨碎到一定粒度以下，以便进一步加工制备使用。

（5）用破碎后的生活垃圾进行填埋处置时，压实密度高而均匀，可以加快复土还原。

（6）防止粗大、锋利的固体废物损坏分选、焚烧和热解等设备或炉膛。

破碎方式可分为冲击破碎、剪切破碎、挤压破碎和摩擦破碎。固体废物破碎的方法按原理又可分为物理方法和机械方法。物理方法包括低温冷冻破碎、湿式破碎。低温冷冻破碎是利用塑料、橡胶类废物在低温下脆化的特性进行破碎；湿式破碎是利用湿法使纸类、纤维类废物调制成浆状，然后加以利用的方法。破碎程度一般用破碎比加以评估。破碎比是指在破碎过程中，原废物粒度与破碎产物粒度的比值。有两种表示方法：

（1）用废物破碎前的最大粒度（D_{max}）与破碎后的最大粒度（d_{max}）的比值来确定破碎比（i）。

$$i = \frac{D_{max}}{d_{max}} \tag{3-1}$$

该法确定的破碎比称为极限破碎比，在工程设计中常被采用，根据最大物料直径来选择破碎机给料口的宽度。

（2）用废物破碎前的平均粒度（D_{cp}）与破碎后的平均粒度（d_{cp}）的比值来确定破碎比（i）。

$$i = \frac{D_{cp}}{d_{cp}} \tag{3-2}$$

该法确定的破碎比称为真实破碎比，能较真实地反映破碎程度，在科研和理论研究中常被采用。

根据固体废物的性质、颗粒大小、要求达到的破碎比和选用的破碎机类型，每段破碎流程可以有不同的组合方式。破碎流程主要有单纯破碎、带预先筛分破碎工艺、带检查筛分破碎工艺、带预先筛分和检查筛分破碎工艺。

破碎机包括颚式破碎机、锤式破碎机、冲击式破碎机、剪切式破碎机、辊式破碎机和球磨机等。选择机械破碎方法时，需视固体废物的机械强度特别是其硬度而定。对于脆硬性废物，如废石和废渣等多采用挤压、劈裂、冲击、磨剥的方法加以破碎；对于硬性及柔韧性废物，如废钢铁、废汽车、废塑料等多采用冲击和剪切破碎；对于含有大量废纸的城市垃圾，一般采用的是湿式和半湿式破碎；对于一般的粗大固体废物，通常是先剪切、压缩成一定形状，再送入破碎机进行破碎。以下是几种普遍采用的固体废物破碎方式及其设备。

（1）挤压式破碎。挤压式破碎是一种利用机械的挤压作用使废物破碎的方法。所用设备一般采用一个挤压面固定，另一个挤压面作往复运动的形式，也称为颚式破碎机（图 3-10）。

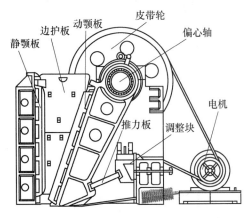

图 3-10　颚式破碎机

（2）冲击式破碎。冲击式破碎是利用一物体撞击另一物体时，前者的动能迅速转变为后者的形变位能，而且集中在被撞击处，从而使物料破碎的一种方法。如果撞击速度很高，形变来不及扩展到被撞击物全部，就会在撞击处产生相当大的局部应力，如果进行反复冲击，则可使载荷超过疲劳极限，使被撞击物碎裂。因此用高频率冲击法破碎有很好的效果。冲击式破碎机大多是旋转式，都是利用冲击作用进行破碎的，常见的主要为锤式破碎机（图 3-11、图 3-12）。冲击式破碎几乎适于所有颗粒较为粗大的固体废物。

（3）剪切式破碎。剪切式破碎是一种利用机械的剪切力破碎固体废物的方法。剪切式破碎作用发生在互呈一定角度能够逆向运动或闭合的刀刃之间。剪切式破碎机如图 3-13 所示。一般刀刃分固定刃和可动刃，可动刃又分往复刃和回转刃。剪切式破碎适于处理城市垃圾中的纸、布等纤维织物，金属类废物等。

（4）磨剥式破碎。磨剥式破碎即磨碎，在固体废物处理与利用中占有重要地位。球磨机主要由圆柱形筒体、端盖、中空轴颈、轴承和传动大齿圈等部件组成，如图 3-14 所示。

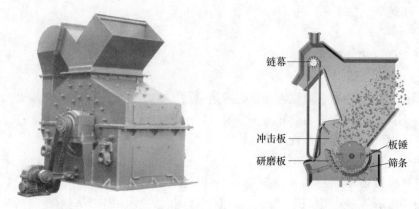

图 3-11　冲击式破碎机

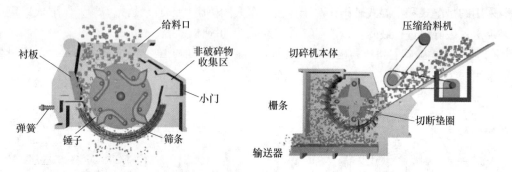

图 3-12　锤式破碎机

图 3-13　剪切式破碎机

图 3-14　球磨机

筒体装有直径为 25~150mm 的钢球。当电机联轴器和小齿轮带动大齿圈和筒体转动时，在摩擦力、离心力和筒壁衬板的共同作用下，钢球和物料被提升到一定高度，然后在其本身重力作用下，产生自由泻落和抛落，从而对筒体内底脚区的物料产生冲击和研磨作用，使物料粉碎。物料达到磨碎细度要求后，由风机抽出。磨剥式破碎广泛用于用煤矸石、钢渣生产水泥、砖瓦、化肥等过程以及垃圾堆肥的深加工过程。

（5）低温破碎。对于在常温下难以破碎的固体废物，可利用其低温变脆的性能有效地破碎，也可利用不同物质脆化温度的差异进行选择性破碎，即所谓低温破碎。低温破碎技术适用于常温下难以破碎的复合材质的废物，如钢丝胶管、橡胶包覆电线电缆、废家用电器等橡胶和塑料制品等。低温破碎的工艺流程如图 3-15 所示。先将固体废物投入预冷装

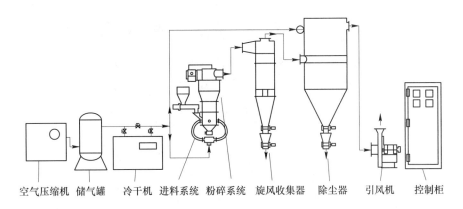

图 3-15 低温破碎工艺流程

置，再进入浸没冷却装置，这样橡胶、塑料等易冷脆物质迅速脆化，然后送入高速冲击破碎机破碎，使易脆物质脱落粉碎。破碎产品再进入各种分选设备进行分选。采用低温破碎时，同一种材质破碎的尺寸大体一致，形状好，便于分离。但因通常采用液氮作制冷剂，而制造液氮需耗用大量能源，因此，发展该技术必须考虑在经济效益上能否抵上能源方面的消耗费用。

（6）湿式和半湿式破碎。湿式破碎技术最早是美国开发的，主要以回收城市垃圾中的大量纸类为目的。首先使纸类在水力的作用下发生浆化，然后将浆化的纸类用于造纸，从而达到回收纸类的目的。图 3-16 所示为湿式破碎机。垃圾用传送带投入破碎机，破碎机于圆形槽底上安装多孔筛，筛上设有 6 个刀片的旋转破碎辊，使投入的垃圾和水一起激烈旋转，废纸则破碎成浆状，透过筛孔由底部排出，难以破碎的筛上物（如金属等）从破碎机侧口排出（图 3-17），再用斗式提升机送至磁选器将铁与非铁物质分离。

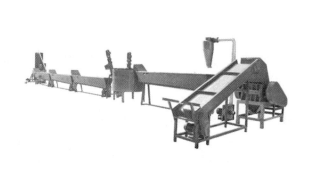

图 3-16 湿式破碎机

半湿式破碎是利用各类物质在一定均匀湿度下耐剪切、耐压缩、耐冲击性能差异很大的特点，通过在不同的湿度下选择不同的破碎方式，实现对废物的选择性破碎和分选。湿式和半湿式破碎特别适于回收含纸屑较多的城市垃圾中的纸纤维、玻璃、铁和有色金属。

图 3-17　粉碎后垃圾

3.3　物　料　分　选

　　废弃物分选的目的在于在处理、处置与回用之前，将有用的成分分选出来加以利用，并将有害的成分分离出来。分选应根据物料的物理性质或化学性质进行，如粒度、密度、重力、磁性、电性、弹性等。分选的类型包括人工手选、筛分、风力分选、跳汰机、浮选、磁选、电选等。分选又可分为两级分选和多级分选。

　　（1）两级分选。在两级分选机中，给入的物料是由待选别物料 X 和 Y 组成的混合物。单位时间内进入分选机的 X 物料和 Y 物料分别为 X_0 和 Y_0；单位时间内 X 和 Y 从第一排出口排出的量分别为 X_1 和 Y_1，从第二排料口排出的量为 X_2 和 Y_2。分选效率可以用回收率来表示。所谓回收率，是指单位时间内某一排料口中排出的某一组分的量与进入分选机的组分量之比。

　　（2）多级分选。多级分选共分为两类：第一类多级分选机分选，其给料中只有 X 和 Y 两种物料，分选机有两个以上的排料口，每一排料口中都有 x 和 y 物料，但含量不同。第二类多级分选是最常用的，进料中含有几种成分（x_{10}，x_{20}，x_{30}，…，x_{n0}），要分选出 m 种物料。在第一排出物流中，x_{11} 是 x_{10} 物料最终进入第二排出物流中的部分；x_{21} 是第二物料 x_{20} 进入第一排出物流中的部分。

　　分选时常用的技术之一为筛分。筛分是利用筛子将粒度范围较宽的颗粒群分成窄级别的作业。该分离过程由物料分层及细粒透过筛子两个阶段组成。物料分层是完成分离的条件，细粒透过筛子是分离的目的。筛分时，物料和筛面之间做相对运动，筛面上的物料层处于松散状态，即按颗粒大小分层，形成粗糙位于上层，细粒位于下层的规则排列，之后，细粒到达筛面并透过筛孔。物料和筛面之间的相对运动使堵在筛孔上的颗粒脱离筛孔，以利于细粒透过筛孔。细粒透筛时，尽管粒度都小于筛孔，但它们透筛的难易程度却不同。

　　粒度小于筛孔 3/4 的颗粒，很容易通过粗粒形成的间隙到达筛面而透筛，称为"易筛粒"；粒度大于筛孔 3/4 的颗粒，很难通过粗粒形成的间隙到达筛面透筛，而且粒度越接近筛孔尺寸就越难透筛，称为"难筛粒"。

筛分效率是指实际得到的筛下产品质量与入筛废物中所含小于筛孔尺寸的细粒物料的质量之比，用百分数表示。根据筛分在工艺过程中应完成的任务，筛分作业可分为以下六类：

（1）独立筛分。目的在于获得符合用户要求的最终产品的筛分。

（2）准备筛分。目的在于为下一步作业做准备的筛分。

（3）预先筛分。在破碎之前进行的筛分称为预先筛分，目的在于预先筛出合格或无需破碎的产品，提高破碎作业的效率，防止过度粉碎和节省能源。

（4）检查筛分。对破碎产品进行筛分，又称为控制筛分。

（5）选择筛分。利用物料中的有用成分在各粒级中的分布，或者性质上的显著差异进行的筛分。

（6）水分的筛分。常用于废物脱水或脱泥。

3.3.1 筛分设备

适用于固体废物处理的筛分设备主要有固定筛、滚筒筛、振动筛和摇动筛。

（1）固定筛，包括棒条筛、格筛。其中，棒条筛的筛孔尺寸为筛下粒度的 1.1～1.2 倍，棒条宽度大于固体废物最大块度的 2.5 倍，适用于筛分粒度大于 50mm 的粗粒废物。设置在粗碎和中碎之前，其特点在于简单方便，应用广泛，但易于堵塞。

（2）滚筒筛。滚筒筛具有带孔的圆柱形筛面或截头的圆锥体筛面，如图 3-18 所示。筛筒转速 10～15r/min，为使废物在筛内沿轴线方向前进，筛筒的轴线应倾斜 3°～5°安装。物料在滚筒筛中主要为沉落状态，即物料颗粒由于筛子的圆周运动被带起，然后滚落到向上运动的颗粒上面。物料在随滚筒转动时，会呈现抛落状态，即筛子运动速度足够时，颗粒飞入空中，然后沿抛物线轨落回筛底。当筛分物料以沉落状态运动时，物料达到最大的紊流状态；如果筒形筛的转速进一步提高，会达到某一临界速度，这时粒子呈离心状态运动，结果使物料颗粒附在筒壁上不会掉下，使筛分效率降低。

（3）振动筛（图 3-19），振动筛在筑路、建筑、化工、冶金和谷物加工等部门得到广泛应用。其特点在于，振动方向与筛面垂直或近似垂直，振动频率 600～3600r/min，振幅 0.5～1.5mm。振动筛的倾角一般在 8°～40°之间。物料在筛面上发生离析现象，密度大而粒度小的颗粒钻过密度小而粒度大的颗粒的空隙，进入下层到达筛面，大大有利于筛分的

图 3-18 滚筒筛

图 3-19 振动筛

进行。强烈振动可以消除堵塞筛孔的现象,有利于湿物料的筛分,可用于粗、中、细粒(0.1~0.15mm)废物的筛分。还可以用于脱水振动和脱泥筛分。振动筛主要有惯性振动筛和共振筛两种。其中,惯性振动筛利用不平衡体旋转,进而产生离心惯性力,造成筛箱振动。配重轮上的重块/重锤可引发不平衡体。利用弹簧可产生水平分力,弹簧横向刚度大,被吸收;垂直分力则由弹簧拉伸及压缩。筛箱运动轨迹多为椭圆或近似于圆。共振筛工作时,电动机转动,带动下机体上偏心轴转动,通过连杆往复运动,造成弹簧伸缩,从而带动筛箱移动。下机体和筛箱受反作用力沿倾斜方向振动,当固有自振频率与传动装置的强迫振动频率相近或相同时,筛子将产生共振。共振筛分具有处理能力大、筛分效率高、耗电少及结构紧凑等特点,是一种有发展前途的筛分设备;但其制造工艺复杂、机体较重。影响共振筛筛分效率的因素主要有物料性质、易筛粒含量、含水量、含泥量、颗粒形状、筛分设备特性、有效面积、筛分设备运动方式、筛面长宽比、筛面倾角、棒条筛、钢板冲空筛、钢丝编织筛,以及是否连续均匀给料等筛分操作条件。

3.3.2　筛分效率及其影响因素

筛选过程受很多因素影响,通常用筛分效率评定筛选设备的分离效率。筛分效率是指实际得到的筛下产品质量与入筛废物中所含小于筛孔尺寸的细粒物料质量之比,其表示式为:

$$E = Q_1/(Q\alpha) \tag{3-3}$$

式中　E——筛分效率,%;

　　　Q_1——筛下产品质量;

　　　Q——入筛固体废物质量;

　　　α——入筛固体物料中小于筛孔的细粒含量,%。

$$Q = Q_1 + Q_2 \tag{3-4}$$

$$Q\alpha = Q_1\beta + Q_2\theta \tag{3-5}$$

式中　θ——筛上产品中小于筛孔尺寸的细粒的质量百分数,%;

　　　β——筛下产品中小于筛孔尺寸的细粒的质量百分数,%。

联立式(3-3)~式(3-5)可得:

$$E = \frac{\beta(\alpha - \theta)}{\alpha(\beta - \alpha)} \times 100\% \tag{3-6}$$

通常筛分效率低于85%~95%。筛分效率主要受筛分物料性质、筛分设备特性和筛分操作条件的影响。

(1)入筛物料性质。固体废物的粒度、形状、含水率和含泥量对筛分效率都会产生一定的影响。一般废物中"易筛粒"含量越多,筛分效率越高;而"难筛粒"越多,筛分效率越低。对于同样大小的、不同形状的颗粒,一般球形和多面体的颗粒远比片状或针状颗粒容易通过筛孔,纤维状的颗粒实际上完全不能通过。当废物含水量较小时,水分挥发细粒结团或附着在粗粒上而不易透筛,筛分效率随含水率增高而降低;当筛孔较大、废物含水率较高时,反而造成颗粒活动性提高,水分有促进细粒透筛的作用,即湿式筛分法的筛分效率较高。当废物中含泥量高时,稍有水分也能引起细粒结团。

(2)筛分操作条件。在筛分操作中应注意连续均匀给料,使废物沿整个筛面宽度铺成一薄层，既充分利用筛面，又便于细粒透筛，提高筛子的处理能力和筛分效率；并注意及时清理和维修筛面。另外，筛分设备振动强度也会影响筛分效率，对振动筛应调节振动频率与振幅等，对于滚筒筛，应调节转速，使振动程度维持在最适宜水平。

3.4　重力分选

重力分选是在活动的或流动的介质中按颗粒的密度或粒度进行颗粒混合物分选的过程。其介质有空气、水、重液（密度大于水的液体）、重悬浮液等。根据作用原理不同，可分为气流分选、惯性分选、重介质分选、摇床分选、跳汰分选等。

重介质分选是在液相介质中进行，不适合于包含可溶性物质的分选，也不适合于成分复杂的城市垃圾分选，主要应用于矿业废物的分选。

气流分选（又叫风选）可以将轻物料从较重的物料中分离出来。气流将较轻的物料向上带走或在水平方向带向较远的地方，而重物料则由于向上气流不能支承而沉降，或是由于重物料的足够惯性而不被剧烈改变方向穿过气流沉降。一般用旋流器分离将被气流带走的轻物料再进一步从气流中分离出来。

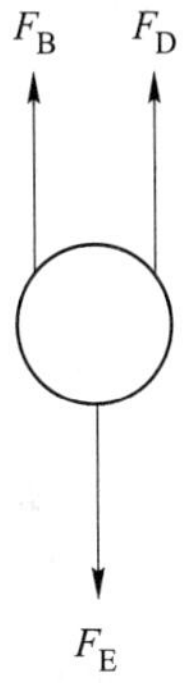

重力分选原理：一个悬浮在流体介质中的颗粒，其运动速度受到自身重力 F_E、介质阻力 F_D 和介质的浮力 F_B 三种力的作用。如图 3-20 所示。

图 3-20　受力分析

$$F_E = \rho_s V_g g \tag{3-7}$$

$$F_B = \rho V_g g \tag{3-8}$$

$$F_D = 0.5 C_D v^2 \rho A \tag{3-9}$$

式中　ρ_s——颗粒密度；

V_g——颗粒体积，假定颗粒为球形，则：

$$V_g = \frac{\pi}{6} d^3 \tag{3-10}$$

ρ——介质密度；

C_D——阻力系数；

v——颗粒相对介质速度；

A——颗粒投影面积（在运动方向上）。

当 F_E、F_B、F_D 三个力达到平衡，且加速度为零时的速度为末速度，有：

$$F_E = F_B + F_D \tag{3-11}$$

$$\rho_s V_g g = \rho V_g g + \frac{C_D v^2 \rho A}{2}$$

即

$$\frac{\pi}{6} d^3 (\rho_s - \rho) g = \frac{\pi d^2}{4} \cdot \frac{C_D v^2 \rho}{2}$$

$$V = \sqrt{\frac{4(\rho_s - \rho) g d}{3 C_D \rho}} \tag{3-12}$$

C_D 与颗粒的尺寸及运动状况有关,通常用雷诺数 Re 来表述。

$$Re = \frac{vd\rho}{\mu} = \frac{vd}{\nu} \tag{3-13}$$

式中 μ——流体介质的黏度系数;

       ν——流体介质的动黏度系数。

如果假定流体运动为层流,$C_D = 24/Re$,可以进一步得出人们所熟知的斯托克斯公式:

$$v = \frac{d^2 g (\rho_s - \rho)}{18\mu} \tag{3-14}$$

影响重力分选的因素主要有颗粒的尺度、颗粒与介质的密度差以及介质的黏度。重力分选的介质有空气、水、重液(密度大于水的液体)、重悬浮液。重液最常用的是四溴乙烷和丙酮的混合物,另一种是五氯乙烷。重悬浮液的黏度不应太大,黏度增大会使在其中的运动阻力增大,从而降低分选精度和设备生产率。降低悬浮液的黏度可以提高物料分选速度,但会降低悬浮液的稳定性。工业上为保持悬浮液的稳定,可以采用如下方法:

首先选择密度适当,能造成稳定悬浮液的加重介质,或在黏度要求允许的条件下,把加重介质磨碎一些;其次加入胶体稳定剂,如水玻璃、亚硫酸盐、铝酸盐、淀粉、烷基硫酸盐、膨润土和合成聚合物等;最后适当的搅拌促使悬浮液更加稳定。

重介质分选、跳汰分选、风力分选和摇床分选等各种重选过程具有的共同工艺条件包括:固体废物中颗粒间必须存在密度的差异;分选过程在运动介质中进行;在重力、介质动力及机械力的综合作用下,使颗粒群松散并按密度分层;分层后的物料在运动介质流的推动下互相迁移,彼此分离,并获得不同密度的最终产品。

3.4.1 重介质分选

通常将密度大于水的介质称为重介质。在重介质中使固体废物中的颗粒群按密度分开的方法称为重介质分选。为使分选过程有效进行,重介质密度(ρ_C)应介于固体废物中轻物料密度(ρ_L)和重物料密度(ρ_W)之间,即:

$$\rho_L < \rho_C < \rho_W \tag{3-15}$$

凡是颗粒密度大于重介质密度的重物料都下沉,集中于分选设备底部成为重产物;颗粒密度小于重介质密度的轻物料都上浮,集中于分选设备的上部成为轻产物。轻重产物分别排出,从而达到分选的目的。可见,在重介质分选过程中,重介质的性质是影响分选效果的重要因素。

重介质是由高密度的固体微粒和水构成的固液两相分散体系,它是密度高于水的非均匀介质。高密度固体微粒起着加大介质密度的作用,故称为加重质。最常用的加重质有硅铁、磁铁矿等。一般要求加重质的粒度为小于 200 目,占 60%~90%,能够均匀分散于水中,容积浓度一般为 10%~15%。重介质应具有密度高、黏度低、化学稳定性好(不与处理的废物发生化学反应)、无毒、无腐蚀性、易回收再生等特性。

目前常用的重介质分选设备是鼓形重介质分选机。

3.4.2 跳汰分选

跳汰分选是将物料给入筛板上,形成密集的物料层,从筛板下周期性给入垂直变速的水流，透过筛板使床层松散并按密度分层，密度大的颗粒群集中到底层，透过筛板或特殊排料装置排出成重产品；密度小的颗粒群进入上层，被水平水流带到机外成为轻产品。跳汰介质可以是水或者是空气。目前用于固体废物分选的介质都是水。跳汰分选是古老的选矿技术。国外主要用于混合金属的分离。

3.4.3　风力分选

风力分选以空气为分选介质，是在气流作用下使固体废物颗粒按密度和粒度进行分选的方法，简称风选，又称气流分选。分选设备（图 3-21）按照工作气流的主流向可以分为水平（图 3-22）、垂直（图 3-23）和倾斜三种，其中以垂直气流分选器使用最为广泛。

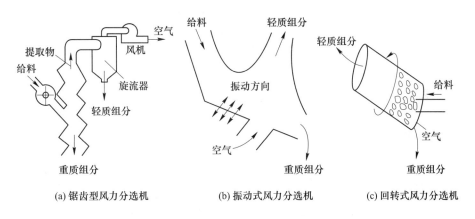

(a) 锯齿型风力分选机　　　　(b) 振动式风力分选机　　　　(c) 回转式风力分选机

图 3-21　各种类型的分选设备

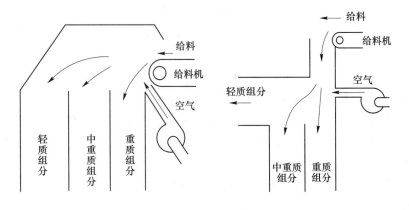

图 3-22　卧式风力分选机工作原理

立式风力分选机（上升气流分选机）。经破碎后的城市生活垃圾从中部给入风力分选机，物料在上升气流作用下，垃圾中各组分按密度进行分离，重质组分从底部排出，轻质组分从顶部排出，经旋风分离器进行气固分离。

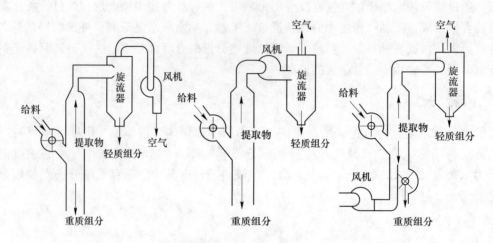

图 3-23　立式风力分选机工作原理

3.5　浮　选

3.5.1　浮选原理

浮选是在固体废物与水调制的料浆中，加入浮选药剂，并通入空气形成无数细小气泡，使欲选取物质颗粒黏附在气泡上，随气泡上浮于料浆表面成为泡沫层，然后刮出回收，不上浮的颗粒仍留在料浆内，通过适当处理后废弃的分选工艺。

在浮选过程中，固体废物各组分对气泡黏附的选择性，是由固体颗粒、水、气泡组成的三相界面间的物理化学特性决定的。其中比较重要的是物质表面的润湿性。

固体废物中有些物质表面的疏水性较强，容易黏附在气泡上；而另一些物质表面亲水，不易黏附在气泡上。物质表面的亲水、疏水性能可以通过浮选药剂的作用加强。因此，在浮选工艺中正确选择、使用浮选药剂是调整物质可浮性的主要外因条件。根据药剂在浮选过程中的作用不同，可分为捕收剂、起泡剂和调整剂三大类。

（1）捕收剂。捕收剂能够选择性地吸附在欲选的物质颗粒表面，使其疏水性增强，提高可浮性，并牢固地黏附在气泡上上浮。良好的捕收剂应具备如下特性：

1）捕收作用强，具有足够的活性；

2）有较高的选择性，最好只对某一种物质颗粒具有捕收作用；

3）易溶于水，无毒、无臭，成分稳定，不易变质；

4）价廉易得。

常用的捕收剂有极性捕收剂和非极性油类捕收剂两类。

极性捕收剂的分子结构包含两个基团，即极性基和非极性基。极性基活泼，能够与物质颗粒表面发生作用，使捕收剂吸附在物质颗粒表面；非极性基暴露在颗粒物表面，起疏水作用。典型的极性捕收剂有黄药、油酸等。从煤矸石中回收黄铁矿时，常用黄药作捕收剂。

非极性油类捕收剂的主要成分是脂肪烷烃和环烷烃，最常用的是煤油。烃类油的整个分子是非极性的，难溶于水，具有很强的疏水性，在料浆中由于强烈搅拌作用而被乳化成微细的油滴，与物质颗粒碰撞接触时，便黏附于疏水性颗粒表面上，并且在其表面上扩展形成油膜，从而大大增加颗粒表面的疏水性，使其可浮性提高。从粉煤灰中回收炭，常用煤油作捕收剂。

（2）起泡剂。起泡剂是一种表面活性物质，主要作用在水-气界面上，使其界面张力降低，促使空气在料浆中弥散，形成小气泡，防止气泡兼并，增大分选界面，提高气泡与颗粒的黏附和上浮过程中的稳定性，以保证气泡上浮形成泡沫层。

浮选用的起泡剂应具备以下特性：1）用量少，能形成量多、分布均匀，大小适宜、韧性适当和黏度不大的气泡；2）有良好的流动性，适当的水溶性，无毒、无腐蚀性，便于使用；3）无捕收作用，对料浆的 pH 值变化和料浆中的各种物质颗粒有较好的适应性。常用的起泡剂有松油、松醇油、脂肪醇等。

（3）调整剂。调整剂主要起到调整其他药剂（主要是捕收剂）与物质颗粒表面之间的作用，还可调整料浆的性质，提高浮选过程的选择性。调整剂的种类较多，按其作用可分为以下四种：

1）活化剂。凡能促进捕收剂与欲选物质颗粒的作用，从而提高欲选物质颗粒可浮性的药剂称为活化剂，其作用称为活化作用。常用的活化剂多为无机盐，如硫化钠、硫酸铜等。

2）抑制剂。抑制剂与活化剂作用相反，其作用是削弱非选物质颗粒与捕收剂之间的作用，抑制其可浮性，增大其与欲选物质颗粒之间的可浮性差异，提高分选过程的选择性。起这种抑制作用的药剂称为抑制剂。常用的抑制剂有各种无机盐（如水玻璃）和有机物（如单宁、淀粉等）。

3）调整剂。调整剂的主要作用是调整浆料的性质，使料浆对某些物质颗粒的浮选有利，而对另一些物质颗粒的浮选不利。例如，用它调整料浆的离子组成，改变料浆的 pH 值，调整可溶性盐的浓度等。常用的介质调整剂是酸类和碱类。

4）分散与混凝剂。调整料中细泥的分散、团聚与絮凝，以减小细泥对浮选的不利影响，改善和提高浮选效果。常用的分散剂有无机盐类（如苏打、水玻璃等）和高分子化合物（如各类聚磷酸盐）。常用的混凝剂有石灰、明矾、聚丙烯酰胺等。

3.5.2　浮选设备及工艺

浮选工艺包括浮选前料浆的调制、加药调整、充气浮选等程序。浮选机是实现浮选过程的重要设备。对浮选机的基本要求是：良好的充气作用、搅拌作用，能形成比较平稳的泡沫区，能连续工作及便于调节。

按充气和搅拌方式的不同，目前生产中使用的浮选机主要有机械搅拌式浮选机、充气搅拌式浮选机、充气式浮选机和气体析出式浮选机四类。其中使用最多的是机械搅拌式浮选机，其根据搅拌器结构不同分为 XJK 型浮选机、维姆科（Wemco）大型浮选机、棒型浮选机等。

3.6　磁　　选

磁选是利用固体废物中各种物质的磁性差异在不均匀磁场中进行分选的一种处理方法。磁选过程是将固体废物输入磁选机，磁性颗粒在不均匀磁场作用下被磁化，受到磁场吸引力的作用；非磁性颗粒所受的磁场作用力很小。除磁力外，还受到重力、离心力、介质阻力、摩擦力、静电力和惯性力等机械力的作用。磁选分离的必要条件是磁性颗粒受到的磁力大于所受的与磁性引力方向相反的机械合力。而非磁性颗粒或磁性较小的磁性颗粒所受的磁力小于所受的机械力，则该磁性颗粒就会沿磁场强度增加的方向移动直至被吸附在滚筒或带式收集器上，而后随着传输带运动而被排出，而非磁性颗粒仍会留在废物中被排出。

固体废物根据物质比磁化系数的大小，可分为强磁性物质（比磁化系数大于 $38 \times 10^{-6} \mathrm{m}^3/\mathrm{kg}$）、弱磁性物质（比磁化系数在 $(0.19 \sim 7.5) \times 10^{-6} \mathrm{m}^3/\mathrm{kg}$）和非磁性物质（比磁化系数小于 $0.19 \times 10^{-6} \mathrm{m}^3/\mathrm{kg}$）。磁选设备根据磁场强度的大小，可分为弱磁场磁选机、中磁场磁选机、强磁场磁选机，分别适用于不同磁性物质的分选。对于强磁性物质可选用弱磁场磁选机进行分离，弱磁性物质可选用强磁场磁选集中回收，非磁性物质可在任何磁选机与磁性物质分离。

磁选机中使用的磁铁有两类：电磁——利用通电方式磁化或极化铁磁材料；永磁——利用永磁材料形成磁区。其中永磁较为常用。磁铁的布置多种多样，常见的几种设备有磁力滚筒、永磁圆筒式磁选机、悬吊磁铁器等。

3.7　磁流体分选

磁流体分选是利用磁流体作为分选介质，在磁场或磁场和电场的联合作用下产生"加重"作用，按固体废物各组分的磁性和密度的差异，或磁性、导电性和密度的差异，使不同组分分离的过程。当固体废物中各组分间的磁性差异小而密度或导电性差异较大时，采用磁流体可以有效地进行分离。

所谓磁流体是指某种能够在磁场或磁场和电场联合作用下磁化，呈现近似加重现象，对颗粒产生磁浮力作用的稳定分散液。理想的分选介质应具有磁化率高、密度大、黏度低、稳定性好、无毒、无刺激性气味、无色透明、价廉易得等特殊条件。通常使用的磁流体有强电解质溶液、顺磁性溶液和铁磁性胶体悬浮液。

磁流体分选根据分离原理与介质的不同，分为磁流体动力分选（MHDS）和磁流体静力分选（MHSS）两种。MHDS 是在磁场（包括均匀磁场或非均匀磁场）与电场的联合作用下，以强电解质溶液为分选介质，按固体废物中各组分间密度、比磁化率和电导率的差异使不同组分分离。MHSS 是在非均匀磁场中，以顺磁性液体和铁磁性胶体悬浮液为分选介质，按固体废物中各组分间密度和比磁化率的差异进行分离，由于不加电场，不存在电场和磁场联合作用产生的特性涡流，故称为静力分选。两者的优缺点和应用见表 3-1。

表 3-1 磁流体动力分选和磁流体静力分选的优缺点和应用

类型	优点	缺点	应用
磁流体动力分选	分选介质为导电的电解质溶液，来源广、价格便宜、黏度较低、分选设备简单、处理能力较大	分选介质的视在密度较小，分离精度较低	固体废物中各组分间电导率差异较大时
磁流体静力分选	视在密度高介质黏度较小，分离精度较高	分选设备较复杂，介质价格较高、回收困难，处理能力较小	通常要求精度较高时

　　磁流体分选是一种重力分选和磁力分选联合作用的分选过程。各种物质在似加重介质中按密度差异分离，这与重力分选相似；在磁场中按各种物质间磁性（或电性）差异分离，与磁选相似。该分选技术不仅可以将磁性和非磁性物质分离，而且也可以将非磁性物质之间按密度差异分离。因此，磁流体分选法在固体废物处理与利用中占有特殊的地位。

　　图 3-24 所示为 J. Shimoiizaka 分选槽构造及工作原理。该磁流体分选槽的分离区呈倒梯形，采用永磁磁系。分离密度较高的物料时，磁系用钐钴合金磁铁，两个磁体相对排列，夹角为 30°；分离密度较低的物料时，磁系用铁氧体磁铁，图中阴影部分是物料分离区。此分选槽所用的分选介质是油基或水基磁流体，可用于汽车的废金属碎块的回收、低温破碎物料的分离和从垃圾中回收金属碎块等。

　　磁选磁性金属情景如图 3-25 所示。

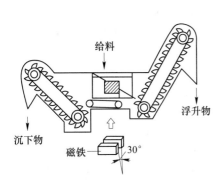

图 3-24 分选槽构造及工作原理

图 3-25 磁选磁性金属情景

3.8 电力分选

　　电力分选（简称电选）是利用固体废物中各种组分在高压电场中电性的差异实现分选的一种方法。大多数固体废物属于半导体和非导体，因此，电选实际上就是分离半导体和非导体的固体废物的过程。

3.8.1 电选原理

　　目前使用的电选机，按电场特征主要分为静电分选机和复合电场分选机两种。

    静电分选机中废物的带电方式为直接传导带电。废物直接与传导电极接触，导电性好的废物由于获得和带电滚筒相同的电荷而被排斥，落入导体产品收集槽内；导电性差的废物或非导体与带电滚筒接触被极化，在靠近滚筒一端产生相反的束缚电荷被滚筒吸引，随辊筒带至后面被毛刷强制刷落，进入非导体产品收集槽内，以实现不同电性的废物分离。

    静电分选机既可以从导体与绝缘体的混合物中分离出导体，也可以对含不同介电常数的绝缘体进行分离。目前静电分选可用于各种塑料、橡胶和纤维纸、合成皮革和胶卷等物质的分选。塑料类回收率可达到99%以上，纸类高达100%，并随含水率升高回收率增大。

    目前大多数电选机应用的是电晕-静电复合电场。电晕电场是不均匀电场，在电场中有两个电极：电晕电极（带负电）和辊筒电极（带正电）。图3-26所示为电晕电选机中不同废物颗粒的分离过程。废物由给料斗均匀地给入旋转的辊筒上，带入电晕电场区。由于电场区空间带有电荷，导体和非导体颗粒都获得负电荷，导体颗粒荷电，并把电荷传给辊筒。因此当废物颗粒进入静电场区时，导体颗粒由于放电速度快，剩余电荷少；而非导体颗粒因放电较慢，带的剩余电荷多。导体颗粒进入静电场后仍继续放完全部负电荷，并从辊筒上得到正电荷而被辊筒排斥，在离心力、重力和静电斥力的综合作用下，落于辊筒前方。非导体

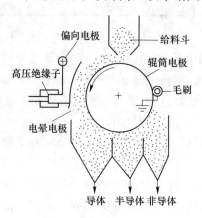

图 3-26   电晕电选机中不同废物
颗粒分离过程

颗粒由于有较多的剩余负电荷，被吸附于辊筒上，被毛刷强制刷下。半导体颗粒的运动轨迹则介于导体与非导体颗粒之间，成为半导体产品落下，从而完成电选分离过程。

3.8.2 电选设备

    目前常用的电选机有辊筒式静电分选机和YD-4型高压电选机两种，如图3-27所示。

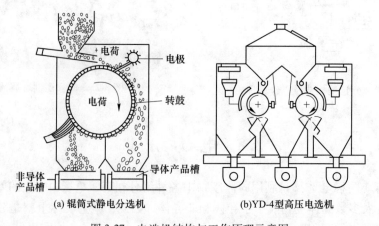

(a) 辊筒式静电分选机   (b)YD-4型高压电选机

图 3-27   电选机结构与工作原理示意图

    辊筒式静电分选机可实现废物中铝等金属导体与玻璃的分离。YD-4型高压电选机具有较宽的电晕电场区、特殊的下料装置和防积灰漏电措施。整机密封性能好；采用双筒并列式，结构合理、紧凑，处理能力大、效率高，可作为粉煤灰专用设备。

静电分选是利用各种物质的电导率、热电效应及带电作用的差异而进行物料分选的技术，可用于各种塑料、橡胶和纤维纸、合成皮革、胶卷、玻璃与金属等物料的分选。例如给两种不同性能的塑料混合物加以电压，使一种塑料带负电，另一种带正电，就可以使两者得以分离。

涡电流分选是从固体废物中将非磁性导电金属（如钢、铝、锌等）分选出来的分选技术。当含有非磁性导电金属的固体废物流以一定的速度通过一个交变磁场时，这些非磁性导电金属内部会感生涡电流，并对产生涡流的金属块形成一个电磁排斥力。作用于金属上的电磁排斥力取决于金属的电阻率、磁导率、磁场密度的变化速度以及金属块的形状尺寸等，因而利用此原理可使一些有色金属从混合废物中分离出来。电磁诱导分选铝制品和分选系统如图 3-28 和图 3-29 所示。垃圾装卸现场如图 3-30 所示。

图 3-28　电磁诱导分选铝制品

图 3-29　分选系统

图 3-30　垃圾装卸情景

本 章 小 结

通过本章学习，可以发现固体废物的预处理技术和工艺种类繁多，设备相对复杂。废弃物在进一步进行处置、处理和资源化利用前，是否需要预处理，以及采用何种方式进行预处理，不仅关系到后续处理过程能否顺利进行，同时还将直接影响废物的处理成本。因此，根据固废的特性，结合后期技术工艺特点和要求，科学选择合理的预处理工序至关重要。

思 考 题

3-1　固体废弃物为什么需要粉碎？粉碎设备主要有哪几种类型？

3-2　固体废弃物分选的意义是什么？分选设备主要有哪几种类型？

3-3　浮选的基本原理是什么？浮选过程中主要使用哪些药剂？

3-4　什么是重力分选？重力分选的形式主要有哪些？

4 危险废物的处理方法

本章提要：

　　本章重点介绍危险废弃物的安全填埋处置技术，以及在填埋前必须采取的固化、稳定化等预处理技术和方法。与普通生活垃圾不同，由于危险废弃物具有易燃、易爆、有毒等特性，因此，危险废弃物在填埋处置时，填埋场建设具有极其严格的标准，不仅如此，填埋前还必须进行相应的安全预处理，达到要求后，方可进行填埋。因此，危险废物的处理是一个极为复杂、困难的工艺过程。

　　危险废物一般具有腐蚀性、可燃性、反应性及毒性等特性。根据危险废物的定义，某种废物中只要具备一种或一种以上的危险特性就属于危险废物。危险废物判别方法主要有无机元素及化合物浸出毒性判断标准。利用填埋法进行固体废物处置时，要区别对待、分类处置。根据对环境危害程度的大小和危害时间的长短，严格管制危险废物和放射性废物。工业固体废物中，许多为危险废弃物。处理危险废物时要遵循最大限度地将危险废物与生物圈相隔的原则，以及集中处置原则。《中华人民共和国固体废物污染环境防治法》把推行危险废物的集中处置作为防治危险废物污染的重要措施和原则。对危险废物实行集中处置，不仅可以节约人力、物力、财力，利于监督管理，也是有效控制乃至消除危险废物污染危害的重要形式和主要的技术手段。

　　危险废物处置前通常要进行必要的固化及稳定化等预处理。所谓固化，是利用添加剂改变废物的工程特性（如渗透性、可压缩性和强度等）；稳定化，是选用某种适当的添加剂与废物混合，以降低废物的毒性和减少污染物向周围环境的迁移。预处理的目的是使危险废物（可燃性、腐蚀性、反应性和毒性）中的所有污染组分呈现化学惰性或被包容起来，减小废物的毒性和可迁移性，同时改善被处理对象的工程性质，以便运输、利用和处置。预处理途径主要有：（1）将污染物通过化学转变，引入到某种稳定固体物质的晶格中去；（2）通过物理过程把污染物直接掺入到惰性基材中去。其中，化学稳定化是将危险废物转化成惰性化合物或固定于晶格中；而物理稳定化，则是将危险废物转变为粗颗粒，或迁移到坚实的固体中。实际操作中，这两种过程是同时发生的。

　　常用固化方法包括：（1）水泥固化；（2）石灰固化；（3）塑性材料固化；（4）有机聚合物固化；（5）自胶结固化（处理无机废物，尤其是一些含阳离子的废物）；（6）熔融固化（玻璃固化）和陶瓷固化；（7）无机物包封法（用于处理有机废物及无机阴离子废物）等。

　　固化法特点、固化体标准、固化产品要求基本原则如下：

　　（1）所得到的产品应该是一种密实的、具有一定几何形状和较好物理性质、化学性质稳定的固体；

（2）处理过程必须简单，应以有效措施减少有毒有害物质的逸出，避免工作场所和环境的污染；

（3）最终产品的体积尽可能小于掺入的固体废物的体积；

（4）产品中有毒有害物质的水分或其他指定浸提剂浸析出的量不能超过容许水平（或浸出毒性标准）；

（5）处理费用低廉；

（6）对于固化放射性废物产生的固化产品，还应有较好的导热性和热稳定性，以便用适当的冷却方法就可以防止放射性衰变热使固化体温度升高，避免产生自熔化现象，同时还要求产品具有较好的耐辐照稳定性。

实际上，没有一种固化、稳定化方法和产品可以完全满足上述这些要求。选用方法时，需对其效果进行综合对比，评价其在实际应用中的适用性和经济合理性。固化体是否安全，通常需通过鉴定加以判定。常见的固化产品鉴定指标主要有浸出率和体积变化因数。浸出率反映的是固化体在浸泡时的溶解性能；体积变化因数是指固化、稳定化处理前后危险废物的体积比、减容比、体积缩小因数、体积扩大因数等一系列参数。固化效果的好坏是决定最终处置成本的一项重要指标。此外，抗压强度也是经常用来评价固化效果的一个重要指标，通过抗压强度的测定，可以掌握固化体受压时发生破碎和散裂的可能性。通常，通过填埋法处理固化体时，固化体的抗压强度达到 $0.1 \sim 0.5 \mathrm{MPa}$ 便可；当固化体作为建筑材料加以利用，此时固化体的抗压强度原则上应大于 $10 \mathrm{MPa}$。对于放射性废物，其固化产品的抗压强度应不低于 $5 \mathrm{MPa}$，个别国家甚至要求达到 $20 \mathrm{MPa}$。

4.1 工业固体废物固化

废物固化是用物理-化学方法将有害废物掺和并包容在密实的惰性基材中，使其稳定化的一种过程。固化处理机理十分复杂，目前尚在研究和发展中，其固化过程有的是将有害废物通过化学转变或引入某种稳定的晶格中的过程；有的是将有害废物用惰性材料加以包容的过程，有的兼有上述两种过程。固化所用的惰性材料称为固化剂。有害废物经过固化处理形成的固化产物称为固化体。

固化技术首先从处理放射性废物发展起来的。欧洲、日本已应用多年，近年来，美国也很重视该技术的研究开发。我国在放射性废物的固化处理方面已做了大量的工作，并已进入工业化应用阶段。今天，固化技术已应用于处理多种有毒有害废物，如电镀污泥、砷渣、汞渣、氰渣、铬渣和镉渣等。

固化处理的基本要求包括：（1）有害废物经固化处理后形成的固化体应具有良好的抗渗透性、抗浸出性、抗干湿性、抗冻融性及足够的机械强度等，最好能作为资源加以利用，如作建筑基础和路基材料等；（2）固化过程中材料和能量消耗要低，增容比（即所形成的固化体体积与被固化废物的体积之比）要低；（3）固化工艺过程简单、便于操作；（4）固化剂来源丰富、价廉易得；（5）处理费用低。

衡量固化处理效果的两项主要指标是固化体的浸出率和增容比。所谓浸出率是指固化体浸于水中或其他溶液中时，其中有害物质的浸出速度。因为固化体中的有害物质对环境和水源的污染，主要是由于有害物质溶于水造成的，所以，可用浸出率的大小预测固化体在储存地点可能发生的情况。浸出率的数学表达式如下：

$$R_{in} = \frac{a_r / A_0}{(F/M)t} \tag{4-1}$$

式中　R_{in}——标准比表面的样品每天浸出的有害物质的浸出率，$g/(d \cdot cm^2)$；

　　　a_r——浸出时间内浸出的有害物质的量，mg；

　　　A_0——样品中含有的有害物质的量，mg；

　　　F——样品暴露表面积，cm^2；

　　　M——样品的质量，g；

　　　t——浸出时间，d。

增容比是指形成的固化体体积与被固化有害废物体积的比值，即：

$$c_i = \frac{V_2}{V_1} \tag{4-2}$$

式中　c_i——增容比；

　　　V_2——固化体体积，m^3；

　　　V_1——固化前有害废物的体积，m^3。

增容比是评价固化处理方法和衡量最终成本的一项重要指标。固化技术可按固化剂分为水泥固化、沥青固化、塑料固化、玻璃固化、石灰固化等。

4.1.1　水泥固化

水泥固化是以水泥为固化剂将有害废物进行固化的一种处理方法。水泥是一种无机胶结剂，经水化反应后可形成坚硬的水泥块，能将砂、石等添加料牢固地凝结在一起。水泥固化有害废物利用的就是水泥的这一特性。

采用水泥对有害污泥进行固化时，水泥与污泥中的水分发生水化反应生成凝胶，将有害污泥微粒分别包容，并逐步硬化形成水泥固化体。可以认为这种固化体的结构主要是水泥的水化反应产物 $3CaO \cdot SiO_3$，水化结晶体内包进了污泥微粒，使得污泥中的有害物质被封闭在固化体内，达到稳定化、无害化的目的。

以水泥为基本材料的固化技术最适用于无机类型的废物，尤其是含有重金属污染物的废物。由于水泥具有高 pH 值，使得几乎所有的重金属形成不溶性的氢氧化物或以碳酸盐形式而被固化在固化体中。某些重金属离子也可以固定在水泥基体的晶格中，从而可以有效地防止重金属的浸出。

另一方面，有机物对水化过程有干扰作用，使最终产物的强度减小，并使稳定化过程变得困难。它可能导致生产较多的无定型物质而干扰最终的晶体结构形式。在固化过程中加入蛭石、黏土及可溶性的碳酸钠等物质，可以缓解有机物的干扰作用，提高水泥固化的效果。

由于废物组成的特殊性，水泥固化过程中常常会遇到混合不均、凝固过早或过晚、操作难以控制等困难，同时得到固化产品的浸出率高、强度较低。为了改变固化产品的性能，固化过程中需视废物的性质和对产品质量的要求，添加适量的必要的添加剂。

添加剂分为有机和无机两大类，无机添加剂有蛭石、沸石、多种黏土矿物、水玻璃、无机缓凝剂、无机速凝剂和骨料等；有机添加剂有硬脂肪酸丁酯、δ-糖酸内酯、柠檬酸等。

水泥固化法的主要优点是对电镀污泥处理十分有效；设备和工艺过程简单，设备投资、动力消耗和运行费用都比较低；水泥和添加剂价廉易得，对含水率较高的废物可以直接固化，操作在常温下即可进行；对放射性废物的固化容易实现安全运输和自动化控制等。水泥固化的缺点是：（1）水泥固化体的浸出率较高，通常为 $10^{-4} \sim 10^{-5} \mathrm{g}/(\mathrm{cm}^2 \cdot \mathrm{d})$，主要是由于它的空隙率较高所致，因此，需作涂覆处理。（2）水泥固化体的增容比较高，达 1.5~2。（3）有的废物需进行预处理和投加添加剂，使处理费用增高。（4）水泥的碱性易使铵离子转变为氨气逸出。（5）处理化学泥渣时，由于生成胶状物，使混合器的排料较困难，需加入适量的锯末予以克服。

4.1.2　沥青固化

沥青固化是以沥青为固化剂与有害废物在一定的温度、配料比、碱度和搅拌作用下产生皂化反应，使有害废物均匀地包容在沥青中，形成固化体的工艺。沥青具有良好的黏结性、化学稳定性与一定的弹性和塑性，对大多数酸、碱、盐类有一定的耐腐蚀性。此外，它还具有一定的辐射稳定性。

沥青固化一般用于处理中、低放射水平的蒸发残液，废水化学处理产生的沉渣，焚烧炉产生的灰烬，塑料废物、电镀污泥、砷渣等。

放射性废物沥青固化的基本方法有高温熔化混合蒸发法、暂时乳化法和化学乳化法三种。沥青固化体的主要性能指标是它在水中的浸出率、辐照稳定性和化学稳定性。它们分别受到沥青种类、加入的废物量、废物的化学组分和残余水分等的影响。

（1）沥青的种类。用不同类型的沥青所得固化体的浸出率不同，研究表明，采用直馏沥青效果较好。较软的沥青比较硬的沥青所得固化体浸出率低。

（2）废物量、化学组成及混合状况。沥青与废物之间存在复杂的物理和化学作用，过高的废物量将导致固化体浸出率的急剧上升。鉴于操作和安全上的考虑，一般应控制加入的废物量与沥青的重量比为 40%~50%。

（3）残余水分。固化体中的残余水分对固化体的浸出率有显著的影响。一般认为残余水分的存在将增加沥青中的细孔数量。为此，固化体中残余水分的质量分数应控制在 10%以下，最好小于 0.5%。

（4）表面活性剂的影响。加入某些表面活性剂可导致固化体浸出率的升高。在沥青固化过程中，沥青会与一些掺入的化合物、氧化剂等发生化学作用，从而影响固化体的化学稳定性。例如纯沥青的燃点一般为 420℃左右，而在掺入硝酸盐、亚硝酸盐后，其燃点降至 250~330℃，增加了燃烧的危险性。

4.1.3　塑料固化

塑料固化是以塑料为固化剂，与有害废物按一定的配料比，并加入适量的催化剂和填料（骨料）进行搅拌混合，使其共聚合固化而将有害废物包容形成具有一定强度和稳定性的固化体的工艺。塑料固化技术按所用塑料（树脂）不同，可分为热塑性塑料固化和热固性塑料固化两类。

热塑性塑料有聚乙烯、聚氯乙烯树脂等，在常温下呈固态，高温时可变成熔融胶黏液体将有害废物包容在塑料中，冷却后即形成塑料固化体。

热固性塑料有脲醛树脂和不饱和聚酯等。脲醛树脂是一种无色透明的黏稠液体，对多孔性极性材料有较好的黏附力，使用方便，固化速度快，常温或加热都能很快固化；与有害废物形成的固化体具有较好的耐水性、耐热性及耐腐蚀性能，价格较其他树脂便宜。其缺点是耐老化性能差。不饱和聚酯树脂在常温下有适宜的黏度，可在常温、常压下固化成型，固化过程中无小分子形成，因而使用方便，容易保证质量，适用于对有害废物和放射性废物的固化处理。不饱和聚酯树脂品种很多，按用途分有通用树脂、耐酸树脂和浇铸树脂等。

塑料固化可以在常温下操作，为使混合物聚合凝结只需加入少量的催化剂即可，增容比和固化体的密度较小。该法既能处理干废渣，也能处理污泥浆。塑料固化体是不可燃的。其主要缺点是塑料固化体耐老化性能较差，固化体一旦破裂，污染物浸出会污染环境，因此，处置前都应有容器包装，因而增加了处理费用。如果以脲醛树脂为固化剂，通常采用强酸作催化剂，需要耐腐蚀的混合设备或有耐腐蚀衬里的混合器。此外，在混合过程中会释放有害烟雾，污染周围环境，因此，该法需要熟练的操作技术，以保证固化质量。

4.1.4 玻璃固化

玻璃固化以玻璃原料为固化剂，将其与有害废物以一定的配料比混合后，在高温（900~1200℃）下熔融，经退火后转化为稳定的玻璃固化体。玻璃固化法主要用于固化高放射性废物。从玻璃固化体的稳定性、对熔融设备的腐蚀性、处理时的发泡情况和增容比来看，硼硅酸盐玻璃固化是最有发展前途的固化方法。

玻璃的种类繁多，普通的钠钾玻璃熔点较低，容易制造，但在水中的溶解度较高，因而不能用于高放射性废液的固化。硅酸盐玻璃耐腐蚀能力强，但熔点高，制造困难。通常在高放射性废液的玻璃固化中，采用较多的是磷酸盐和硼酸盐玻璃固化。玻璃固化的方式可分为间歇式和连续式两种。

间歇式固化法是一罐一罐地将高放射性废液和玻璃原料一起加入罐内，蒸发干燥、煅烧、熔融等几步过程都在罐内完成。熔融成玻璃后，将熔化玻璃注入储存容器内成型。熔化罐可以反复使用，也可以采用弃罐方式，即熔化罐本身兼作储存容器或最终处置容器用。

连续式固化法是将蒸发、煅烧过程与熔融过程分别在煅烧炉和熔融炉内完成，蒸发煅烧过程采用连续进料和排料的方式，而熔融过程既可连续进料和排料，也可连续进料和间歇排料。

与高放废液的其他固化法相比，玻璃固化法具有以下优点：（1）玻璃固化体致密，在水及酸、碱溶液中的浸出率小，大约为 $10^{-7} g/(cm^2 \cdot d)$；（2）增容比小；（3）在玻璃固化过程中产生的粉尘量少；（4）玻璃固化体有较高的导热性、热稳定性和辐射稳定性。

玻璃固化法的缺点是装置较复杂、处理费用昂贵、工件温度较高、设备腐蚀严重，以及放射性核素挥发量大等。

4.1.5　其他固化方法

（1）石灰固化。石灰固化是以石灰为固化剂，以粉煤灰、水泥窑灰为填料，专用于固化含有硫酸盐或亚硫酸盐类废渣的一种固化方法。其原理是基于水泥窑灰和粉煤灰中含有活性氧化铝和二氧化硅，能与石灰和含有硫酸盐、亚硫酸盐废渣中的水反应，经凝结、硬化后形成具有一定强度的固化体。

石灰固化法适用于固化钢铁、机械的酸洗工序排放的废液和废渣、电镀污泥、烟道脱硫废渣、石油冶炼污泥等。固化体可作为路基材料或砂坑填充物。

石灰固化法的优点是使用的填料来源丰富、价廉易得、操作简单、不需要特殊的设备、处理费用低，被固化的废渣不要求脱水和干燥，可在常温下操作等。其主要缺点是石灰固化体的增容比大，固化体容易受酸性介质浸蚀，需对固化体表面进行涂覆。

（2）自胶结固化。自胶结固化是利用废物自身的胶结特性来达到固化目的的方法。该技术主要用来处理含有大量硫酸钙和亚硫酸钙的废物，如磷石膏、烟道气脱硫废渣等。将含有大量硫酸钙和亚硫酸钙的废物在控制的温度下煅烧，使其部分脱水至有胶结作用的亚硫酸钙或半水硫酸钙，然后与特制的添加剂和填料混合成为稀浆，经过凝结硬化过程即可形成自胶结固化体。其原理是因废物中的硫酸钙与亚硫酸钙均以二水化物（$CaSO_4 \cdot 2H_2O$ 与 $CaSO_3 \cdot 2H_2O$）的形式存在，当将它们加热到脱水温度 $107 \sim 170 \, ℃$ 时，二水化物会脱水而逐渐生成具有自胶结作用的硫酸钙和亚硫酸钙的半水化物（$CaSO_4 \cdot 1/2H_2O$ 和 $CaSO_3 \cdot 1/2H_2O$），当它们在遇到水以后，会重新恢复为二水化物，并迅速凝固和硬化。其固化体具有抗透水性高、抗微生物降解和污染物浸出率低的特点。

自胶结固化法的优点是采用的填料飞灰是工业废料，以废治废节约资源，固化体的化学稳定性好、浸出率低、凝结硬化时间短，对固化的泥渣不需要完全脱水等。其主要缺点是该种固化法只适用于含硫酸钙、亚硫酸钙泥渣或泥浆的处理，需要熟练的操作技术和昂贵的设备，煅烧泥渣需消耗一定的能量等。

（3）水玻璃固化。水玻璃固化是以水玻璃为固化剂，无机酸类（如硫酸、硝酸、盐酸和磷酸）为助剂，与有害污泥按一定的配料比进行中和与缩合脱水反应，形成凝胶体，将有害污泥包容，经凝结硬化逐步形成水玻璃固化体。

水玻璃固化法具有工艺操作简便、原料价廉易得、处理费用低、固化体耐酸性强、抗透水性好、重金属浸出率低等特点。此法目前尚处于试验阶段。

（4）熔融固化技术。熔融固化技术是将待处理的危险废物与细小的玻璃质，如玻璃屑、玻璃粉混合，经混合造粒成型后，在 $1500 \, ℃$ 高温熔融下形成玻璃固化体，借助玻璃体的致密结晶结构，确保固化体的永久稳定。所以也有人称之为玻璃化技术，它与目前应用于高放射性废物玻璃固化工艺之间的主要区别是通常不需要加入稳定剂，但从原理来说，仍可以归入固体废物的包容技术之一。在进行废物的熔融固化处理时，除必须达到环境指标外，还应充分注意熔融体的强度、耐腐蚀性甚至外观等。能否达到这些要求，实际上是判断使用该技术可行性的最重要的标准。

上述是常用的固体废弃物固化技术的适用对象、主要优缺点见表4-1。但现在采用的各种固化技术往往只能适用于一种或几种类型的废物，并且某些废物对不同固化技术的适应性也有所差别（表4-2）。

表 4-1 各种固化/稳定化技术的适用对象和优缺点

技术	适用对象	主要优点	主要缺点
水泥固化法	重金属、氧化物、废酸	(1) 水泥搅拌，处理技术已相当成熟； (2) 对废物中化学性质的变动具有相当的承受力； (3) 可由水泥与废物的比例来控制固化体的结构缺点与不透水性； (4) 无需特殊的设备，处理成本低； (5) 废物可直接处理，无需前处理	(1) 废物如含特殊的盐类，会造成固化体破裂； (2) 有机物的分解造成裂隙，增加渗透性，降低结构强度； (3) 大量水泥的使用可增加固化体的体积和质量
石灰固化法	重金属、氧化物、废酸	(1) 所用物料来源方便，价格便宜； (2) 操作不需特殊设备及技术； (3) 产品通常便于装卸，渗透性有所降低	(1) 固化体的强度较低，需较长的养护时间； (2) 有较大的体积膨胀，增加清运和处置的困难
沥青固化法	重金属、氧化物、废酸	(1) 有时需要对废物预先脱水或浓缩； (2) 固化体空隙率和污染物浸出率均大大降低； (3) 固化体的增容较小	(1) 需高温操作，安全性较差； (2) 一次性投资费用与运行费用比水泥固化法高
塑性固化法	部分非极性有机物、氧化物、废酸	(1) 固化体的渗透性较其他固化法低； (2) 对水溶液有良好的阻隔性； (3) 接触液损失率远低于水泥固化与石灰固化	(1) 需特殊设备和专业操作人员； (2) 废物如含氧化剂或挥发性物质，加热时可能会着火或逸散，在操作前需先对废物干燥、破碎
熔融固化法	不挥发的高危害性废物、核能废料	(1) 固化体可长期稳定； (2) 可利用废玻璃屑作为固化材料； (3) 对核能废料的处理已有相当成功的技术	(1) 不适用于可燃或挥发性的废物； (2) 高温热熔需消耗大量能源； (3) 需要特殊设备及专业人员
自胶结固化法	含大量硫酸钙和亚硫酸钙的废物	(1) 烧结体的性质稳定，结构强度高； (2) 烧结体不具生物反应性及着火性	(1) 应用面较狭窄； (2) 需要特殊设备及专业人员

表 4-2 某些废物对不同固化/稳定化技术的适应性

废物成分		处 理 技 术			
		水泥固化	石灰等材料固化	热塑性微包容法	大型包容法
有机物	有机溶剂和油	影响凝固，有机气体挥发	影响凝固，有机气体挥发	加热时有机气体会逸出	先用固体基料吸附
	固态有机物（如塑料、树脂、沥青）	可适应，能提高固化体的耐久性	可适应，能提高固化体的耐久性	有可能作为凝结剂来使用	可适应，可作为包容材料使用

废物成分		处　理　技　术			
		水泥固化	石灰等材料固化	热塑性微包容法	大型包容法
无机物	酸性废物	水泥可中和酸	可适应，能中和酸	应先进行中和处理	应先进行中和处理
	氧化剂	可适应	可适应	会引起基料的破坏，甚至燃烧	会破坏包容材料
	硫酸盐	影响凝固，除非使用特殊材料，否则引起表面剥落	可适应	会发生脱水反应和再水合反应而引起泄漏	可适应
	卤化物	很容易从水泥中浸出，妨碍凝固	妨碍凝固，会从水泥中浸出	会发生脱水反应和再水合反应	可适应
	重金属盐	可适应	可适应	可适应	可适应
	放射性废物	可适应	可适应	可适应	可适应

4.1.6　固化产物性能的评价

为使危险废物固化/稳定化产物达到无害化，其必须具备一定的性能，即（1）抗浸出性；（2）抗干湿性、抗冻融性；（3）耐腐蚀性、不燃性；（4）抗渗透性（固化产物）；（5）足够的机械强度（固化产物）。而危险废物固化/稳定化产物是否真正达到了标准，需要对其进行物理、化学和工程方面有效的测试，以检验经过稳定化的废物是否会再次污染环境，或者固化以后的材料是否能够用作建筑材料等。

4.1.6.1　固化/稳定化处理效果的评价指标

衡量固化/稳定化处理效果主要采用固化体的浸出率、体积变化因数和抗压强度等物理、化学指标。

A　浸出率

浸出率是指固化体浸于水或其他溶液中时，其中危险物质的浸出速度。对于放射性危险废弃物，国际原子能机构（IAEA）将其表示为标准比表面积的样品每日浸出放射性（即污染物质量）：

$$R_n = \frac{a_n/A_0}{(F/V)t_n} \tag{4-3}$$

式中　R_n——浸出率，cm/d；

　　　a_n——第 n 个浸提剂更换期内浸出的污染物质量，g；

　　　A_0——样品中原有的污染物质量，g；

　　　F——样品暴露出来的表面积，cm^2；

　　　V——样品的体积，cm^3；

　　　t_n——第 n 个浸提剂更换期的时间历时，d。

固化体在浸泡时的溶解性能，是鉴别固化体产品性能的最重要的一项指标。

R_n 实际上是"递增浸出率"，它反映出固化体中污染物质的浸出率通常不是恒定的，固化体开始与水接触时浸出率最大，然后逐渐降低，最后几乎趋于恒定。

B 体积变化因数

体积变化因数是指危险废物在固化/稳定化处理前后的体积比，即：

$$C_R = \frac{V_1}{V_2} \tag{4-4}$$

式中 C_R——体积变化因数；

V_1——固化前危险废物的体积；

V_2——固化体的体积。

体积变化因数是评价固化/稳定化方法好坏和衡量最终处置成本的一项重要指标，它的大小实际上取决于掺入固化体中的盐量和可接受的有毒有害物质的水平。因此，也常用掺入盐量的百分数来鉴别固化效果；对于放射性废物，C_R 还受辐照稳定性和热稳定性的限制。

C 抗压强度

危险废物固化体必须具有一定的抗压强度，才能安全储存；否则一旦其出现破碎和散裂，就会增加暴露的表面积和污染环境的可能性。当危险废物固化体采用不同处置或利用方式时，对其抗压强度的要求也不同。如装桶储存或进行处置，其抗压强度控制在 0.1~0.5MPa 即可；如用作建筑材料，其抗压强度应大于 10MPa。放射性废物固化体的抗压强度，前苏联要求大于 5MPa，英国要求达到 20MPa。

4.1.6.2 浸出主要影响因素

固化体可看作多孔物质，而现场中多孔介质的浸出可以以溶解迁移方程为模型，其主要影响因素有废物和浸出介质的化学组成和性质、废物及周围材料的物理和工程性质，以及废物中的水力梯度。

（1）废物和浸出介质的化学组成和性质。将不迁移的污染物转化为可迁移的污染物，化学反应的类型和动力学特性起决定性作用。固化体中被吸附或沉淀的污染物可通过溶解和解析反应发生迁移。在非平衡条件下，溶解和解析是与沉降和吸附同时发生的。

由于大部分稳定固化体的导水率（渗透率）都很低，所以一般认为其中被吸收的或化学固定的污染物组分的迁移速率是由固化体中颗粒表面的分子控制的。颗粒与孔隙溶液交界面处的化学势是水溶液或固化体中污染物组分迁移的推动力，主要由浸出溶液的化学组成和速率决定。

（2）废物及周围材料的物理和工程性质以及废物中的水力梯度。废物的物理和工程性质以及水力梯度可用来确定流体和可迁移污染物在废物中的运动，决定浸出溶液与固化体的接触方式。水力梯度、有效孔隙率和导水率决定了浸出溶液通过稳定固化体的迁移速率和迁移量，可通过浸出试验来确定。当完好的稳定固化体置于水力传导率比其高出 100 倍的浸出溶液中时，浸出溶液就会从固化体周围流过，接触大部分发生在固化体的几何表面上。随着物理和化学老化的作用，导水率会随着时间增加，通过固化体的液流量也会增加。长期运行后，浸出溶液与固化体的接触就会发生在固化体的颗粒表面。一般来说，选择固定/稳定化方法的首要依据是污染物从固化体迁移到环境中的速率。当浸出溶液浸泡稳定固化体时，首先水进入固化体中，有害组分溶解于水中形成渗滤液，再将这些有害组分带入地下水，进入环境。所以，对固化体的抗渗透性要求是减少进入固化体的水分，更重要的是减小有害组分从固化体进入浸出液的速率。主要通过减小固化体被浸出溶液浸泡后污染物在水相中的浓度和减小污染物在地质介质中的迁移速度两种途径达到此目的。

4.1.6.3 浸出试验方法

目前应用的浸出试验方法可大致分为静态试验和动态试验两种。静态方法是在固液平衡状态下测定液相中的污染物浓度，动态方法是使用试验柱来测定污染物的迁移速率。目前浸出试验主要采用静态试验方法，通过强化试验条件，使固化体中的有害物质在短时间内溶入浸出溶液，然后根据浸出液中有害物质的浓度，判断其浸出特性。

静态试验是将固体废物与水在一定条件下浸渍、平衡足够时间以后，分别测定在固相和液相中污染物的含量。将单位质量固体与单位体积液相中污染物含量的比值称为分配系数，是衡量固体废物中污染物向水中迁移速率的重要参数，可按式（4-5）计算：

$$K_d = \frac{(C_0 - C)/m}{C/V} \tag{4-5}$$

式中 K_d——分配系数；

     C_0——溶液中污染物初始浓度，mg/L；

     C——溶液中污染物平衡浓度，mg/L；

     V——溶液体积，mL；

     m——固相物质的质量，g。

在分配系数 K_d 与滞留常数 R_d 之间存在着如下的数值关系：

$$R_d = 1 + \frac{\rho}{n_e} K_d \tag{4-6}$$

式中 ρ——柱中固相的装填密度，g/cm³；

     n_e——介质的有效空隙率。

必须注意，由于动态方法难以在两相间达到真正的平衡，测得的数据往往偏低；当污染物浓度太高时，污染物在固液两相间的分配不符合线性规律，因而计算结果与试验数据间会存在一定偏差。另外，静态试验方法需要将试样破碎到一定尺寸，而在实际处置场中的固化体不可能破碎得很小；静态试验以溶液的最终浓度表示，与时间无关，而实际的浸出过程是动态的，其浸出速率与时间有关，往往开始时速度快，随着时间的推移其浸出速率逐渐减小。

4.2 危险废物安全填埋场

危险废弃物处理流程如图 4-1 所示。经固化、稳定化处理的危险废弃物，一般需利用填埋法加以最终处置。由于危险废物填埋场从建设标准、管理以及运营都有别于普通垃圾卫生填埋场，因此被称为危险废物安全填埋场。危险废物安全填埋场通常包括废物屏障系统、密闭屏障系统及地质屏障系统等三大系统。三大系统内涵及功能如下：

（1）废物屏障系统。根据填埋的固体废物（生活垃圾或危险废物）性质进行预处理，包括固化或惰性化处理，以减轻废物的毒性或减少渗滤液中有害物质的浓度。

（2）密闭屏障系统。利用人为的工程措施将废物封闭，使废物渗滤液尽量少地突破密封屏障。密封效果取决于密封材料品质、设计水平和施工质量保证，通常采用多重屏障原理。

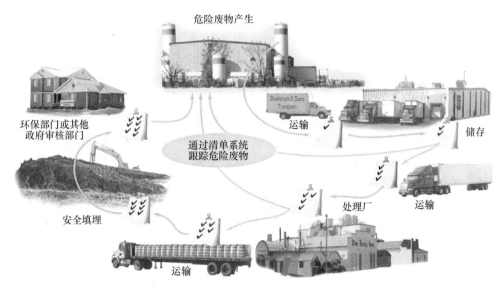

图 4-1 危险废弃物处理流程

（3）地质屏障系统。包括场地的地质基础、外围和区域综合地质。

设计地质屏障系统时，应重点考虑"废物屏障系统"和"密封屏障系统"的基本结构，以及固体废物处置场的工程安全和投资强度。要求建成全封闭型填埋场，全封闭填埋场的基础、边坡和顶部均需设置由黏土或合成膜衬层，或两者兼备的密封系统；底部密封一般为双衬层密封系统；顶部需要安装渗水收排系统；底部安装渗滤液收集主系统和渗漏渗滤液检测收排系统；适合大规模处置。

危险废弃物填埋场选址时应注意如下事项：

（1）最好位于城市常年主导风向的下风向和城市水源下游；

（2）防止填埋气逸出引发爆炸，防蚊虫滋生；

（3）防洪，填埋场标高高于城市防洪标准；

（4）地质坚固，防渗、防断裂。

危险废弃物填埋场选址流程与城市垃圾填埋场选址相似，主要有如下程序：

（1）收集岩土及水文信息，进行场地评估和财政可行性分析；

（2）进行环境评价；

（3）提出设计思路；

（4）设计应急措施，包括防渗结构失效后可能对环境造成的影响及补救措施等。

开展危险废弃物填埋场初步总体设计时，主要考虑如下内容：

（1）填埋场主体工程与装备：场区道路，场地平整，水土保持，防渗工程，坝体工程，洪雨水及地下水导排，渗滤液收集，处理和排放，填埋气体导出及收集利用，计量，绿化，封场，监测，推铺等。

（2）配套设施：进场道路、码头、机修、供配电、给水、通信、冲洗等。

（3）预处理设施：入场危险物称重、固化和稳定化设备、临时存储设施和化验设备等。

（4）综合回收区：危险物分类和临时保管、物理及化学处理、产品储存与出售、转运等。

（5）生产、生活服务设施：办公、宿舍、食堂、浴室、交通、绿化、健康娱乐等。

安全填埋场总体设计思路包括：

（1）填埋场规划布局，应充分考虑选址处地形、地质条件，因地制宜确定进出场道路和填埋区位置。

（2）应合理节约土地，按照功能分区布置，满足生产、生活和办公需要。

（3）渗滤液处理设施及填埋场气体管理设施应尽量靠近填埋区，便于流体输送。

（4）生产、生活服务基地应尽量位于填埋区的上风向。

（5）填埋区四周设置绿化隔离带。

（6）按照规定布置监测井和防污染扩散井。

（7）设置危险废弃物预处理车间，进行综合利用、分选、稳定化和固化处理等，完善监测、分析设施，严格控制入场废物的种类。

（8）终场规划、填埋工艺、填埋法。

危险废弃物填埋方法包括区域法、壕沟法和综合法。其中：

（1）区域法：填埋场总体开挖并从一侧逐渐向另一侧进行填埋。

（2）壕沟法：整个填埋场分区，逐个壕沟进行开挖、填埋和覆盖。

（3）综合法：填埋区进行分边开挖，当一侧已填满封场后再进行另一侧的挖掘。

采用综合填埋法时，由于处理的是危险废弃物，水平防渗系统通常从上至下可由过滤层、排水层、保护层和防渗层组成；防渗层应由两层防渗层组成，中间为排水层。此外，上层防渗膜上面是保护层和排水层，下层防渗膜上面是保护层和排水层，下层防渗膜下面可以设置地下水收集系统。危险废物填埋场地边坡也必须达到防渗要求，且与衬底很好地衔接起来，并采用人工合成防渗膜。填埋场运行管理时，防止不同种废弃物发生化学反应，引发火灾等事故。

为防止危险废弃物填埋场发生安全事故，一般可采取如下安全对策，即不相容废物必须分开处置，严格监控；同时，在填埋可能对柔性薄膜造成危害的废物时，事先垫上黏土；填埋前准确计量，尤其是酸性废物、重金属废物、含酚废物等，防止超出填埋场负荷；含有毒性而具有严重危害粉尘状废物，填埋前应预先进行处理，消除危害性后再填埋；纤维及粉尘状废物应用塑料包装后再进行填埋；操作人员应配备必要的呼吸保护器具及防护服装。

填埋场完全填满后，要进行严格的封场处理，防止雨水大量下渗，造成填埋场收集到的渗滤液体积增加；避免垃圾降解过程中产生的有害气体和臭气直接进入大气，造成大气污染；避免有害固体废物直接与人体接触；阻止或减少蚊蝇等的滋生；封场后可以进行复垦及绿化，实现土地资源再利用。

——— 本 章 小 结 ———

综上所述，根据危险废弃物所具有的属性，所选择的预处理方法应该相应的变化，同时还要结合成本和可操作性加以判断。此外，由于后续要对预处理的危险废弃物进行填埋处理，所以还要慎重考虑模块的抗压强度等要素，防止因填埋导致模块的劣化及破碎，造成有害元素的溶出，甚至污染周边土壤。由此可见，危险废物的安全处理，不仅过程复杂，而且影响要素多，处理前必须对废物进行全面细致的理化性质调查，系统、全面地设计合理预处理方案。

思 考 题

4-1 危险废弃物一般具有什么特性？

4-2 常规危险废弃物固化法主要有哪些？

4-3 各种固化法适用范围和优缺点分别是什么？

4-4 危险废物填埋场建设有哪些特殊要求？

4-5 危险废弃物填埋场通常包括哪三大系统？其作用分别是什么？

4-6 危险废弃物填埋方法有哪些？

5 固体废物的生物化学处理技术与资源化

本章提要：

　　本章重点介绍利用微生物进行固体废弃物处理及实现资源化的处理技术及相关基础理论知识，主要针对堆肥技术和沼气化技术进行相应工艺介绍。

　　生物化学处理是指固体废弃物中含有的有机废弃物在微生物作用下发生生物化学反应，转化成类似于腐殖质的物质，从而实现无害化和资源化的处理过程。所有通过各种强化手段，借助于微生物，对固体废物进行生物处理，实现固体废物（主要是有机固体废物）的稳定化、无害化与资源化的技术统称为固体废物的生物转化技术。生物转化按需氧程度可分为好氧法和厌氧法。好氧法以好氧堆肥为主，是在氧气充足的条件下将城市生活垃圾中可被生物降解的有机组分通过微生物的生命活动过程转化为腐殖质。厌氧法以厌氧发酵为主，是废弃物中的有机组分在无氧或缺氧的条件下，利用微生物新陈代谢的功能转化为无机物质和自身细胞物质，从而实现固废无害化的过程，形式上以厌氧发酵为主。好氧堆肥和厌氧发酵均为生物降解技术，既可以解决垃圾的无害化问题，又可以达到资源化、减量化的目的，具有一定的经济效益和社会效益。生物转化技术通常占地面积大，并且处理周期长，所以生物降解技术推广应用受到很大制约。固体废物生物转换技术的实际应用主要体现为堆肥化和沼气化。

　　（1）堆肥化。利用有机固体废物生产堆肥已有几千年历史。随着生产力发展和科技进步，堆肥化技术已得到不断改进。一方面，人工堆肥是有机肥，有利于改善土壤性能与提高肥力，维持农作物长期的优质高产，可满足农业、林业生产需要；另一方面，各国有机固体废物数量逐年增加，需要对其处理的卫生要求也日益严格，从节省资源与能源角度出发，有必要把实现有机固体废物资源化作为固体废物无害化处理、处置的重要手段。有机固体废物的堆肥化能同时满足上述两方面要求，所以得到各国应有的重视。

　　（2）沼气化。有机固体废物沼气化是另一种成熟的生物转换技术。沼气又称生物气，是有机物质在隔绝空气和保持一定的水分、温度、酸碱度条件下，经过多种微生物的发酵分解作用产生的以甲烷为主的气体混合物。污泥厌氧消化过程产生的消化气体、城市固体废物填埋场生物降解过程中产生的生物气以及广大农村用农业废物厌氧发酵收集的气体都是沼气。因此，沼气化技术应用面十分广泛。沼气是一种比较清洁且热值较高的气体燃料，固体废物的沼气化对节约能源、增加有机肥料、改善环境卫生都有重要作用，因而是一种经济而理想的生物转换技术。

5.1 好氧堆肥

好氧堆肥，是指在通风良好、氧气供应充足的条件下，依靠自然界广泛分布的细菌、放线菌、真菌等好氧微生物，人为地促进可生物降解的有机物向稳定的腐殖质生化转化的微生物处理过程。堆肥化的产物称作堆肥。产物堆肥（腐殖质）通常为深褐色、质地疏松、有泥土气味的物质，性质类似于腐殖质土壤。堆肥化时，以废水或固体废物中的有机污染物为营养源，创造有利于微生物生长繁殖的良好环境，利用微生物的异化分解和同化合成的生理机能，使有机污染物转化为无机物质和细胞自身物质，从而达到消除污染、净化的目的。

5.1.1 好氧堆肥原理

自然界中有很多微生物具有氧化、分解有机物的能力，城市有机废物是堆肥化微生物赖以生存、繁殖的物质条件。根据生物处理过程中起作用的微生物对氧气要求不同，可以把固体废物堆肥分为好氧堆肥化和厌氧堆肥化。前者是在通风条件下，有游离氧存在时进行的分解发酵过程，由于堆肥温度高，一般在55~65℃，有时高达80℃，故又称高温堆肥化。后者是利用厌氧微生物发酵造肥。

由于好氧堆肥化具有发酵周期短、无害化程度高、卫生条件好、易于机械化操作等特点，故国内外用垃圾、污泥、人畜粪尿等有机废物制造堆肥的工厂，绝大多数都采用好氧堆肥化。好氧堆肥化是在有氧条件下，依靠好氧微生物（主要是好氧细菌）的作用来进行的。在堆肥化过程中，有机废物中的可溶性有机物质可透过微生物的细胞壁和细胞膜被微生物直接吸收；而不溶的胶体有机物质，先被吸附在微生物体外，依靠微生物分泌的胞外酶分解为可溶性物质，再渗入细胞。微生物通过自身的生命代谢活动，进行分解代谢（氧化还原过程）和合成代谢（生物合成过程），把一部分被吸收的有机物氧化成简单的无机物，并放出生物生长、活动所需要的能量；把另一部分有机物转化合成新的细胞物质，使微生物生长繁殖，产生更多的生物体。好氧堆肥过程有机物分解历程如图 5-1 所示。用反应式表示为：

（1）有机物的氧化：

不含氮有机物（$C_xH_yO_z$）的氧化：

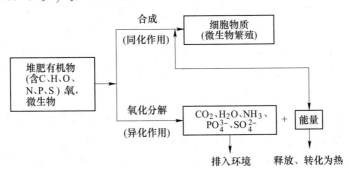

图 5-1 好氧堆肥过程有机物分解历程

$$C_xH_yO_z + \left(x + \frac{1}{2}y - \frac{1}{2}z\right)O_2 \longrightarrow xCO_2 + \frac{1}{2}yH_2O + 能量 \tag{5-1}$$

含氮有机物（$C_sH_tN_uO_v \cdot aH_2O$）的氧化：

$$C_sH_tN_uO_v \cdot aH_2O + bO_2 \longrightarrow C_wH_xN_yO_z \cdot CH_2O(堆肥) + dH_2O(气) +$$
$$eH_2O(水) + fCO_2 + gNH_3 + 能量 \tag{5-2}$$

（2）细胞质的合成（包括有机物的氧化，并以 NH_3 作氮源）：

$$n(C_xH_yO_f) + NH_3 + \left(nx + \frac{ny}{4} - \frac{nz}{2} - 5x\right)O_2 \longrightarrow C_5H_7NO_2(细胞质) +$$
$$(nx - 5)CO_2 + \frac{1}{2}(ny - 4)H_2O + 能量 \tag{5-3}$$

（3）细胞质的氧化：

$$C_5H_7NO_2(细胞质) + 5O_2 \longrightarrow 5CO_2 + 2H_2O + NH_3 + 能量 \tag{5-4}$$

5.1.2 堆肥化历程

好氧堆肥是在有氧条件下，依靠好氧微生物的作用把有机固体废物腐殖化的过程，好氧堆肥过程按温度变化分为中温、高温、降温三个阶段。

（1）中温阶段，又称产热阶段，堆肥初期，15~45℃。该过程中起主导作用的优势菌种为嗜温性微生物，如果是无芽孢细菌，则以可溶性有机物（糖类、淀粉等）为基质，如果是放线菌和真菌，则以纤维素和半纤维素等为基质；通过新陈代谢进行分解，并释放出热能，从而使堆肥内部温度不断上升。

（2）高温阶段（45℃以上）。随着堆肥温度的不断上升，嗜温性微生物受到抑制甚至死亡，嗜热性微生物逐渐代替了嗜温性微生物的活动，此时，复杂有机化合物（残留可溶性有机物），如半纤维素、纤维素和蛋白质等开始被强烈分解。随着温度的升高，活跃的优势菌种也在不断发生变化，50℃左右进行活动的主要是嗜热性真菌和放线菌、细菌等；60℃时，真菌几乎完全停止活动，仅有嗜热性放线菌与细菌在活动；70℃以上微生物大量死亡或进入休眠状态。堆肥最佳温度为55℃，高温阶段杀死大部分病原细菌和寄生虫。微生物在高温阶段生长过程细分为三个时期，即对数生长期、减速生长期和内源呼吸期。在高温阶段微生物活性经历三个时期变化后，堆积层内开始发生与有机物分解相对应的另一过程，即腐殖质的形成过程，堆肥物质逐步进入稳定化状态。

（3）降温阶段（腐熟阶段）。内源呼吸后期，只剩下部分较难分解的有机物和新形成的腐殖质，微生物活性下降、发热量减少、温度下降。嗜温微生物成为优势种群，对残余较难分解的有机物做进一步分解，腐殖质不断增多且稳定化，此时堆肥即进入腐熟阶段。降温后，需氧量大大减少，含水量也降低，堆肥物孔隙增大，氧扩散能力增强，此时只需自然通风。

供氧量对堆肥过程有重要影响，氧气的存在可确保好氧微生物进行正常的新陈代谢，同时还可以排出堆层内的水分，调节堆温和水分量，防止温度过高。但过量供氧会引发物料干化，因此需合理控制供风量。堆肥过程中，控制温度也非常重要。堆肥过程中，温度会不断变化，随着温度升高，分解消化速度加快，并杀死虫卵、致病菌等，确保堆肥产物适用于农田。堆肥原料中有机物含量不足，分解热量不足以维持堆温，易导致堆肥中途停止；反之，当有机物含量过高时，因过量消耗氧气，可能产生厌氧状态。堆肥原料中的C/N比过高，会导致杂菌污染，有用微生物量少，最终导致碳源浪费，在此种条件下生产出来的堆肥产品，一旦进入农田，会造成土壤中氮素过量，影响作物生长；反之，如果堆肥原料的C/N比过低，会造成菌体易于衰老，甚至发生自溶现象，造成氮元素浪费。在机械堆肥系统中，要求50%的氧气渗入到堆料各部分，以满足微生物氧化分解的需求，供氧形式包括自然通风供氧，向肥堆内插入通风管（主要用在人工土法堆肥工艺），利用斗式装载机及各种专用翻推机横翻堆通风，以及用风机强制通风供氧。

堆肥的腐熟度是指通过微生物的作用，堆肥产品达到稳定化、无害化的程度，并影响堆肥产品在使用期间，对作物增长及土壤的影响程度。腐熟度的测定方法主要有物理方法、化学方法、生物活性、植物毒性等。堆肥腐熟程度的化学参数包括：

（1）V_s——全部挥发性物质，代表性参数。

（2）COD——灵敏参数。

（3）淀粉和纤维素——常用测定方法与代表性参数。

（4）C/N——受原料影响大，常用测定方法。

测定堆肥腐熟程度的工艺参数主要包括温度、水分物料平衡、耗氧速率；主要方法包括：

（1）氨氮试验法（硝酸氮与少量氨氮、腐熟度）。

（2）耗氧速率。测定法采用测氧枪和微型吸气泵，可用于垃圾堆肥、污泥堆肥、污泥/垃圾混合堆肥过程的腐熟度判断。

利用氨氮试验法测定腐熟度时，完全腐熟的堆肥应含有硝酸盐和很少的氨氮，没有腐熟的堆肥应含有氨而不含硝酸盐；如果两者都存在较多时，试样可能是腐熟堆肥和未熟堆肥的混合物；如果硝酸盐及氨都很少或不存在，则表示堆肥处于氮被固定在活性微生物蛋白质内的中间腐熟阶段。由于氨氮试验法的局限性，仅能作定性判定指标，有条件时须配合应用其他试验方法。

5.1.3　好氧堆肥工艺流程

现代化堆肥生产，通常由前处理、主发酵（也可称为一次发酵、一级发酵或初级发酵）、后发酵（也可称为二次发酵、二级发酵或次级发酵）、后处理、脱臭及储存等工序组成。

5.1.3.1　前处理

当以城市生活垃圾为主要原料时，由于其中往往含有粗大垃圾和不可堆肥化物质，这些物质会影响垃圾处理机械的正常运行，并降低发酵仓容积的有效使用，且使堆温难以达到无害化要求，从而影响堆肥产品的质量。因此，需要用破碎、分选等预处理方法去除粗大垃圾和降低不可堆肥化物质含量，并使堆肥物料粒度和含水率达到一定程度的均匀化。颗粒变小，物料表面积增加，便于微生物繁殖，可以促进发酵过程；但颗粒也不能太小，因为要考虑到保持一定程度的孔隙率与透气性能，以便均匀充分地通风供氧。适宜的粒径范围是12~60mm，最佳粒径需视物料物理性质而定。当以人畜粪便、污水污泥饼等为主要原料时，由于其含水率太高等原因，前处理的主要任务是调整水分和碳氮比，有时需添加菌种和酶制剂，以促进发酵过程正常进行。降低水分、增加透气性、调整碳氮比的主要方法是添加有机调理剂和膨胀剂。

（1）调理剂是指加进堆肥化物料中干的有机物，以减少单位体积的质量并增加与空气的接触面积，以利于好氧发酵，也可以增加物料中有机物数量。理想的调理剂是干燥、较轻而易分解的物料，常用的有木屑、稻壳、禾秆、树叶等。

（2）膨胀剂是指有机的或无机的三维固体颗粒，当它加入湿堆肥化物料中时，能有足够的尺寸保证物料与空气的充分接触。并能依靠粒子间接触起到支撑作用。普遍使用的膨胀剂是干木屑、花生壳、成粒状的轮胎、小块岩石等物质。

5.1.3.2　主发酵

主发酵主要在发酵仓内进行，靠强制通风或翻堆搅拌来供给氧气，供给空气的方式因发酵仓种类而异。在发酵仓内，原料和土壤中存在的微生物作用而开始发酵，首先是易分解物质分解，产生二氧化碳和水，同时产生热量，使堆温上升。这时微生物吸取有机物的碳、氮等营养成分，在合成细胞质自身繁殖的同时，将细胞中吸收的物质分解而产生热量。

发酵初期物质的分解作用是靠嗜温菌（生长繁殖最适宜温度为 $30 \sim 40$℃）进行的。随着堆肥温度的升高，最适宜温度 $45 \sim 65$℃ 的嗜热菌取代了嗜温菌，能进行高效率的分解。氧的供应情况与保温床的良好程度对堆料的温度上升有很大影响。通常将温度升高到开始降低为止的阶段，称为主发酵期，以城市生活垃圾为主体的城市固体废物好氧堆肥化的主发酵期约为 $4 \sim 12$ 天。

5.1.3.3　后发酵

经过主发酵的半成品被送去后发酵，在主发酵工序尚未分解的易分解及较难分解的有机物在后发酵时可能全部分解，变成腐殖酸、氨基酸等比较稳定的有机物，得到完全成熟的堆肥成品。后发酵也可以在专设仓内进行，但通常把物料堆积到 $1 \sim 2$m 高度，进行敞开式后发酵，此时要有防止雨水的设施。为提高后发酵效率，有时仍需进行翻堆或通风。

后发酵时间的长短取决于堆肥的使用情况。例如堆肥用于温床（能利用堆肥的分解热），可在主发酵后直接利用。对几个月不种作物的土地，大部分可以使用不进行后发酵的堆肥，即直接施用堆肥；而对一直在种作物的土地，则有必要使堆肥的分解进行到能不致夺取土壤中氮的稳定化程度（即充分腐热）。后发酵时间通常在 $20 \sim 30$ 天以上。不进行后发酵的堆肥，其使用价值较低。

5.1.3.4　后处理

经过二次发酵后的物料中，几乎所有的有机物都变得细碎并发生变形，数量骤减。然而，在采用城市固体废物发酵堆肥时，前处理工序中未完全去除的塑料、玻璃、陶瓷、金属、小石块等杂物依然残留，需经过分选去除杂物。分选时可以采用回转式振动筛、振动式回转筛、磁选机、风选机、惯性分离机、硬度差分离机等预处理设备，并根据需要进行再破碎。

后处理的散装堆肥产品，既可以直接销售给用户，施于农田、菜园、果园，或作土壤改良剂；也可以根据土壤的情况、用户的需要，在散装堆肥中加入 N、P、K 添加剂后生产复合肥，制成袋装产品，既便于运输，也便于储存，而且肥效更佳，有时还需要固化造粒以利储存。后处理工序除分选、破碎设备外，还包括打包装袋、压实选粒等设备，在实际工艺过程中，应根据实际需要来组合后处理设备。

5.1.3.5　脱臭

在堆肥化工艺过程中，每个工序系统都会有臭气产生，臭气组分主要有氨、硫化氢、甲基硫醇、胺类等，必须进行脱臭处理。去除臭气的方法主要有化学除臭剂除臭；水、酸、碱水溶液等吸收剂吸收法；臭氧氧化法；活性炭、沸石、熟堆肥等吸附剂吸附法等。其中，经济而实用的方法是堆肥氧化吸附除臭法。将源于堆肥产品的腐熟堆肥置入脱臭器，堆高约 0.8~1.2m，将臭气通入系统，通过生物分解和吸附，氨、硫化氢的去除效率均可达到98%以上。也可用特种土壤（如鹿沼土、白垩土等）代替堆肥，此种设备称为土壤脱臭过滤器。

5.1.3.6　储存

堆肥的供应期大多是集中在秋天和春天（中间间隔半年），因此，一般的堆肥化工厂有必要设置至少能容纳6个月产量的储藏设备。堆肥成品可以在室外堆放，但此时必须有遮雨覆盖物。储存方式可直接堆存在二次发酵仓内，或装袋后存放。加工、造粒、包装既可在储藏前，也可在储存后销售前进行。要求包装袋干燥、透气，如果密闭和受潮会影响堆肥产品的质量。

5.1.4　堆肥装置

发酵堆肥设备主要包括立式堆肥发酵塔、卧式堆肥发酵滚筒、筒仓式堆肥发酵仓、箱式堆肥发酵池、搅拌床反应器、水平推流反应器、垂直推流反应器、立式或多层圆筒式发酵仓、多层桨叶刮板式发酵仓、多层移动床式发酵仓、多层板闭合门式发酵仓、旋转发酵池、料斗翻倒式发酵池、卧式桨叶式发酵池、立式多层堆肥发酵塔等。

采用发酵滚筒时，废物随滚筒旋转在筒内被连续翻倒，与空气接触充分，生产效率高、易实现自动化；但存在原料在设备内的滞留时间短、发酵不充分、气密性易出问题等缺点。

采用条垛式发酵工艺时，将物料铺开排成行，在露天或棚架下堆放，每排物料堆宽约4~6m，高2m左右，堆下既可配供气通气管道，也可不设通风设备，而采用翻堆发酵设备。翻堆设备包括斗式装载机或推土机、跨式堆肥机、侧式翻堆机。条垛式堆肥系统主要包括搅拌翻堆条垛式发酵、强制通风式固定垛式发酵工艺。发酵周期一般约3~4周，在有利的气候条件下，一般能使最终堆肥的固体含量达到60%~70%。对于温度要求较高的有机物，可掺进一部分干燥的回流堆肥产物，以混合后含水量小于60%为宜，这样形状不易变化，且物料的松散性和多孔性大大改善，使得翻堆更有效地促进空气交换。也可将碎木块、木屑、禾秆或稻壳之类的调理剂同脱水污泥进行混合，相当于干堆肥化产物。

强制通风式固定垛发酵工艺与前者不同，不进行翻堆、供氧，而是通过机械抽风使空气渗透到料堆内部。在堆肥化供料中不采用回流堆肥，而主要在脱水污泥中加入木屑之类膨胀剂来调整湿度和改善物料的松散性。通常，污泥与木屑的容积比一般为1:2~1:3。也可采用其他合适材料作膨胀剂。强制通风式固定垛发酵工艺，首先将污泥与膨胀剂混合，其次将木屑或其他膨胀剂沿多孔通风管铺开，继而将污泥与木屑的混合物在备用的床上堆成有一定深度的垛体，之后将垛的表面覆盖一层过筛的或半过筛的堆肥物，最后，将风机与通风管连接起来。

各种类型的堆肥发酵设备如图 5-2 所示。除主发酵设备外，堆肥发酵系统一般还配备有熟化设备、造粒设备、除臭设备等后处理设备，以及传输机、气力输送机等传送、回流设备以及料仓等。

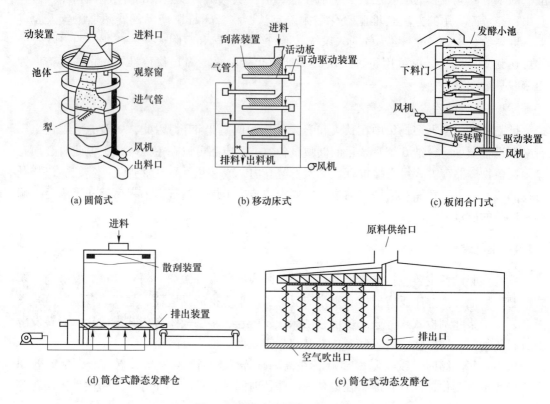

图 5-2　各种类型的堆肥发酵设备

堆肥工艺根据运行状态，可分为间歇式堆肥发酵工艺和连续式堆肥发酵工艺。

间歇式堆肥发酵工艺是将原料一批一批地发酵，一批原料堆积之后不再添加新料，待完成发酵成为腐殖质运出。由于该工艺的一次发酵周期只需 10 天左右，故可加快发酵池的周转，建池数量可比周期 30 天的一次发酵方式减少 2/3，且由于第一次发酵后将非堆腐物排除，可使堆肥体积减小 1/2；此外，因堆肥由一次发酵转入二次发酵时，经过机械翻倒，加快了腐熟化进程，故缩短了发酵周期。间歇式发酵装置有长方形池式发酵仓、倾斜床式发酵仓、立式圆筒形发酵仓等，并各配设通风管，有的还配设搅拌装置。

连续式堆肥发酵工艺采取连续进料和连续出料方式进行发酵，原料在一个专设的发酵装置内完成中温和高温发酵过程。这种系统除具有发酵时间短，能杀灭病原微生物外，还能防止异味，成品质量比较高，已在美国、日本、欧洲广为采用。连续发酵装置有多种类型，但基本上可分为立式和卧式两大类。以丹诺发酵器和桨叶式发酵塔为代表。

工业化堆肥工艺流程如图 5-3 所示。

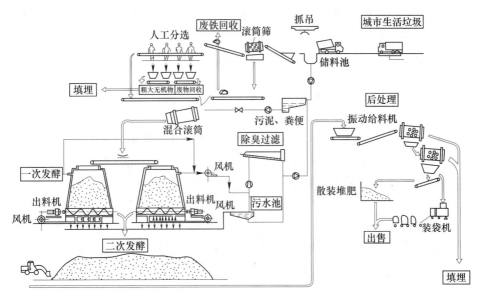

图 5-3　工业化堆肥工艺流程

5.1.5　发酵工艺的影响因素

影响堆肥化过程（特别是主发酵）的因素很多，对于快速高温二次发酵堆肥工艺来说，通风供氧、堆料含水率、温度是最主要的发酵条件，其他尚有有机质含量、碳氮比、碳磷比、pH 值等。

（1）通风的作用及控制。通风供氧是好氧堆肥化生产的基本条件之一，在机械堆肥生产系统里，要求至少有 50% 的氧渗入到堆料各部分，以满足微生物氧化分解有机物的需要。有关研究表明，堆肥过程适宜的氧浓度为 14%~17%，最低不应小于 10%，一旦低于此限，好氧发酵将会停止，此外，由于氧气转变成为等当量的 CO_2，故也可用 CO_2 的生成速率来表征堆肥的耗氧速率。

通风量主要取决于堆肥原料有机物含量、挥发度（%）、可降解系数（分解效率%）等，可用式（5-5）推算出理论上氧化分解需要的氧气量，再折算成理论空气量。

$$C_aH_bN_cO_d + 0.5(nz + 2s + r - d)O_2 \longrightarrow nC_wH_xN_yO_z + sCO_2 + rH_2O + (c - ny)NH_3$$

$$(5-5)$$

其中

$$r = 0.5[b - nx - 3(c - ny)]$$

$$s = a - nw$$

式中　　　　　　　　　　n——降解效率（摩尔转化率小于1）；

$C_aH_bN_cO_d$，$C_wH_xN_yO_z$——分别代表堆肥原料和堆肥产物的成分。

（2）通风方式常用的通风方式有：1）自然通风供氧；2）向肥堆内插入通风管（主要用在人工土法堆肥工艺）；3）利用斗式装载机及各种专用翻推机横翻堆通风；4）用风机强制通风供氧。后两者是现代化堆肥厂主要采用方式。

（3）含水率及其调节与控制。微生物需要从周围环境中不断吸收水分以维持其生长代谢活动，微生物体内水及流动状态水是进行生化反应的介质，微生物只能摄取溶解性养料，水分是否适量直接影响堆肥发酵速度和腐熟程度，所以含水率是好氧堆肥化的关键因素之一。由于微生物的生长和对氧的要求均在含水率为50%～60%时达到峰值。故在用生活垃圾制堆肥时，一般以含水率55%为最佳。添加的调节剂与垃圾的重量比，可根据式（5-6）求出：

$$M = (W_m - W_c)/(W_b - W_m) \tag{5-6}$$

式中　　　M——调节剂与垃圾的重量（湿重）比；

W_m，W_c，W_b——分别为混合原料含水率、垃圾含水率、调节剂含水率。

当以城市垃圾为主要堆肥原料时，有时含水率偏低，常可配以粪水或污水污泥来调节水分，也可用一定量的回流堆肥来进行调节。堆肥物料的水分调节可根据采用回流堆肥工艺的物料平衡进行。图5-4所示为好氧堆肥化物料平衡图。图中，X_c为城市垃圾原料的湿重；X_p为堆肥产物的湿重；X_r为回流堆肥产物的湿重；X_m为进入发酵混合物料的总湿重；S_c为原料中固体含量（%）（质量分数）；S_p、S_r分别为堆肥产物和回流堆肥的固体含量（%）（质量分数）；S_m为进入发酵仓混合物料的固体含量（%）（质量分数）。

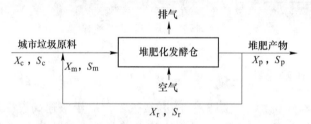

图 5-4　好氧堆肥化物料平衡

作物料平衡计算如下：

湿物料平衡式　　　　　　　　　$X_c + X_r = X_m \tag{5-7}$

干物料平衡式　　　　　　　$S_c X_c + S_r X_r = S_m X_m \tag{5-8}$

将式（5-7）代入式（5-8），得：

$$S_c X_c + S_r X_r = S_m (X_c + X_r) \tag{5-9}$$

令R_w为回流产物湿重与垃圾原料湿重之比，称为回流比率，则：

$$R_w = X_r/X_c \tag{5-10}$$

由式（5-9）变形可得：

$$X_r(S_r - S_m) = X_c(S_m - S_c)$$

即　　　　　　　　　　　$X_r/X_c = (S_m - S_c)/(S_r - S_m)$

故　　　　　　　$R_w = X_r/X_c = (S_m - S_c)/(S_r - S_m) \tag{5-11}$

如令R_d为回流产物的干重与垃圾原料干重之比，则：

$$R_d = S_r X_r/(S_c X_c) \tag{5-12}$$

将式（5-9）变形，方程两边各除以$S_c X_c$，得：

$$1 + R_d = S_m X_c/(S_c X_c) + S_m X_r/(S_c X_c) = S_m/S_c + S_m X_r/(S_c X_c) \times (S_r/S_r)$$
$$= S_m/S_c + S_m/S_r R_d \tag{5-13}$$

即　　　　　　　　$R_d(1 - S_m/S_r) = S_m/S_c - 1 \tag{5-14}$

可整理得关系式：

$$R_d = (S_m/S_c - 1)/(1 - S_m/S_r) \tag{5-15}$$

可用式（5-12）或式（5-15）计算需要的以干重或湿重为条件的回流比率。

当以脱水污泥滤饼等湿度大的物料为主要原料时，回流堆肥调节水分是常用的方法。对堆肥化混合物进行水分控制时，无论是否使用回流堆肥都可以掺加调理剂。干调理剂对控制湿度较有利。如只用调理剂而不用堆肥回流时，则前述物料平衡及计算关系式只需要用 X_a、S_a 取代 X_r 及 S_r 即可求解。但往往会消耗大量调理剂（X_a 为有机调理剂总湿重；S_a 为调理剂的固体含量，%（质量分数））。

（4）有机物的含量。堆肥物料适宜的有机物含量为 20%~80%，有机物含量过低，不能提供足够的热能，影响嗜热菌生长，难以维持高温发酵过程；有机物含量大于 80% 时，堆制过程要求大量供氧，实践中常因供氧不足而发生部分厌氧过程。

（5）碳氮比。微生物每利用 30 份碳就需要 1 份氮，故初始物料的碳氮比为 30:1 时合乎堆肥需要，其最佳值在 26:1~35:1 之间。成品堆肥的适宜碳氮比为 10:1~20:1 之间。由于初始原料的碳氮比一般都高于前述最佳值，故应加入氮肥水溶液、粪便、污泥等调节剂，使之调到 30 以下。当有机原料的碳氮比为已知时（可通过分析测出），可按式（5-16）计算所需添加的氮源物质的数量：

$$K = \frac{C_1 + C_2}{N_1 + N_2} \tag{5-16}$$

式中　　　　K——混合原料的碳氮比，通常取最佳范围值，配合后为 35:1；

C_1，C_2，N_1，N_2——分别为有机原料和添加物料的碳、氮含量。

（6）温度。堆肥过程的较佳温度是 35~55℃。有机物含量对堆肥温度有一定影响。据报道，当有机物含量由 20% 上升到 50% 时，相应地初堆时间（以 55℃ 为界），可由原来的 60h 缩短到 44h，而 55℃ 以上的稳定时间可由 56h 延长到 72h。

（7）pH 值。好氧堆肥初期，pH 值一般可下降为 5~6，之后又开始上升，发酵完成前可达 8.5~9.0，最终成品达到 7.0~8.0。对用石灰调节再经真空过滤或加压脱水得到的污泥滤饼，其 pH 值一般可高达 12，当采用此种污泥滤饼作堆肥原料时，需作 pH 值调整。

堆肥过程对上述各影响因素，特别是耗氧速率、水分和有机物含量三项理论参数的控制特别重要。

（8）碳磷比（C/P）。碳和氮对营养微生物的繁殖是必要的。此外，磷也是非常必要的元素，磷的含量对发酵起很大的影响。有时在垃圾发酵时，添加污泥的原因之一就是污泥含有丰富的磷。堆肥适宜的 C/P 为 75~150。

（9）无害化—热灭活。城市固体废物中的有机生活垃圾如管理不善，在自然堆放过程中易于腐熟分解，污染环境，尤其是粪便、生活污水污泥中含有各种肠道病原体、蛔虫卵等，会传播疾病，所以城市固体废物的无害化是处理处置的重要目标。无害化方法主要有堆肥化、厌氧或好氧消化、热干化（一般加热到 80℃ 以上、风化干燥）、巴氏灭菌消毒（70℃，经 30min 处理）、电离辐射处理（用 β 射线或 γ 射线）、掺加石灰化学处理、发酵沉淀方法（适用于粪便）等。好氧堆肥化能提供杀灭病原体所需要的热量，病原体细胞的热死主要是由于酶的热灭活所致；在低温下灭活是可逆的，而在高温下是不可逆的。因此，好氧发酵堆肥化和厌氧消化方法加热灭菌是实现无害化的行之有效的方法。

热灭活得以实现，主要是因为：1）酶对温度的敏感性，当温度超过一定范围时，以活性型存在的酶将明显降低，大部分将呈变性（灭活）型。如无酶的正常活动，细胞会失去功能而死亡，只有很少数酶能长时间耐热，可以说热灭活作用对微生物是非常有效的。2）热灭活的温度-时间效应关系，热灭活作用是温度与时间两者的函数。即经历高温短时间或者低温长时间是同样有效的。一般设计认为杀灭蛔虫卵的条件也可杀灭原生动物、孢子等，故可以把蛔虫卵作为灭菌程度的指标生物（它的耐热性能与其他肠道病原体大致相当）。好氧堆肥化无害化工艺条件是堆层温度 55℃ 以上需维持 5~7 天，当堆层温度达到 70℃ 时则需维持 3~5 天。一般情况下，堆肥温度较高维持时间较短时，可以达到同样的无害化要求。

热灭活与无害化，根据堆肥原料、发酵装置性能及堆肥过程的不同，具有较大的区别。限制热灭活效率的因素主要有：1）堆料层可能因固态细菌的凝聚现象，形成大颗粒或球状物，使其内部供氧不足而明显减少来自颗粒本身内部产生的热量；2）由于传热速度低或整个堆料物没有均匀的温度场，存在局部冷的小区，会使病原菌得到残活的可能条件（故加强翻推、搅拌使整个料层有均匀的温度场）；3）细菌的再生长也是限制热灭活的另一因素，即某些肠道细菌（如大肠杆菌、沙门氏菌及粪链球菌等）在有机物料一旦通到温度降低到半致死水平时，它们就能再生长。所以实际操作时，堆肥无害化温度、时间条件要比理论上更高一些。即较长时间将温度维持在较高水平，才能达到无害化要求。

5.1.6 堆肥的农业应用

好氧堆肥与厌氧发酵的原料主要包括城市生活垃圾，纸浆厂、食品厂等排水处理设施排出的污泥及下水污泥、粪尿消化污泥、家畜粪尿、树皮、锯末、糠壳、秸秆等。我国堆肥主要原料是生活垃圾与粪便的混合物，或是城市垃圾与生活污水污泥的混合物。城市生活垃圾是最主要的原料，但其中可堆肥物数量、碳氮比、水分等常常不能满足要求，需要进行适当的预处理。配入粪便或某些污泥可以有效地调整碳氮比和水分，并能得到氮、磷、钾含量较高的有机肥。农业废物也是堆肥的重要原料。

根据城镇建设业标准《城市生活垃圾堆肥处理厂技术评价指标》（CJ/T 3059—1996），堆肥原料需具有下列一些属性：

（1）密度介于 350~650kg/m^3；

（2）有机物含量不少于 20%；

（3）含水率应在 40%~60% 之间；

（4）碳氮比（C/N）在 20∶1~30∶1 为宜。

5.2 厌氧发酵

厌氧发酵是指在完全无氧或缺氧的密闭空间里，利用厌氧微生物对有机物进行分解的生物化学处理过程。有机废物的厌氧发酵类型主要包括甲烷发酵和酸发酵，发酵主要产物为甲烷、有机酸。代表性厌氧发酵包括简易沤肥工艺和沼气发酵工艺。

简易沤肥技术是利用人粪尿、不能食用的烂叶子、动物粪便、杂草、秸秆、废物垃圾等有机废物混合堆积、糊泥密封，并在自然条件下利用微生物的发酵作用，使堆料中的有机物腐熟，达到土壤可接受的稳定程度，成为一种含氮丰富的腐殖质的过程。因为不需要机械设备，所以称为简易堆肥。

简易沤肥技术因无强制通风，因此是介于好氧堆肥和厌氧发酵之间的技术。该过程初期，利用好氧微生物的新陈代谢活动快速分解有机物，同时放出热量，使得温度升高至 $50 \sim 70℃$，杀死病菌等，实现无害化。随有机物降解，发酵逐步转为厌氧，利用厌氧微生物缓慢分解残余有机物，此时放热量少，温度逐步降低。简易沤肥法主要包括污水坑沤肥法、平地沤肥法和半坑式沤肥法。

（1）污水坑沤肥法（压绿肥）是将粪便、绿肥、灰肥等投入污水坑中沤制，为防积水，需定期翻坑倒肥，同时加 1% 石灰用于杀菌。

（2）平地沤肥法是在夯平的地表（$L = 2 \sim 2.5m$，$W = 1.5 \sim 2m$）上，周边挖排水沟，并在基础地表挖横纵数条通气沟，上设树枝、秸秆、稻草等，再投加粪尿、生活垃圾等，干料与湿料逐层叠加，堆高至 $1.5 \sim 2m$，呈梯形，最后用湿泥密封，泥层风干后，撤去底层木棍，以便通风，15 天左右可腐熟。

（3）半坑式沤肥法是在平地挖深 1m，长宽各 2m 的方形或圆形坑，将粉碎后的秸秆浸湿，与杂草、树叶、生活垃圾、粪尿等混合投放，并逐层加水，堆满后，用泥浆密封，并将各层中的木棍取出，以便通风。该法升温快、湿度均匀，一般 20 天腐熟。

简易沤肥的影响因素及无害化处理影响因素主要有：

（1）有机物含量。有机物含量通常 25% 以上为宜，C/N 比约 $25 : 1$。

（2）微生物。微生物主要源于骡马粪便等，富含高温纤维分解菌，添加量为原料的 10% 左右。

（3）含水率。当新鲜草料、树叶较多时，不宜再加水，干燥地区可适量加水。

（4）pH 值。中性或弱碱性为宜，可适量加炉灰或石灰、草木灰等。

（5）空气供应。温度上升阶段加大通风，温度下降阶段控制通风。

（6）泥封。泥封起防臭、防蚊虫滋生作用，厚度 $5 \sim 6cm$ 为宜。

简易沤肥的无害化主要通过加石灰、加农药、加尿素等方法杀菌、灭虫卵。堆肥可用于改良土壤，使土质松软，多孔隙，易耕作，增加保水性、透气性及渗水性性能。

堆肥具有肥料作用。肥料成分中氮、钾、铵等都是以阳离子形态存在。由于腐殖质带负电荷，有吸附阳离子作用，有助于黏土保住阳离子，从而能保住养分、提高保肥能力。腐殖质阳离子交换容量是普通黏土的几倍到几十倍。堆肥具有整合作用。某种有机化合物和金属可特殊结合，把金属维持在液化状态。这种作用的物质和酸性土壤中含量较多的活性铝结合后，使其半数变成非活性物质，因而能抑制活性铝和磷酸结合的有害作用；能促进有机物分解，促进氮肥和其他养分的供应；对于作物有害的铜、铝、镉等重金属也可与腐殖质反应而降低其危害程度，有利于植物生长。堆肥还具有缓冲作用。当土壤中腐殖质多时，即使肥料施得过多或过少，也不易受到损害；即使气象条件恶化也可减轻其影响；即使其他条件稍微恶化，也能减少冲击和缓和影响。例如水分不足时，可防止植物枯萎，起到类似于缓冲器的作用。堆肥还可以起到缓效性肥料作用。堆肥和硫铵、尿素等化肥中的氮不同，堆肥中的氮肥几乎都以蛋白质氮形态存在，施用堆肥不会出现化肥那样短暂有效或施肥过头的情况，由于经过上述过程缓慢持久地起作用，不会对农作物产生损害。腐殖化的有机物具有调节植物生长的作用，也有助于根系发育和伸长，即有助于扩大根部范围。将富有微生物的堆肥施于土中可增加土壤中微生物数量。微生物分泌的各种有效成分能直接或间接地被植物根吸收而起到有益作用，故堆肥是昼夜均有效的肥料。堆肥是 CO_2 的供给源，如与外界空气隔绝的密封罩内 CO_2 气浓度低，当大量施用堆肥后，罩内较高的温度可促使堆肥分解放出 CO_2。堆肥的用途很广，既可以用作农田、绿地、果园、菜园、苗圃、畜牧场、庭院绿化、风景区绿化、农业等的种植肥料，也可以作蘑菇盖面、过滤材料、隔音板及制作纤维板等。

施肥时应注意以下事项：

（1）成熟的堆肥富有活的微生物，用于田地施肥时，不要将堆肥埋起来，最好让其在土壤表面暴晒于空气中。

（2）新鲜堆肥宜用作底肥，粗堆肥最好用于黏质、淤泥和板结的土壤；细堆肥用于干燥、疏散及多沙的土壤。含有 5% 以上石灰的城市堆肥属于石灰质肥料，建议用于酸性土地和土壤有酸化趋向的土地。

（3）城市垃圾堆肥 C/N 比大，即含氮量低，最好和氮肥配合使用，以免出现"氮饥饿"现象。

（4）堆肥不应装在密封的袋里搬运或保存，必要时，在袋上开空气流通孔。

（5）堆肥产品质量及卫生要求：堆肥产品质量应按以下标准加以控制（以干基计）：1）农用堆肥产品粒度不大于 12mm，山林果园用堆肥产品粒度不大于 50mm；2）含水率 ≤35%；3）pH 值控制在 6.5～8.5；4）全氮（以 N 计）≥0.5%；5）全磷（以 P_2O_5 计）≥0.3%；6）全钾（以 K_2O 计）≥1.0%；7）有机质（以 C 计）≥10%；8）重金属含量，总镉（以 Cd 计）≤3mg，总汞（以 Hg 计）≤5mg/kg，总铅（以 Pb 计）≤100mg/kg，总铬（以 Cr 计）<300mg/kg，总砷（以 As 计）≤30mg/kg。

5.2.1　厌氧发酵制沼气

厌氧发酵能有效地回收高含水率（60% 左右）的废物中的能量，工艺简单、无需复杂的控制操作；投入的废物经消化后能使有机物稳定化，实现减量化；高温发酵时，能杀死大肠杆菌和寄生虫卵等。发酵过程包括液化（水解）、酸化（酸化前阶段、酸化后阶段）、气化三个阶段。发酵过程中，纤维素、淀粉、脂肪和蛋白质等主要基质，利用发酵细菌进行新陈代谢，将基质分解成有机酸、乙醇、氨、硫化物及简单有机物及部分二氧化碳、氢气等。之后，再在产乙酸细菌和产甲烷细菌作用下，生成甲烷和二氧化碳。影响生化反应的因素很多，基质的不同组成决定物质的不同流向，形成不同的代谢产物，而代谢产物的种类又直接影响后续反应进行情况。厌氧发酵类型主要包括酸发酵、甲烷发酵。厌氧发酵中的化学反应，厌氧发酵过程中的微生物种群，水解、酸发酵、气化阶段的微生物优势种群各不相同。

第一阶段主要为水解发酵细菌，如纤维素分解菌、蛋白质水解菌等（如专性厌氧的梭菌属、拟杆菌属、丁酸弧菌属、真菌属、革兰阴性杆菌、兼性厌氧的链球菌和肠道菌等）。

第二阶段起作用的为产乙酸细菌，如 S 菌株（可分解有机物）、脱硫弧菌（可分解有机物、芳香醇、酸）等。

第三阶段主要为专性厌氧甲烷菌（将氢气和二氧化碳合成甲烷的甲烷菌、将乙酸脱羧生成甲烷和二氧化碳）。

厌氧发酵过程中影响微生物种群功能的因素主要有温度、发酵细菌的营养和营养物比例、混合均匀程度、有毒物质、酸碱度等。发酵温度分为常温、中温（28~38℃）及高温（48~60℃）。常温发酵（自然发酵、变温发酵），温度随自然气温及四季变化，沼气发生不稳定、转化率低，15℃以下一般无法发酵；中温发酵的产气量稳定、转化率高；高温发酵的分解速度快，处理时间短、产气量高、杀菌效果好，但需外部热源及保温措施，设备材料及工艺要求高。厌氧发酵过程中需为发酵细菌提供足够的能源和碳源，供其合成新细胞，C/N 比一般以（20~30）:1 为宜，过高，细胞含氮不足，系统缓冲能力低；过低，含氮量过高，pH 值上升，铵盐累积，抑制发酵。厌氧发酵时需充分搅拌原料，保证原料分布均匀，增加微生物与原料接触机会。随着发酵的进行，会有大量的脂肪酸不断产生，如果脂肪酸积累过多，将会抑制发酵，因此，发酵液的 pH 值控制在 5~7.5 为宜，氨及二氧化碳的产生对发酵液起缓冲作用，可防止 pH 值过低。

厌氧发酵过程中添加少量的过磷酸钙，能促进纤维素分解；添加少量钾、钠、钙、镁、锌、磷等，能促进厌氧发酵反应进行；添加锰及镁，可以起到水解酶活化剂的作用，能提高酶的活性。此外，发酵原料中碱金属、重金属离子的浓度过高，会抑制微生物生命活力，不能超过毒阀浓度。过高，超过甲烷菌的忍耐程度，会使厌氧发酵受阻。厌氧发酵过程中，生物固体停留时间（泥龄）与负荷之间的关系如下：

$$T_c = M_r / q_e \tag{5-17}$$

式中　T_c——泥龄，d，SRT；

　　　M_r——发酵罐内生物总量，kg；

　　　q_e——发酵罐每天排出的生物量，可按式（5-18）求得：

$$q_e = M_e / t \tag{5-18}$$

式中　M_e——排出发酵罐内总生物量，kg；

　　　t——排泥时间，d。

甲烷菌的增殖较慢，对环境条件较敏感，需要保持较长时间的泥龄，维持稳定发酵。厌氧发酵过程中，每天投加新鲜污泥体积占发酵设备有效容积的比例为投配率：

$$V = V' / n \times 100\% \tag{5-19}$$

式中　V'——新鲜污泥投入量，m^3/d；

　　　n——污泥投配率，%；

　　　V——发酵罐的有效容积，m^3。

投配率过高，发酵罐内脂肪酸易积累，pH 值下降，发酵不完全，产气率低。厌氧发酵的产物主要为甲烷，关于甲烷形成机理，一般认为符合二氧化碳还原原理，即二氧化碳氧化醇生成甲烷和有机酸，脂肪酸用水作为还原剂或供氢体，产生甲烷，利用氢使二氧化碳还原成甲烷（甲烷菌作用）。根据可降解物质元素组成，利用经验式可以计算出甲烷产量：1molC（有机物）= 22.4L 气体（CH_4+CO_2），或 2mol COD 有机物 = 1mol CH_4。沼气发酵在稳定运行时所产生的沼气中通常甲烷含量在 55%~65% 之间。个别情况下，甲烷含量可达 80%。

5.2.1.1　有机物的厌氧发酵过程

由于厌氧发酵的原料来源复杂，参加反应的微生物种类繁多，因此厌氧发酵过程非常复杂。目前，对厌氧发酵的生化过程有两段理论、三段理论和四段理论。

三段理论认为，厌氧发酵可以分为三个阶段，即水解（液化）阶段、产酸阶段和产甲烷阶段，如图 5-5 所示。每一阶段各有其独特的微生物类群起作用。水解阶段起作用的细菌称为发酵细菌，包括纤维素分解菌、蛋白质水解菌。产酸阶段起作用的细菌是醋酸分解菌。这两个阶段起作用的细菌统称为不产甲烷菌。产甲烷阶段起作用的细菌是产甲烷细菌。

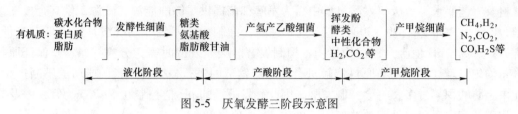

图 5-5　厌氧发酵三阶段示意图

A　水解阶段

发酵细菌利用胞外酶对有机物进行体外酶解，使固体物质变成可溶于水的物质，然后，细菌再吸收可溶于水的物质，并将其酶解成为不同产物。高分子有机物的水解速度很慢，它取决于物料的性质、微生物的浓度，以及温度、pH 值等环境条件。纤维素、淀粉等碳水化合物水解成单糖类，蛋白质水解成氨基酸，再经脱氨基作用形成有机酸和氨，脂肪水解后形成甘油和脂肪酸。

B　产酸阶段

水解阶段产生的简单的可溶性有机物在产氢和产酸细菌的作用下，进一步分解成挥发性脂肪酸（如丙酸、乙酸、丁酸、长链脂肪酸）、醇、酮、醛、二氧化碳和氢气等。

在产酸阶段，产氢、产醋酸细菌把前一阶段产生的一些中间产物丙酸、丁酸、乳酸、长链脂肪酸、醇类等进一步分解成醋酸和氢。

C　产甲烷阶段

产甲烷菌将第二阶段的产物进一步降解成甲烷和二氧化碳，同时利用产酸阶段产生的 H_2 将 CO_2 再转变为 CH_4。产甲烷阶段的生化反应相当复杂，其中 72% 的甲烷来自乙酸。除乙酸外 CO_2 和 H_2 的反应也能产生一部分 CH_4，少量 CH_4 来自其他一些物质的转化。其中，H_2/CO_2 和乙酸是主要基质。产甲烷细菌的活性大小取决于在水解和产酸阶段提供的营养物质。

对于以可溶性有机物为主的有机废水来说，由于产甲烷菌的生长速度慢，对环境和底物要求苛刻，故产甲烷阶段是整个反应过程的控制步骤；而对于以不溶性高分子有机物为主的污泥、垃圾等废物，水解阶段是整个厌氧消化过程的控制步骤。

5.2.1.2　沼气发生过程相关指标

（1）常见沼气发酵原料的理论产气量。计算沼气发酵原料的理论产气量，可先分别测定每种发酵原料中碳水化合物、蛋白质、脂类化合物的含量，然后依据式（5-20）计算甲烷的产量（E）；

$$E = 0.37A + 0.49B + 1.04C \tag{5-20}$$

式中　E——每克发酵原料的理论产甲烷量，L；

A，B，C——分别为每克发酵原料中碳水化合物、蛋白质、脂类化合物的重量，g。

然后，再依式（5-21）计算二氧化碳的理论产量（D）：

$$D = 0.37A + 0.49B + 0.36C \tag{5-21}$$

式中　D——每克发酵原料的理论二氧化碳产量，L。

（2）原料的产气率和甲烷含量。沼气发酵原料产气率是指单位重量的原料在发酵过程中产生的沼气量。我国通常用原料所含总固体（TS）的量作原料单位表示原料的产气量。

（3）原料的总固体百分含量和总固体量。原料的总固体百分含量和总固体量可按式（5-22）计算：

$$M_{TS} = \frac{W_2}{W_1} \times 100\%$$

$$W_{TS} = WM_{TS} \tag{5-22}$$

式中　M_{TS}——发酵原料总固体百分含量；

　　　W_1——发酵原料样品重量；

　　　W_2——样品在（105±2）℃条件下烘干后重量；

　　　W——发酵原料重量；

　　　W_{TS}——发酵原料所含总固体量。

（4）原料的碳氮比。厌氧发酵原料的适宜碳氮比为20∶1~30∶1，碳氮比达到35∶1时，产气量明显下降。为了使发酵过程有一个较高的产气量，可以将原料适当配合，形成适宜厌氧发酵的混合原料。

依据式（5-23）可以计算混合原料的碳氮比，或者按要求的碳氮比计算搭配原料的数量：

$$K = \frac{C_1X_1 + C_2X_2 + \cdots + C_iX_i}{N_1X_1 + N_2X_2 + \cdots + N_iX_i} = \frac{\sum CX}{\sum NX} \tag{5-23}$$

式中　K——混合原料的碳氮比；

　C，N——分别为原料中碳、氮含量，%；

　　　X——原料的重量，kg。

5.2.2　厌氧发酵的工艺条件及其控制

5.2.2.1　厌氧条件

厌氧发酵是一个生物学过程，它最显著的一个特点是有机物质在无氧的条件下被某些微生物分解，最终转化成甲烷和二氧化碳。产酸阶段的不产甲烷微生物大多数是厌氧菌，需要在厌氧的条件下，把复杂的有机物质分解成简单的有机酸等；产气阶段的产甲烷细菌更是专性厌氧菌，不仅不需要氧，氧对产甲烷细菌反而有毒害作用，因此，必须创造厌氧的环境条件。

甲烷菌的生长需要严格的厌氧环境，在有氧的环境中，甲烷菌不增长而受到抑制，但并不死亡。消化池中除有产甲烷菌以外，还有大量的不产甲烷细菌。不产甲烷细菌中有好氧菌、厌氧菌和兼性厌氧菌。这些菌构成了一个复杂的生态系。因此，游离态氧对产甲烷细菌的影响就不像纯粹培养产甲烷细菌时那样严重。沼气池中原来存在的以及装料时带入的一些空气对沼气发酵并没有什么危害，因为只要沼气池不漏气，这点空气（氧气）很快就会被其他一些好氧菌和兼性厌氧菌利用掉，并为产甲烷细菌创造良好的厌氧环境。

5.2.2.2　温度

沼气发酵与温度有密切的关系。一般来讲，池内发酵液温度在10℃以上，只要其他条件配合得好（如酸碱度适宜、发酵菌多）就可以开始发酵，产生沼气。不过在一定范围内，温度越高微生物活性越强。研究表明，代谢速度在 35～38℃ 有一个高峰，在 50～65℃ 还有一高峰。一般厌氧发酵常控制在这两个温度内，以获得尽可能高的降解速度。前者称为中温发酵，后者称为高温发酵，低于 20℃ 的称为常温发酵。对于高浓度的发酵浆料（如城市污水污泥、粪便等），为了提高发酵速度、缩小厌氧发酵设备体积和改善卫生效果，对浆料、沼气池进行加热和保温可能是合理的，也常为生产者所采用。

甲烷菌对温度的急剧变化非常敏感，即使温度只降低 2℃，也能立即产生不良影响，使产气下降，温度再次上升才开始慢慢恢复其活性。但温度上升过快，当出现很大温差时会对产气量产生不良影响。因此，厌氧发酵过程还要求温度相对稳定，一天内的变化范围在 2℃ 以内为宜。

就农村沼气生产而言，在我国一般都是在常温下进行，这样做不仅可以减少能耗，而且设备简单。温度对生产能力的影响十分明显。据研究，中国沼气池由于置于地面以下，直接影响发酵温度的因素是地温，而不是气温，气温仅仅是间接影响。地温是随气温总的变化趋势而逐步地、有规律地变化。因而，沼气池的发酵温度与地温变化相对应，也是有规律地进行变化。急剧的气温变化仅仅对近地表面的土壤温度有影响，距地表愈深，影响愈小。发酵温度的变化与所处位置的地温变化基本一致。值得注意的是冬季距地表面愈深，地温愈高。因此，建池于地面以下有利于保温。

5.2.2.3　pH 值

厌氧发酵微生物细胞内细胞质的 pH 值一般呈中性反应，同时，细胞具有保持中性环境、进行自我调节的能力。因此，厌氧发酵菌可以在较广的 pH 值范围内生长，在 pH = 5～10 范围内均可发酵，不过以 pH = 7～8 为最适（称之为最适 pH 值）。过酸或过碱则开始产气的时间来得缓慢，产气量少。pH 值起始不同（5～10），经沼气发酵以后都有变化，终止 pH 值都接近中性或微碱性。

厌氧发酵过程中，pH 值也有规律地变化。发酵初期大量产酸，pH 值下降；随后，由于氨化作用的进行而产生氨，氨溶于水，形成氢氧化铵，中和有机酸使 pH 值回升，pH 值保持在一定的范围之内，维持 pH 值环境的稳定。在正常的厌氧发酵中，pH 值有一个自行调节的过程，无需随时调节。这是由于发酵过程中碳水化合物转化成等体积的二氧化碳和甲烷气体，反应式如下：

$$(C_6H_{10}O_5) + xH_2O \longrightarrow xC_6H_{12}O_6 \longrightarrow 3xCH_4 + 3xCO_2 \tag{5-24}$$

不过，产生的二氧化碳不是作为气体释放，而是与水反应：

$$CO_2 + HOH \longrightarrow H_2CO_3 \longrightarrow H^+ + HCO_3 \tag{5-25}$$

另外，由于微生物的脱氨作用，从蛋白质中脱下氨基形成氨，氨与水反应，形成氢氧化铵：

$$NH_3 + HOH \longrightarrow NH_4^+ + OH^- \tag{5-26}$$

铵离子与碳酸氢根离子作用，形成碳酸氢铵（NH_4HCO_3）。碳酸氢铵具有缓冲能力，可使发酵液保持中性。另外，在人畜粪便和其他有机废弃物中常含有许多具有缓冲作用的物质。因此，在发酵过程中，一般不需要进行调节。

为了顺利地进行厌氧发酵，实现早产气、高产气量（率），须调节好启动的 pH 值，以调到 pH 值为 7.5～7.8 左右为好。发酵过程中，除一次添加过量的新鲜作物秸秆或青草等易产酸的原料，造成发酵液酸化，pH 值下降，需要及时调节 pH 值以外，一般来讲，在发酵过程中，无需调节 pH 值。即使在某些废水处理中，原料的 pH 值不在 7~8 之间，只要发酵运行正常，流出液 pH 值在 7~8 范围之内，每天添加少量新料时也无需调节。

给大中型消化器投料时，应根据 pH 值控制投料量。若投料量过多，形成冲击负荷，容易引起产酸菌过分发展，使 pH 值过低，抑制甲烷菌的生命活动。投料前的 pH 值应以 7.5~7.8 为宜，投料后 pH 值不应低于 6.5。如低于 6.0 应停止进料，并调节池内 pH 值。

调节 pH 值，可在过酸时用石灰乳进行调节。石灰乳调节的好处为价廉，同时钙离子对沼气发酵的毒性比钠和钾离子小，并能与产生的二氧化碳作用，形成不溶性的碳酸钙沉淀。pH 值高于 8 时可适当加牛、马粪便（牛、马粪便呈酸性，pH = 5~6），并加水冲淡。

5.2.2.4　搅拌

搅拌的目的是使发酵原料分布均匀，增加微生物与发酵基质的接触，也使发酵的产物及时分离，从而提高产气量。

5.2.3　发酵装置

用于厌氧发酵或厌氧消化生化过程的构筑物称为厌氧发酵设备或厌氧消化池。用于沼气生产时，称为沼气池或沼气发酵罐。主要有沼气发酵池、沼气发生器或厌氧消化器，多为间歇式、低容量、小型农业用、半工业化人工操作。除发酵罐外，一般发酵系统还设有气压表、导气管、出料机、预处理装置（粉碎、升温、预处理池等）、搅拌器、加热管等。

发酵池按结构形状分，有圆形池、长方形池、钟形池和扁球形池等；按储气方式分，有气袋式、水压式、浮罩式；按埋设方式分，有地下式、半埋式、地上式；其中，立式圆形水压式沼气池由加料管、发酵间、出料管、水压间、导气管等组成。

运行时，沼气池内初加新料，处于尚未产生沼气阶段时，发酵间和水压间的液面相同。开始发酵产气后，随产气量增加，发酵间料液受产气压迫向水压间流动，水压间液面高于产气间液面。使用沼气时，受水压间液体压力影响，储气空间气体被压迫出产气间，通过管路流向用户，保证气体压力及流速，直至产气间液面与水压间液面相同，气体无法流出为止。该系统具有结构简单、造价低、施工方便的优点；不足之处在于气压不稳、池温低、原料利用率低，换料和密封困难，产气效率低。该系统一般设在厕所、牲畜圈附近，便于粪便自动流池内。

另一种常见沼气池为立式圆形浮罩式沼气池。立式圆形浮罩式沼气池由加料管、发酵间、出料管、水压间、导气管、储气间等组成，主要为地下埋设式，发酵产气间和储气间分别建设。其中，沼气池产气原理与水压式沼气池相同，所产生的气体由浮沉式气罩储存，浮沉式气罩由水封池和气罩组成。沼气压力高于气罩重量时，气罩上浮；用气时，气罩下沉，排出气体。其优点在于压力低、发酵好、产气多；缺点在于气压不够稳、成本较水压式沼气池高。立式圆形半埋式沼气池组是由一组圆形、半埋式组合发酵池构成，单池一般高 4m，直径 5m，混凝土构件，埋入地下 1.3m，发酵池上设薄钢浮罩。该系统密封性好、气压高、宜控温、产气量大、操作简便、造价低。除粪便外，可添加一些辅助材料，如树叶、稻草、生活垃圾、工业废水等。

长方形发酵池多由发酵室、气体储藏室、储水库、进料口、出料口、搅拌器、导气喇叭口等构成。发酵室产生的气体储存在气体储藏室，当压力过高时，压迫发酵液通过通水口进入储水库，气体再由导气喇叭口输往用户。当气压较低时，储水库的发酵液又会回流，回到发酵室。发酵室内设有搅拌器，用以搅拌发酵液，促进发酵并防止发酵物沉淀到底部。该系统压力稳定、发酵好、产气多。

工业化沼气发酵系统多采用现代化大型发酵设备，实现了大型化、自动化、高效化，具有处理废物多、沼气质量高、回收利用系统完善等特点，系统为完全封闭、完全厌氧系统，反应器容量大，确保反应物具有足够滞留时间。系统中污泥、有机污染物及营养剂实现自动供料，具有控温系统。大型工业化沼气发酵工艺产生的沼气可作为生活燃料、交通工具燃料、发电燃料（需先脱出硫化氢，防止腐蚀内燃机）、化工原料，进一步生产氯代甲烷、乙炔、乙烯、甲醇、乙酸等，还可为大棚供暖、卵化禽类。

典型的大型工业化沼气发酵工艺流程如图 5-6 所示，大型发酵系统如图 5-7 所示。简易发酵装置如图 5-8 所示。

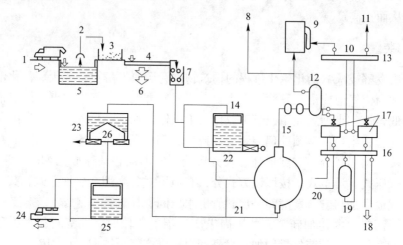

图 5-6 典型的大型工业化沼气发酵工艺流程

1—有机废物；2—进料；3—进料口；4—分选；5—料槽；6—废物；7—破碎机；

8—天然气供应站；9—加气站；10—内消耗；11—电网；12—沼气罐；13—主变电站；

14—临时储存仓；15—气体处理站；16—热交换；17—发电；18—区域供热系统；

19—热储存罐；20—发酵热；21—发酵仓；22—热交换；23—废液肥料脱水；

24—堆肥产品；25—堆肥精制车间；26—脱水

图 5-7 大型发酵系统

图 5-8 简易发酵装置安装

5.2.4 发酵设备设计

厌氧发酵装置是微生物分解转化废物中有机质的场所，是厌氧发酵工艺中的主体装置，又称为消化器。消化器品种繁多，设计布局变化无穷，没有一种简单的类型是完全理想的。这是因为有许多因素影响其结构和设计方案，还必须考虑特殊情况和环境条件。消化器的设计有着基本要求，常见类型在设计原理和应用范围方面存在不同之处。

5.2.4.1 消化器基本设计要求

厌氧发酵处理的废物不同，采用的厌氧发酵工艺也不相同，但消化器和消化工艺应满足下列基本要求：

（1）应最大限度地满足沼气微生物的生活条件，要求消化器内能保留大量的微生物；

（2）应具有最小的表面积，有利于保温增温，使其热损失量最少；

（3）要使用很少的搅拌动力，使整个消化器混合均匀；

（4）易于破除浮渣，方便去除器底沉积污泥；

（5）要实现标准化、系列化、工厂化生产；

（6）能适应多种原料发酵，且滞留期短；

（7）占地面积少，且便于施工。

5.2.4.2　设计参数

设计水压式沼气池时，需掌握的主要参数如下：

（1）气压：7480Pa（即80cm水柱）为宜。

（2）池容产气率：池容产气率指每立方米发酵池容积一昼夜的产气量，单位为 m^3 沼气/（ m^3 池容·d）。我国通常采用的池容产气率包括 $0.15m^3$ 沼气/（ m^3 池容·d）、 $0.2m^3$ 沼气/（ m^3 池容·d）、 $0.25m^3$ 沼气/（ m^3 池容·d）和 $0.3m^3$ 沼气/（ m^3 池容·d）几种。

（3）储气量：储气量指气箱内的最大沼气储存量。农村家用水压式沼气池的最大储气量以12h产气量为宜，其值与有效水压间的容积相等。

（4）池容：池容指发酵间的容积。农村家用水压式沼气池的池容积有 $4m^3$、 $6m^3$、 $8m^3$、 $10m^3$ 等几种。

（5）投料率：投料率指最大限度投入的料液占发酵间容积的百分比，一般在85%～95%之间为宜。

5.2.4.3　发酵间的设计

水压式沼气池发酵间的设计可按下列步骤进行：

（1）确定池容：

$$池容 = \frac{用气水平 \times 家庭人口数}{预计池容产气率} \tag{5-27}$$

（2）确定储气量：

$$储气量 = 池容产气率 \times 池容 \times \frac{1}{2} \tag{5-28}$$

（3）计算圆筒形发酵间容积。圆筒形发酵间由池盖、池身、池底组成（图5-9）。三部分的容积计算公式如下：

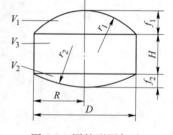

图5-9　圆筒形沼气池

$$V_1 = \frac{\pi}{6}f_1(3R^2 + f_1^2) = \pi f_1^2\left(r_1 - \frac{f_1}{3}\right) \tag{5-29}$$

$$V_2 = \frac{\pi}{6}f_2(3R^2 + f_2^2) = \pi f_2^2\left(r_2 - \frac{f_2}{3}\right) \tag{5-30}$$

$$V_3 = \pi R^2 H \tag{5-31}$$

式中　V_1，V_2，V_3——分别为池盖容积、池底容积、池身容积；

f_1，f_2——分别为池盖矢高、池底矢高；

r_1——池盖曲率半径，它与其他尺寸的关系为：

$$r_1 = \frac{1}{2f_1}(R^2 + f_1^2) \tag{5-32}$$

r_2——池底曲率半径，它与其他尺寸的关系为：

$$r_2 = \frac{1}{2f_2}(R^2 + f_2^2) \tag{5-33}$$

R——池体内径；

H——池身高度。

综合圆筒形沼气池的内力结构计算、材料用量计算和施工、管理、使用技术等各种因素，一般认为，当池盖矢跨比 $\dfrac{f_1}{D}=\dfrac{1}{5}$，池底矢跨比 $\dfrac{f_2}{D}=\dfrac{1}{8}$ 和池身高 $H=\dfrac{D}{2.5}$（对于 $4m^3$、$6m^3$、$8m^3$、$10m^3$ 容积的小型沼气池可取 $H=1m$）时，沼气池的尺寸比较合理。

（4）确定进出料管安装位置。水压式沼气池进出料管的水平位置一般都确定在发酵间直径的两端。进出料管的垂直位置一般都确定在发酵间的最低设计液面高度处。该位置的计算方法如下：

1）算死气箱拱的矢高。即池盖拱顶点到发酵间的最高液面 O—O 位置的距离，如图 5-10 所示。其中死气箱拱的矢高（$f_{死}$）可按式（5-34）计算。

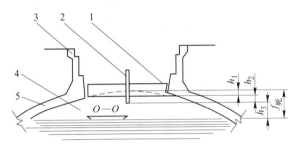

图 5-10 死气箱示意图

1—活动盖；2—导气管；3—蓄水圈；4—死气箱；5—固定拱盖

$$f_{死} = h_1 + h_2 + h_3 \tag{5-34}$$

式中 h_1——池盖拱顶点到活动盖下缘平面的距离（计算过程略去），对 65cm 直径的活动盖，该值在 $10\sim15cm$ 之间；

h_2——导气管下露出长度，取 $3\sim5cm$；

h_3——导气管下口到 O—O 液面距离，一般取 $20\sim30cm$。

2）计算死气箱容积（$V_{死}$）：

$$V_{死} = \pi f_{死}^2 \left(r_1 + \frac{f_{死}}{3} \right) \tag{5-35}$$

式中 $V_{死}$，$f_{死}$，r_1——分别为死气箱容积、死气箱矢高、池盖曲率半径。

3）求投料率。根据死气箱容积，可计算出沼气池投料率：

$$投料率 = \frac{V - V_{死}}{V} \times 100\% \tag{5-36}$$

式中 V，$V_{死}$——分别为沼气池容积和死气箱容积，m^3。

4）计算最大储气量（$V_{储}$）：

$$V_{储} = 池容 \times 池容产气率 \times \frac{1}{2} \tag{5-37}$$

5）计算气箱总容积（$V_{气}$）：

$$V_{气} = V_{死} + V_{储} \tag{5-38}$$

式中 $V_{气}$，$V_{死}$，$V_{储}$——分别为沼气池气箱总容积、死气箱容积和有效气箱容积（最大储气量）。

6）计算池盖容积（V_1）：

$$V_1 = \frac{\pi f_1}{6}(3R^2 + f_1^2) \tag{5-39}$$

式中　V_1，f_1，R——分别为池盖容积、池盖矢高和池体内径。

7）计算发酵间最低液面位 A—A。

对一般沼气池来说，$V_{气}$ 均大于 V_1，也就是说，A-A 液面位置在圆筒形池身范围内。此时，要确定进出料管的安装位置，应按式（5-40）先算出气箱在圆筒形池身部分的容积（$V_{筒}$）：

$$V_{筒} = V_{气} - V_1 \tag{5-40}$$

由于

$$V_{筒} = \pi R^2 h_{筒} \tag{5-41}$$

因此

$$h_{筒} = \frac{V_{筒}}{\pi R^2} \tag{5-42}$$

式中　$h_{筒}$——圆筒形池身内气箱部分的高度；

　　　　R——圆筒形池身半径。

A—A 液面位于池盖与池身交接平面以下 $h_{筒}$ 的位置上。这个位置也就是进出料管的安装位置。

8）水压间的设计。水压间的设计包括确定以下三个尺寸：

①水压间的底面标高。此标高应确定在发酵间初始工作状态时的液面位置 O-O 水平。

②水压间的高度（ΔH）：此高度应等于发酵间最大液位下降值（H_1）与水压间液面最大上升值（H_2）之和，即 $\Delta H = H_1 + H_2$。

③水压间容积。此容积等于池内最大储气量。

5.2.5　厌氧发酵技术应用

厌氧发酵技术在废弃物处理方面的应用，集中体现在处理城市污水处理过程中产生的剩余污泥和人畜粪便领域。用于处理剩余污泥的厌氧发酵设备主要为沼气发酵系统；用于处理人畜粪便的以化粪池为主。

20 世纪 20 年代，一些工业发达国家为提高污水沉淀和污泥厌氧发酵效率，先后研发出将沉淀与发酵装置分建的工艺，进而发展成污泥消化池，用于城市粪便处理。目前，广泛应用的主要有两种厌氧发酵处理工艺，即化粪池处理工艺和厌氧发酵池处理工艺。

化粪处理工艺的主体设备为化粪池，也叫腐化池，是 20 世纪末发展起来的粪便发酵处理系统。由于粪便发酵产生难闻臭气，故只在农村分散孤立的建筑中使用。由于它管理方便，不需要消耗能源，故近年来又受到城镇的关注，用来处理粪便和污水。

（1）化粪池兼有污水沉淀和污泥发酵双重作用。粪水流入化粪池后，速度减慢。在一个标准化粪池中，粪水停留时间为 12～24h，比重大的悬浮固体下沉到池底。化粪池大约可将 70% 的悬浮固体抑留下来。被抑留的悬浮固体受到厌氧菌的分解作用，产生气体上浮，将分解后的疏松物质牵引到液面，形成一层浮渣皮。浮渣中的气体逸散后，悬浮团体再次下沉成为污泥。如此反复分解、消化，浮渣和污泥逐渐液化，最终，容积只有原悬浮固体的 1%。

（2）化粪池容积按其应接纳的粪便污水量和污水在池内的停留时间计算确定。目前，化粪池的发展是趋向大型化，最小者不小于 4t，液体容量不小于 2.8t。其容积（V）可根据式（5-43）求算：

$$V = E\left(QT_q + ST_s C \frac{100\% - P_W}{100\% - P'_W}\right) \tag{5-43}$$

式中　E——服务人口，人；

　　　Q——每人每天污水量，L；

　　　T_q——污水在池内停留时间，一般取 0.5~1.0d；

　　　S——每人每天污泥量，一般取 0.8~1.0L；

　　　T_s——清泥周期，一般按 100~360d；

　　　C——污泥消化体积减小系数，一般为 0.7；

　　　P_W——生污泥含水率，一般为 95%；

　　　P'_W——池内污泥含水率，上部下部平均取 95%。

城市污水处理厂产生的剩余污泥，一般利用现代化沼气系统加以处理。一个完整的厌氧沼气发酵系统通常包括预处理、厌氧发酵反应器、发酵气净化与储存、消化液与污泥的分离、处理和利用。对不同的固体废物采用不同的发酵反应器时，可组成多种厌氧发酵工艺。根据发酵温度，厌氧发酵工艺可分为高温发酵工艺和自然发酵工艺两种。

（1）高温发酵工艺的最佳温度范围是 47~55℃，此时有机物分解旺盛、发酵快，物料在厌氧池内停留时间短，非常适用于剩余污泥、粪便的处理。其工艺包括高温发酵菌的培养、高温的维持、原料投入与排出、发酵物料的搅拌等。

（2）自然发酵工艺是指在自然温度影响下发酵温度发生变化的厌氧发酵。目前我国农村都采用这种发酵类型，其工艺流程如图 5-11 所示。

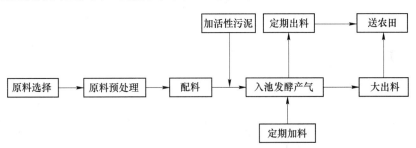

图 5-11　自然温度半批量投料沼气发酵工艺流程

自然发酵工艺的发酵池结构简单、成本低廉、施工容易、便于推广。但该工艺的发酵温度不受人为控制，基本上是随气温变化不断变化，通常夏季产气率较高，冬季产气率较低，故其发酵周期须视季节和地区的不同加以控制。

——— 本 章 小 结 ———

好氧堆肥和厌氧发酵均属于废物的生化处理技术，利用的微生物和反应条件截然不同，可应对的废物也有明显的区别。与此同时，生物化学反应历程极为复杂，干扰因素多，对环境条件反应敏感，尤其是厌氧发酵，对溶解氧的存在程度极为敏感，极易因溶解氧浓度超出限值而发生反应的停顿，甚至无法恢复反应。因此，应用该类技术时，需进行科学细致的设计，确保达到预期处理目标。

思 考 题

5-1 什么是固体废弃物的生化处理技术？

5-2 什么是好氧堆肥技术？好氧堆肥的主要影响要素有哪些？

5-3 堆肥装置主要有哪些？各有什么特点？

5-4 什么是厌氧发酵？厌氧发酵的设备有哪些类型？

5-5 厌氧发酵的主要影响要素有哪些？其影响主要体现在哪些方面？

6 城市垃圾卫生填埋处理技术

本章提要：

    本章重点介绍城市生活垃圾的卫生填埋技术及填埋场建设方法、运行流程等，尤其强调了填埋场防渗体系的建设要领。随着社会的发展，垃圾填埋作为城市垃圾的最终处置手段，其安全性和利用效率受到越来越高的限制和要求，填埋对象也正由传统的新鲜生活垃圾逐步转向垃圾焚烧灰及其他各类固废处理残渣。在未来的几十年，卫生填埋场将主要作为各种废物处理残渣的最终归宿地加以利用，为适应处理对象的变化和严格的环境管理标准，充分掌握填埋场构造原理和安全防护建设标准，至关重要。

生活垃圾填埋，是利用土壤对垃圾进行土地处理。垃圾填埋的特点在于：

（1）土地资源充足时，处理费用低；

（2）一次性投资少；

（3）可以接纳各种经过处理后的垃圾残渣及无法处理废物；

（4）无需预处理；

（5）碳化后垃圾可再利用。

在我国，城市垃圾主要依靠填埋法加以处理。填埋技术历史悠久，简单易行。早期的填埋并未控制其对环境的污染，造成了严重的环境污染问题，直至20世纪30年代，美国的加利福尼亚首次提出卫生填埋的理念，并在许多国家得到了较为广泛的应用。卫生填埋是一种利用工程手段，将垃圾压实减容后用土覆盖，防止有害气体及渗滤液对大气和土壤的污染，使整个过程对环境及卫生无害的垃圾处理方法。其具体流程如图6-1所示。

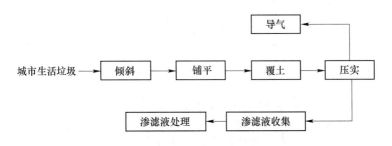

图 6-1　城市生活垃圾填埋作业流程

6.1　填埋法分类

固体废物的填埋是一项最终处置技术，也是固体废物最终处置的一种主要方法。填埋处置根据废物种类及有害物质释放需要控制的水平分为 3 类，分别为卫生填埋、工业废弃物填埋和安全填埋。

卫生填埋是处置一般固体废物，而不会对公众健康及环境安生造成危害的一种填埋方法，主要用来处置城市垃圾。卫生填埋是把运到填埋场地的废物在限定的区域内铺成 40~75cm 的薄层，然后压实以减少废物的体积，并在每天操作之后用一厚 15~30cm 的土壤覆盖、压实。废物层和土壤覆盖层共同构成一个单元，称为填筑单元。具有同样高度的一系列相互衔接的填筑单元构成一个填埋层。填埋场由一个或多个填埋层组成。当填埋达到最终的设计高度之后，在填埋层之上覆盖一层 90~120cm 的土壤，压实后就成为一个完整的填埋场。

工业废物填埋适于处置无害工业废物，场地的设计标准相对宽松，场地下部土壤的渗透率要求为 10^{-5}cm/s。

安全填埋是一种改进的卫生填埋方法，又称为化学填埋或安全化学填埋。安全填埋主要用来处置有害废物，对场地的建造技术要求更为严格。如衬里的渗透系数要小于 10^{-8}cm/s，浸出液要加以收集和处理，地表径流要加以控制等。

固体废弃物填埋场如图 6-2 所示。

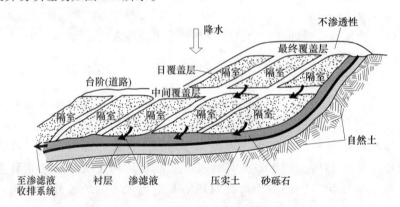

图 6-2　固体废弃物填埋场剖面

6.2　填埋场选址及利用计划

6.2.1　填埋场选址

填埋场选址是卫生填埋场全面规划的第一步，需要考虑以下因素：
（1）废物：依据废物的来源、种类、性质和数量确定场地的规模。
（2）地形：要便于施工操作，避开洼地，泄水能力强，可处置至少 20 年填埋的废物量。
（3）土壤：要容易取得覆盖土壤，土壤容易压实，防溶能力强。

（4）水文：地下水位应尽量低，距最下层填埋物至少 1.5m。

（5）气候：要蒸发大于降雨，避开高寒区。

（6）噪声：要使运输及操作设备噪声不影响附近居民的工作和休息。

（7）交通：要方便，具有能够在各种气候下运输的全天候公路。

（8）土地征用：要容易征得，且比较经济。

（9）开发：要便于开发利用。

填埋场址选择是其设计和建设的第一步，涉及政策、法规、经济、环境、工程和社会等因素，必须慎之又慎。通常废物填埋场的选址要满足以下基本条件：

（1）应服从城市发展总体规划。现代填埋场是城市环卫基础设施的重要组成部分，其建设规模应与城市化的进程和经济发展水平相符，只有在填埋场场址选择服从城市发展总体规划的前提下，方不致影响城市总体布局、城市用地性质和城市面貌，才能真正发挥填埋场为城市服务的基本功能，获得良好的社会效益和环境效益。

（2）场址应有足够的库容量。现代填埋场建设必须满足一定的服务年限，否则其单位库容的投资将大大增高，造成经济上不合理。通常填埋场的合理使用年限应在 10 年以上，特殊情况下也不应低于 8 年。

（3）场址应具有良好的自然条件，包括：1）场地的地质条件要稳定，应尽量避开构造断裂带、塌陷带、地下岩溶发育带、滑坡、泥石流、崩塌等不良地质地带，同时场地地基要有一定承载力（通常不低于 0.15MPa）；2）场址的竖向标高应不低于城市防排洪标准，以免受洪涝灾害的威胁；3）场区周围 500m 范围内应无居（村）民居住点，以避免因填埋场诱发的安全事故和传染疾病的发生；4）场址宜位于城市常年主导风的下风向和城市取水水源的下游，以减轻可能出现的大气污染危害以及避免对城市给水系统造成潜在威胁；5）场址附近应有相当数量的覆土土源，以用于填埋场的日覆土、中间覆土和终场覆土。

（4）场址运距应适中。尽量缩短废物的运输距离对降低其处置费用有举足轻重的作用。通常认为较经济的废物运输距离不宜超过 15km。然而由于城市化进程的加快，大城市中废物运输距离越来越远，为避免废物运输中的"虚载"问题，应增设废物压缩转运站或提倡使用压缩废物运输车，以提高单位车辆的运输效率，降低运输成本。

（5）场址应具有较好的外部建设条件。为了降低填埋场辅助工程的投资，加快填埋场的建设进程和提高填埋场的环境效益和经济效益，在选择的场址附近若拥有方便的外部交通、可靠的供电电源、充足的供水条件将是十分有利的。

选择一个条件优越的场址将会大大减少填埋场的工程建设投资，收到事半功倍的效果。因此在填埋场的建设周期内，应高度重视场址选择。填埋场场址的科学确定应遵循几个步骤：首先根据有效的运输距离确定选址区域，然后与当地有关主管部门（国土、规划、环保等）讨论可能的场址名单，进而排除掉那些不可能的或有可能遇到较大麻烦的场址，提出初选场址名单（3~5 个）；对场址进行踏勘，并通过对场地自然环境、地质（水文）、交通运输、覆土来源、人口分布等的分析对比，确定两个以上的备选场址；在对备选场址进行初步勘探基础上，对其进行技术、经济和环境方面的综合比较，提出首选方案，完成选址报告，提交政府主管部门决策。根据这一报告，有关决策部门在专家论证的基础上，最终确定填埋场场址。

6.2.2　场址开发利用计划

在填埋场运行结束后的长期维护监管中，事先制订一个周密而清晰的场址开发利用规划（含封场计划）是十分必要的。该规划应包括最终覆盖层的设计和封场后场址的景观设计；地表径流与侵蚀的控制与管理、填埋气和渗滤液的收集与处理、填埋场稳定化评价以及环境监测计划；填埋场土地利用规划等。在部分发达国家，由于与填埋场有关的法规越来越严格，填埋场的开发利用规划已被强制要求作为场址审批内容的一部分提供。

在废物填埋场服务期结束后，需要对整个填埋场进行最终覆盖，以将填埋废物与环境隔离，减轻感官上的不良印象，控制填埋气体的扩散迁移和最大限度减少渗滤液的产生量，防止疾病传播，为植被和景观重建提供土壤等条件。管理者更需关注填埋场的稳定问题。加快填埋废物的分解速度，促进填埋场的稳定化进程，不仅可尽早重新开发这一土地资源，提高土地的附加值，而且有助于尽快恢复当地的生态环境。因此，在设计、施工和运营时均应考虑加快填埋废物的稳定，比如采用准好氧填埋构造和渗滤液回灌加快有机物分解，对废物进行破碎后填埋，采用废物分区填埋等，都是行之有效的措施。

对填埋场进行稳定化评价，可从理论上指导填埋场的维护监管工作及填埋场土地的安全开发再利用。有关填埋场稳定化评价的指标、标准和方法等尚处在探索阶段。目前的评价指标体系主要考虑以下几方面：（1）渗滤液水质变化；（2）填埋层的沉降量及速度；（3）填埋气体产生量与成分的变化；（4）固相残余物的组分变化；（5）填埋层中温度变化。从场址利用观点看，主要考虑因素是填埋气体的量与质的变化与填埋场的地基下沉；从管理角度看，渗滤液水质变化直接影响停止渗滤液处理设施运转的时间。

填埋场址的开发利用形式多种多样。目前国外的做法是将封场后的场址辟为公园、运动娱乐场所、植物园，甚至商用设施等。近十年来，部分发达国家为满足其城市扩张对土地日益增长的需求和废物资源化的要求，开始尝试填埋场开采及稳定废物的开发利用等实践，并取得了良好的社会效益和经济效益。填埋场的开发利用受多种因素制约，其中填埋场稳定时间和程度是最主要的因素，而它们又因填埋废物的种类和数量以及是否进行压缩或破碎等预处理、覆土材料和量（厚度）、填埋方式及废物压实程度、填埋场地形条件等的不同而产生很大差异，因而对不同的填埋场，其开发利用方式也就不尽相同。通常场址的开发利用应具备以下基本条件：（1）场地下沉量逐渐变小，直至停止；（2）场地具有一定的承载力；（3）无坡面下滑破坏的可能；（4）无可燃气体、恶臭产生或影响非常小；（5）没有对土壤和地下水的污染；（6）不会对建筑物基础造成不良影响；（7）适于植物生长。

然而任何一个场址要完全满足上述条件几乎是不可能的，这就需要根据具体的场址利用规划要求确定场址安全利用的条件。

6.3　填埋场地的设计

6.3.1　场地的面积和容量

填埋场地的面积和容量与城市的人口数量、垃圾的产率、填埋场的高度、垃圾与覆盖材料量之比，以及填埋后的压实密度有关。通常，覆土和填埋垃圾之比为 1∶4 或 1∶3，填埋后废物的压实密度为 $500\sim700\text{kg/m}^3$，场地的容量至少可供使用 20 年。

每年填埋的废物体积可按式（6-1）计算：

$$V = 365 \times \frac{WP}{D} + C \tag{6-1}$$

式中　V——年填埋的垃圾体积 m^3；

　　　W——垃圾产率 kg/（人·天）；

　　　P——城市人口数；

　　　D——填埋后废物压实密度 kg/m^3；

　　　C——覆土体积，m^3。

如果已知填埋高度为 H，则每年所需土地面积为：

$$A = V/H \tag{6-2}$$

6.3.2 渗滤液产生及地下水保护系统

6.3.2.1 渗滤液的生成

垃圾在填埋场内填埋处理时，会产生一定数量的浸出液（渗滤液），其数量和性质与许多因素有关。渗滤液的主要来源如下：

（1）降水。降水包括降雨和降雪，它是渗滤液产生的主要来源，影响渗滤液产生数量的降雨特性有降雨量、降雨强度、降雨频率、降雨持续时间等。降雪和浸出液生成量的关系受降雪量、升华量、融雪量等影响。在积雪地带，还受融雪时期或融雪速度的影响。一般，降雪量的 1/10 相当于等量的降雨量。确切数量可根据当地的气象资料确定。

（2）地表径流。地表径流是指来自场地表面上坡方向的径流水，对渗滤液的产生数量也影响较大。具体数量取决于填埋场地周围的地势、覆土材料的种类及渗透性能、场地的植被情况及有无排水设施等。

（3）地下水。如果填埋场地的底部在地下水位以下，地下水就可能渗入填埋场内，渗滤液的数量和性质与地下水同垃圾的接触量、接触时间及流动方向有关。如果在设计施工中采取防渗措施，则可避免地下水的渗入。

（4）垃圾含水。除垃圾自身含水外，垃圾中的有机组分在填埋场内经厌氧分解会产生水分，其产生量与垃圾的组成、pH 值、温度和菌种等因素有关。

此外，渗滤液量还与填埋操作方式有关。例如与污泥混合填埋时，不管污泥的种类及保水能力如何，通过一定程度的压实，污泥中总有相当量的水分变成浸出液流出。渗滤液的产生量可根据填埋场水的收支平衡关系确定。作为输入的流入水，有降雨、地表径流流入水、地下涌出水及废物含水和分解水；作为输出的流出水有地表径流流出水、蒸发散失水、地下渗出水和渗滤液。地表径流流出水为从场地流出的地表径流水，其数量取决于场地的地势、植被、植被面积、坡度等封场条件。地下渗出水为从填埋场渗入到地下的水分，其中包括通过衬里渗入地下的水量。

蒸发散失水为因填埋表面蒸发和植物蒸散作用而散发逸出的水分。土壤表面蒸发与土壤的种类、温度、湿度、风速、大气压及水质等因素有关。影响植物蒸散的因素有植物的种类和植被率。蒸发量受季节、温度、日照量、相对湿度、风速、土壤等环境条件制约。例如，季节不同，树叶的温度也有所差异，95% 的蒸散发生在日出和日落之间。

要确切估算渗滤液的产生量是比较困难的，因此，一般采用经验公式计算，比较简便的计算公式为：

$$Q = \frac{1}{1000}CIA \qquad\qquad (6-3)$$

式中　Q——日平均渗滤液量，m^3/d；

　　　C——流出系数，%；

　　　I——平均降雨量，mm/d；

　　　A——填埋场集水面积，m^2。

流出系数（C）与填埋场表面特性、植被、坡度等因素有关，一般为 0.2~0.8。渗滤液的精确计算为：

$$Q = 10^{-3}I_n\big[(d\lambda S_s + S_a)K_r + (1-\lambda)S_s/D\big]\frac{1}{N} \qquad\qquad (6-4)$$

式中　Q——日平均渗滤液量，m^3/d；

　　　K_r——流出系数，%；

　　　I_n——日平均降雨量，mm/d；

　　　S_s——场地周围集水面积，m^2；

　　　S_a——填埋场地面积，m^2；

　　　λ——表面流出率（0.2~0.8）；

　　　d——场地外地表径流流入率；

　　　D——集水区中心到集水管的平均时间，d；

　　$1/N$——降水频率。

6.3.2.2　渗滤液的性质

卫生填埋渗滤液的性质与垃圾的种类、性质及填埋方式等许多因素有关。据报道，在填埋初期，渗滤液中有机酸浓度较高，挥发性有机酸约占 1%；随着时间的推移，挥发性有机酸的比例将增加。渗滤液中有机物浓度降低的速度，好氧填埋比厌氧填埋快。对于普遍采用的厌氧填埋，渗滤液的性质一般如下：

（1）色味。呈淡茶色或暗褐色，色度在 2000~4000 之间，有较浓的腐败臭味。

（2）pH 值。填埋初期 pH 值为 6~7，呈弱酸性，随着时间的推移，可提高到 7~8，呈弱碱性。

（3）BOD_5。随着时间和微生物活动的增加，浸出液中的 BOD_5 也逐渐增加。一般填埋 6 个月至 2.5 年，达到最高峰值，此时 BOD_5 多以溶解性为主，随后 BOD_5 开始下降，到 6~15 年填埋场稳定化为止。

（4）COD。填埋初期 COD 略低于 BOD_5，随着时间的推移，BOD_5 急速下降，而 COD 下降缓慢，从而 COD 略高于 BOD_5。浸出液中生化反应的能力可用 BOD_5/COD 之比来反映。当 $BOD_5/COD = 0.5$ 时，则认为浸出液较易生物降解；当 $BOD_5/COD < 0.1$ 时，则认为浸出液难于降解。最初，这一比值将在 0.5 或者更大一点的量级上；当介于 0.4~0.6 之间时，表明渗滤液中的有机物质开始生物降解；对于成熟的填埋场，渗滤液的此项比值通常为 0.05~0.2，其中常含有不被生物降解的腐殖酸和富里酸。

（5）TOC。浓度一般为 265~2800mg/L。BOD_5/TOC 可反映渗滤液中有机物氧化状态。

填埋初期，BOD_5/TOC 值高；随着时间推移，填埋场趋于稳定化，渗滤液中的有机碳以氧化态存在，则 BOD_5/TOC 值降低。

（6）溶解总固体。渗滤液中溶解固体总量随填埋时间推移而变化。填埋初期，溶解性盐的浓度可达 10000mg/L，同时具有相当高的钠、钙、氯化物、硫酸盐和铁。填埋 6~24 个月达到峰值，此后随时间的增长无机物浓度降低。

（7）SS。一般多在 800mg/L 以下。

（8）氮化物。氨氮浓度较高，以氨态为主，一般为 0.4mg/L 左右，有时高达 1mg/L，有机氨占总氮的 10%。

（9）P。渗滤液中几乎不含磷，但生物处理时必须添加与 BOD_5 相当的磷。

（10）重金属。生活垃圾单独填埋时，重金属含量很低，不会超过环保标准；但与工业废物或污泥混埋时，重金属含量会增加，可能超标。

6.3.2.3 地下水保护措施

地下水保护措施很多，除按照场地选择标准合理选址外，还可以从设计、施工方案以及填埋方法上采取如下措施：

（1）设置防渗衬里。衬里分人造和天然衬里两类，人造有机衬里有沥青、橡胶和塑料等；天然衬里主要是黏土，渗透系数小于 10^{-7}cm/s，厚度至少为 1m。填埋场内积聚的渗滤液要及时排出处理。

（2）设置导流渠或导流坝，减少地表径流进入场地。

（3）选择合适的覆盖材料，防止雨水渗入。

6.3.3 填埋气体的产生及控制

6.3.3.1 气体的生成

垃圾填埋后，由于微生物的生化降解作用，会产生气体。垃圾的分解分为好氧和厌氧两个阶段。填埋初期，垃圾中的有机物进行好氧分解，时间可持续数天，此阶段的气体特征产物是二氧化碳、水和氨；当填埋区内氧被耗尽时，垃圾中的有机物生化反应进入厌氧阶段。有机物厌氧分解生成的气体中含有甲烷、二氧化碳、氨和水，如无特殊工业废物混入，硫化氢和氨一般很少，在分解的旺盛期产生的气体可以认为是甲烷和二氧化碳的混合气体。此时气体中甲烷占 30%~70%，二氧化碳占 15%~30%。

卫生填埋场气体的产生量和产生速度与处置的垃圾种类有关。气体的产生量可采用经验公式推算或通过现场实际测量得出。气体的产生量虽然因垃圾中的有机物种类而有所差异，但主要与有机物中可能分解的有机碳成比例。通常可采用式（6-5）推算气体产生量：

$$G = 1.866 \times C_g/C \tag{6-5}$$

式中　G——气体产生量，L；

　　　C_g——可能分解（气化）的有机碳量，g；

　　　C——有机物中的碳量，g。

研究表明，每立方米的垃圾可产生 $1.5m^3$ 的气体。如果按此产率计算，一座容量为 $5 \times 10^6 m^3$ 的中型卫生土地填埋场，可产生 $7.5 \times 10^6 m^3$ 的气体，数量比较可观。

卫生填埋所产生的气体主要含有甲烷和二氧化碳，此外还可能含有硫化氢或其他有害或具有恶臭味的气体。当有氧存在时,甲烷的浓度达到 5%~15% 就可能发生爆炸;而另一种气体——二氧化碳,由于其密度较大,大约为空气的 1.5 倍,为甲烷的 2.8 倍,因此会逐步向填埋场下部迁移,使填埋场地势较低的区域二氧化碳的浓度增大,进而通过填埋场基础薄弱环节释出,且沿地层下移而与地下水接触。由于二氧化碳较易溶于水,不仅会使水的 pH 值降低,而且会使地下水的硬度及矿物质含量增加。因此,必须对填埋场产生的气体加以收集控制,或排出烧掉,或作为能源加以利用。

6.3.3.2　气体控制

要控制卫生填埋场产生的气体,除在选择场地时要考虑场地的位置以及土壤的渗透性能外,主要在工程设计上采取适当的措施。常用的方法有可渗透性排气和不可渗透阻挡层排气两种。

可渗透性排气是控制土地填埋场产生气体水平方向运动的一个有效的方法。典型的方法是在填埋场内利用比周围土堆容易透气的砾石等物质作为填料建造排气孔道,排气孔道的间隔与填筑单元的宽度有关,一般为 20m 以上,砾石层的厚度为 30~40cm,这样即使发生沉降也能维持畅通排气。

阻挡层排气是在不透气的顶部覆盖层中安装排气管。排气管与设置在浅层砾石排气通道或设置在填埋废物顶部的多孔集气支管相连接,还可用竖管燃烧甲烷气体。如果填埋场地与住宅相距较近,竖管要高出建筑物。

国外卫生填埋场的运营实践表明,填埋场可持续产气 10~15 年。甲烷经脱水、预热,去除二氧化碳后可作为能源使用。

6.3.3.3　有害气体卫生防护距离

根据《制定地方大气污染物排放标准的技术方法》(GB/T 13201—91)的有关规定,确定无组织排放源的卫生防护距离,可由式(6-6)计算:

$$\frac{Q_c}{C_m} = \frac{1}{A}(BL^C + 0.25r^2)^{0.50}L^D \tag{6-6}$$

式中　　　Q_c——污染物的无组织排放量,kg/h;

$\quad\quad\quad C_m$——污染物的标准浓度限值,mg/m^3;

$\quad\quad\quad L$——卫生防护距离,m;

$\quad\quad\quad r$——生产单元的等效半径,m;

A,B,C,D——计算系数,可从 GB/T 13201—91 中查取。

6.4　安　全　填　埋

安全填埋实际上是一种改进的卫生填埋。各国的定义不尽相同,一般都是按设计和操作标准来进行安全填埋的。

安全填埋场必须设置人造成天然衬里,下层土壤或土壤同衬里相结合渗透率小于 10^{-8}cm/s,最下层的土地填埋物要位于地下水位之上,要采取适当的措施控制和引出地表水;要配备渗滤液收集、处理及监测系统,如果需要,还要采用覆盖材料或衬里以防止气体释出;要记录所处置废物的来源、性质及数量,把不相容的废物分开处置。

从理论上讲，如果处置前对废物进行稳定化预处理，则安全填埋可以处置一切有害和无害的废物。实际上，除特殊情况外，填埋场地不应处置易燃性废物、反应性废物、挥发性废物和大多数液体、半固体和污泥，填埋场也不应处置互不相容的废物，以免混合以后发生爆炸，产生或释出有毒、有害气体或烟雾。

为了防止有毒有害物质释出，减少对环境的污染，填埋场的设计、建造及操作必须符合有关的技术规范。填埋场的规划设计原则如下：

（1）处置系统应是一种辅助性设施，不应妨碍工厂的正常生产；

（2）处置场的容量应足够大，至少能容纳一个工厂（或地区）产生的全部废物，并应考虑到将来场地的发展和利用；

（3）要有容量波动和平衡措施，以适应生产和工艺变化造成的废物性质和数量的变化；

（4）系统要满足全天候操作要求；

（5）处置场地所在地区的地质结构合理、环境适宜，可以长期使用；

（6）处置系统符合现行法律和制度上的规定，满足有害废物土地填埋处置标准。

安全填埋场的功能是接收、处理和处置有害废物，一个完整的安全填埋场地主要由填埋场、辅助设施和未利用的空地组成。为确保填埋场对有害废物进行安全处置，场地的设计和规划应注意的主要问题如下：

（1）废物处置前的预处理；

（2）渗滤液的收集及处理；

（3）地下水保护；

（4）场地及其周围地表径流水的控制管理等。

6.4.1　安全填埋场地设计规划与管理

安全填埋场设计规划步骤主要包括场地的选择与勘察、环境影响评价、场地的设计、场地的建造与施工、填埋操作、封场、场地的维护及监测等。

选择场地主要遵循两条原则：一是从防止污染的角度考虑的安全原则，二是从经济方面考虑的经济合理原则。

安全填埋场是有害废物的"坟墓"，目的是为了使废物与生物圈隔离，以消除污染、保护环境。因此，安全是场地选择要遵循的基本原则。维护场地的安全性，要防止场地对大气的污染、地表水的污染，尤其是要防止渗滤液对地下水的污染。因此，地下水是场地选择时考虑的重点。

场地的经济问题是一个比较复杂的问题，它与场地的规模、容量、征地费用、施工费用、运输费、操作费等多种因素有关。合理的选址可充分利用场地的天然地形条件，尽可能减少挖掘土方量，降低场地施工造价。

场地的勘察包括现场调查和实地勘测两个方面，勘察的步骤如下：（1）根据现有资料对场地所在地区进行初步调查；（2）在初步调查的基础上进行实地考察；（3）通过钻探或挖掘技术进行场地水文地质勘测；（4）勘察资料整理，绘制较详细的处置场地地图。

在进行场地选择时，首先要进行现场调查。这个阶段的主要工作是文献资料调研和现场实地考察，以了解场地的地形、地貌、水文地质、工业布局、人口分布等情况，同时进行初步分析，判断该地区是否适合建造填埋场地。现场调查的内容包括：（1）地区性质，包括人口密度、工业布局，地区开发前景；（2）废物，包括来源、性质、数量；（3）气象，包括年降水量和月降水量、风向风力、气温、日照量；（4）自然灾害，包括地震、滑坡、山崩；（5）地形地质，包括地形图、地质构造走向、地下水位、流速、流向；（6）水系，包括地表河流的流量、水质、流向及开发利用情况；（7）交通运输，包括运输方法、路线及交通量；（8）场地容量；（9）生态，包括重要的植物群体、稀有动物生息情况；（10）保护文化古迹及有关的环境保护法律及标准。

在现场调查的基础上，还要通过测量和钻探技术对场地进行实地勘测。测量的目的是搞清场地的实际面积。对于山谷和洼地地区，要测量出实际的宽度、高度、坡度等，此外还要测定距通往场地道路的距离、走向及距其他特定设施的距离。

实地勘测的主要工作是通过钻探对场地的水文地质情况进行研究。目的是了解场地的地质结构、地层岩性、地下水的埋藏深度、分布情况及走向、隔水层性质及厚度等。钻孔的深度一般要钻到第二含水层，要分层采集土样和水样。通过土壤试验测量土壤的岩性、孔隙度、渗透系数等，以便绘制地层柱状图、地质剖面图和岩石颗粒级配图，同时对取得的地下水样进行分析，测定地下水的本底值。钻孔的数目、深度及位置可根据场地的条件确定。

填埋场的结构主要分为人造托盘式、天然洼地式和斜坡式三种。填埋场地面积按卫生填埋场的计算确定。填埋场地实际占地面积确定之后，还要考虑场地周围土地的使用，如预处理等辅助设施的占地等。要注意保留适当的缓冲区，以便根据相应的标准确定场地的边界。确定边界的原则如下：

（1）场地边界距饮用水井的距离必须大于150m；

（2）填埋场地同边界至少保留15m的距离；

（3）除边界缓冲区外，还要保留5%~10%的辅助操作面积；

（4）确定所需面积的同时，还要考虑废物现场暂存的容量。

除按照场地选择标准进行合理选址外，填埋场对地下水保护还可以从设计、施工方案以及填埋方法上来实现。采用防渗衬里、建立渗滤液收集监测处理系统是从设计施工方面保护地下水的方法。做填埋场衬里的材料主要分两大类：一类是无机材料，另一类是有机材料。常用的无机材料有黏土、水泥等；常用的有机材料有沥青、橡胶、聚乙烯、聚氯乙烯等。衬里材料的选择与许多因素有关，如待处置废物的性质、场地的水文地质条件、场地的级别、场地的运营期限、材料的来源以及建造费用等。无论选择哪种衬里材料，预先都必须做与废物相容性试验、渗透性试验、抗压强度试验及密度试验等。

控制地表径流的目的是把可能进入场地的水引走，防止场地排水进入填埋区内，以及接收来自填埋区的排水。通常采用的方法有导流渠、导流坝、地表稳态化和地下排水四种。

（1）导流渠。导流渠通常选择环绕整个场地进行挖掘，这样可使地表径流汇集到导流渠中，并经土地填埋场下坡方向的天然水道排走。导流渠的尺寸、构造形式及结构材料可根据场地的特点确定。导流渠起码要能聚积排出正常条件下的地表径流水。常用的结构材料有植草的天然土壤、土衬沥青、碎石混凝土等。

（2）导流坝。导流坝是在场地四周修筑堤坝，以拦截地表径流，从场地引出流入排水口。导流堤坝一般用土壤修筑,用机械压实。

(3)地表稳态化。地表稳态化是用压得很密实的细粒土壤作为覆盖材料,以控制地表径流的速度,减少天然降水的渗入,减少表面覆盖层的冲刷侵蚀。地表稳态化土壤的选择和施工要结合封场统一考虑。

(4)地下排水。地下排水是在填埋物之上覆盖层之下铺设一层排水层或一系列多孔管,使已经渗透过表面覆盖层的雨水通过排水层进入收集系统排走。

封场是填埋设计操作的最后一环。封场是指在填埋的废物之上建造一个与下部填埋场结构配套的顶部覆盖系统,以实现对处置废物的封隔。封场的目的是:(1)使废物同环境隔离;(2)调节场地表面地表排水,减少降水的渗入;(3)减少场地表面的侵蚀。因此,封场要同场地基础结构、地表径流控制、浸出液的收集、气体的控制措施等结合起来考虑。

城市垃圾中的有机物在填埋状态下发生厌氧分解产生沼气,其主要成分为 CH_4 和 CO_2。这些气体无组织的聚积和迁移,极易引起爆炸。据统计,全球垃圾填埋处理释放的甲烷总量约占人为甲烷排放量的 6%~20%,甲烷产生的温室效应是同等体积 CO_2 的 24 倍。另外,填埋场的垃圾会产生大量的渗滤液,由于其成分复杂,有害物质浓度较高,不加处理排放会污染环境。

生活垃圾卫生填埋技术中,垃圾在限定的区域内铺散成 40~75cm 的薄层,然后压实以减少垃圾的体积,并在每天操作后用 15~30cm 黏土覆盖、压实,构成一个填埋单元。具有同样高度的一系列相互衔接的填埋单元构成一个填埋层。多个填埋层封场后,构成一完整的卫生填埋场。

综上所述,一个固体废物填埋场场址的选择和最终确定是一个复杂而漫长的过程,必须以场地详细调查、工程设计和费用研究、环境影响评价为基础。在确定场址基础上,进行填埋场总体设计、工程设计,规划土建工程、防渗工程、渗滤液导排及污水处理工程,填埋气导排及处理工程、监控系统、填埋作业及基础设施等。同时确定填埋场运营管理范围、防渗工程设施维护、垃圾接收、计量及填埋作业、渗滤液及污水处理与排放、填埋气体导排、处理与安全防护、沼气发电自备电站的运营管理、环境检测管理等。在上述过程中,需执行标准主要有《城市生活垃圾卫生填埋技术规范》《生活垃圾填埋污染控制标准》《城市垃圾填埋处理工程项目建设标准》等。

填埋场的总体设计思路如下:总体设计填埋场,重点是填埋场工程,包括填埋场主体工程与装备、场区道路、场地平整、水土保持、防渗工程、坝体工程、洪水及地下水导排、渗滤液收集、处理、排放、填埋气体导出、收集利用设施等。设计配套设施,包括进场道路、机械维修、供配电、给排水、消防、通信、测试化验等;设计生产、生活服务设施,如办公、宿舍、食堂、浴室、交通、绿化等,依照总体设计方案,进行规划布局,具体内容包括确定进出场地的道路、计量间、生产及生活服务基地、停车场地及废弃物预处理的场地。进行计划布局时,需充分考虑选址地形、地质,因地制宜,节约用地,合理布置生产、生活及办公用地。渗滤液处理设施及填埋气管理设施应尽量靠近填埋区;生产、生活服务区设置在填埋区的上风区;填埋区四周设绿化隔离带;合理布置本底井、污染扩散井及环境检测井;预留垃圾分选或焚烧场地。

建造填埋场时,需结合地质分析结果,确定填埋类型。考虑填埋区单元划分时,应坚持便于填埋物分区管理原则，同时要便于运输车在场区行驶及卸车，便于充分利用作业机械，便于保护环境、控制污染，便于节约填埋场容积。填埋场的防渗设施及气体控制设施设置应具有科学合理性。此外，填埋过程中，覆盖结构要合理，并设有地表水排水设施、环境监测设施、相关基础设施，同时还要进行终场规划。其中，地表水排水设施应充分考虑降雨排水道位置、地表水道、沟谷、地下排水系统等。设置环境监测设施时，应重点考虑填埋场地上下游水质及地下水水质和周边环境气体的监测。设置基础设施时，应将重点侧重于填埋场出入口、运转控制室、库房、车库和设备车间、设备和运载设施清洗间、废物进场记录、地衡设置、场地办公及生活福利用房、行政用房、场内道路建设、围墙及绿化设施和公用设施等。最后，确定最终使用期限和后期使用、封场办法及封场后利用方法。

6.4.2　填埋工艺

填埋场类型及对应填埋方式主要包括：平原地区填埋场（地下水位较高），采用平面堆积法填埋；平原地区填埋场（地下水位较低），采用掘埋法填埋；山谷型垃圾场，倾斜面堆积法；沟壑及坑洼地带填埋场。

填埋时按如下步骤进行：

（1）卸料。填坑法时设置过渡平台及卸料平台，倾斜填埋时直接卸料。

（2）推铺。利用推土机推铺，30～60cm后压实。

（3）压实。以减小体积，防蚊虫滋生，防渗，增强填埋场强度。

（4）覆土。覆土包括日覆盖（15cm）、中间覆盖（30cm，一年内）和终覆盖（60cm，一年以上），以改善交通、景观、防飞扬、防蚊虫、减少火灾等；应防止填埋气无序排放，防止雨水下渗，抑制细菌，防止疾病传染，减少人体对垃圾接触，便于再生利用土地等。杀虫时，要正确使用杀虫剂喷雾器，防蚊虫滋生，定期喷洒、按季调整频率。

6.5　渗滤液的控制

填埋场渗滤液的主要成分有：（1）常见元素和离子，如 Cd、Mg、Fe、Na、NH_3、碳酸根、硫酸根和氯根等。（2）微量金属，如 Mn、Cr、Ni、Pb、Cd 等。（3）有机物，常以 TOC、COD 来计量，酚等也可以单独计量。

6.5.1　影响渗滤液产生因素

渗滤液的来源非常复杂，研究表明，下述水体均可成为渗滤液的来源：

（1）直接降水。降水包括降雨和降雪，它是渗滤液产生的主要来源。

（2）地表径流。地表径流是指来自场地表面上坡方向的径流水，对渗滤液的产生量也有较大的影响，取决于填埋场地周围的地势、覆土材料的种类及渗透性能、场地的植被情况及排水设施的完善程度等。

（3）地表灌溉。与地面的种植情况和土壤类型有关。

（4）地下水。如果填埋场地的底部在地下水位以下，地下水就可能渗入填埋场内，渗滤液的数量和性质与地下水同垃圾的接触情况、接触时间及流动方向有关。

（5）废物中水分。随固体废物进入填埋场中的水分，包括固体废物本身携带的水分以及从大气和雨水中吸附的（当储水池密封不好时）水分。

（6）覆盖材料中的水分。随覆盖层材料进入填埋场中的水量与覆盖层物质的类型、来源以及季节有关。覆盖层物质的最大含水量可以用田间持水量（FC）定义，即克服重力作用之后能在介质孔隙中保持的水量。典型田间持水量；对于砂而言为 6%~12%，对于黏土质的土壤为 23%~31%。

（7）有机物分解生成水。垃圾中的有机组分在填埋场内经厌氧分解会产生水分，其产生量与垃圾的组成、pH 值、温度和菌种等因素有关。

填埋场渗滤液的产生量通常由获水能力、场地地表条件、固体废物条件、填埋场构造、操作条件等五个相互有关的因素决定，并受其他一些因素制约，其关系如图 6-3 所示。

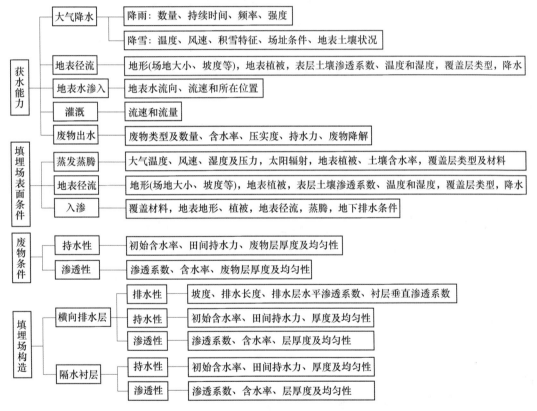

图 6-3 影响固体废弃物填埋场渗滤液产生量的因素

填埋场构造：填埋场的水运移及水平衡如图 6-4 所示。大气降水到达填埋场表面后，一部分变成地面径流流出填埋场，另一部分通过表面蒸发离开，只有少部分渗入覆盖层。在覆盖层中部分被植物吸收并蒸腾进入大气，其余通过覆盖层顶层土壤的扩散、迁移进入覆盖层内的衬层-排水层入渗水收排系统，大部分水沿底坡流入收集管网排出填埋场，仅有小部分水能下渗到废物层形成渗滤液，这时的渗滤液主要来源于废物本身带入的水分。

降雨影响：对渗滤液产生影响的降雨特征有四个，即降雨量、降雨强度、降雨频率和

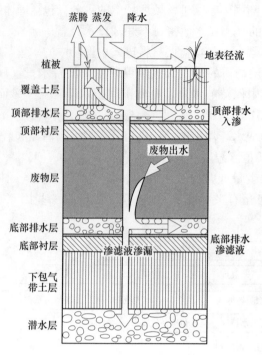

图 6-4　填埋场水运移及水平衡示意图

降雨周期。降雨量通常用以表示在一给定地区、于某一时段（如月或年）内到达地表的雨水总量，此数可以是一次或多次降雨的结果。许多估算渗滤液产生量的方法常以月平均降雨量为基础，往往忽略了降雨强度、频率和时间周期对地表土壤颗粒的影响。而这些影响可能会改变入渗速率并进而使渗滤液的产生量发生一定程度的变化。

　　地表径流：地表径流包括入流和出流。入流是指来自场地表面上坡方向的径流水，称为区域地表径流；出流是指填埋场场地范围内产生并自填埋场流出的地表水，称为填埋场地表径流。

　　地表径流一般使用经验公式确定。Chow（1964）提出的下述经验公式是目前应用较为广泛的经验公式之一，即：

$$R = CPA \tag{6-7}$$

式中　R——地表最大径流量；

　　　P——降雨强度的平均速率；

　　　A——填埋场的面积；

　　　C——地表径流系数，表示离开该区域的地表流动的水量所占总降水量的百分数。

　　控制地表水的入渗量：包括对降雨、暴雨地表径流、间歇河和上升泉等的所有地表水进行有效控制，以减少填埋场渗滤液的产生量。例如，设计雨水流路、设置雨水沟、涵洞、雨水储存塘，增加覆盖层的储排水作用等。

　　控制地下水的入渗量：对地下水进行管理的目的在于防止地下水进入填埋区与废物接触。其主要方法是控制浅层地下水的横向流动，使之不进入填埋区。成功的地下水管理可以减少渗滤液的产生量，此外还可为改善场区操作创造条件。具体而言，有如下各种控制方法：

（1）设置隔离层法。通过低渗透率材料的隔离作用防止地下水进入填埋区是一种常用的被动型控制方式。使用的方法有使用合成材料柔性膜、帷幕灌浆、打入钢板桩等。为取得更可靠的效果，这种隔离层需要嵌入现场的地下某一低渗透层。

（2）设置地下水排水管法。可在场区边界位置开挖沟渠，例如排水管，并用高渗透性材料回填。当地下水水位升高时，即会流入排水管排走。为防止排水管阻塞，应在管外用无纺布包裹。

（3）使用水泵抽水法控制地下水位时，应在处置区附近开凿一系列的井眼。通过抽取地下水在填埋区下面形成一个漏斗，可使地下水位降至填埋区的底部以下。抽出的水可以排往地表水系统，该法虽然有效，但显然会增加运行费用。

6.5.2 渗滤液产生量估算方法

渗滤液产生量可以按年平均日降水量法计算，这是一种根据多年的气象观测结果，把年平均日降水量作为填埋场平均日渗滤液产生量的计算依据，预测渗滤液产生量的简单近似计算方法。其计算公式为：

$$Q = CIA \tag{6-8}$$

式中　Q——渗滤液平均日产生量，m^3/d；

　　　　I——年平均日降雨量，mm/d；

　　　　A——填埋场面积，m^2；

　　　　C——渗出系数，即填埋场内降雨量中成为渗滤液的分数，其值随填埋场覆盖土性质、坡度而有不同，一般在 0.2~0.8 之间，封顶的填埋场则以 0.3~0.4 居多。

6.5.3 渗滤液收排系统

通常，各个填埋场的渗滤液收排系统的布置均不相同，主要取决于填埋废物类型、场地地形条件、填埋场大小、气候条件、设计者的偏好和技术法规的要求等。渗滤液收集系统应设计成能加速渗滤液在衬层上流动和自系统流出。废物层流出的渗滤液，通过收集管道汇集于落水井，然后用泵送往渗滤液处理系统。渗滤液收集系统的布局应能提供渗滤液由不同路线流至落水井，并设有检查和排水层发生沉陷的维修条件。

收排系统的作用：渗滤液收排系统应保证在填埋场预设寿命期限内正常运行，收集并将填埋场内的渗滤液排至场外指定地点，避免渗滤液在填埋场底部蓄积。

收排系统的构造：渗滤液收排系统由收集系统和输送系统组成。收集系统的主要部分是一个位于底部防渗层上面的、由砂或砾石构成的排水层。在排水层内设有穿孔管网，以及为防止阻塞铺设在排水层表面和包在管外的无纺布。在大多数情况下，渗滤液的输送系统由渗滤液储存罐、泵和输送管道组成。

典型的填埋场液体收排系统由以下几个部分组成：

（1）排水层。排水层通常由粗砂砾铺设厚 30cm 以上构成，要求必须覆盖整个填埋场底部衬层上，其水平渗透系数应大于 10~12cm/s，坡度不小于 2%。但也可使用人工排水网格。

（2）管道系统。一般在填埋场内平行铺设，位于衬层的最低处。管道上开有许多小口。管间距要合适，以便能及时迅速地收集渗滤液。此外，应具有一定的纵向坡度（通常在千分之几），使管道内的流动呈重力流态。

（3）隔水衬层。由黏土或人工合成材料构筑，具有一定厚度，能阻碍渗滤液的下渗，并具有一定坡度（通常 2%~5%），以利于渗滤液流向排水管道。

（4）集水井、泵、检修设施以及监测和控制装置等。用来接纳储存排水管道排出的渗滤液，测量并记录积水坑中的液量。

6.6 卫生填埋场防渗体系建设

卫生填埋场最重要的建设项目就是防渗工程。防渗主要包括场底防渗系统、垂直防渗系统、水平防渗系统以及渗滤液收集、处理系统。

6.6.1 防渗体系及材料

场底防渗系统是通过在填埋场底部和周边铺设低渗透材料建立衬层系统阻隔填埋气体和渗滤液进入周围的土壤和水体产生污染，并防止地下水和地表水进入填埋场，有效控制渗滤液产生量。系统一般由渗滤液收排系统、防渗系统和保护层、过滤层等组成。在建设场底防渗系统时，首先要对场地进行相应的处理，主要包括铺设防渗膜前应进行场底和边坡进行平基，清除植被及软土等渗透性强的土质，压实，并与垃圾坝呈 2% 以上坡度，便于渗滤液收集。

场底防渗系统由上至下的构成为过滤层、排水层（包括渗滤液收集系统）、保护层和防渗层等。其中，防渗层是通过铺设渗透性低的材料阻隔渗滤液溢出填埋场，同时防止地表、地下水进入填埋场，所使用材料主要有改性黏土、膨胀土、人工合成材料等；保护层对防渗层提供合适的保护，防止防渗层被石料、垃圾等损坏；排水层能及时将被阻隔的渗滤液排出，减轻防渗层的压力，减少渗滤液外泄；过滤层用来保护排水层，过滤掉滤液中的悬浮物和其他固态、半固态物质，防止在排水层中的积聚，防止排水层堵塞。

常用的填埋场无机防渗材料包括黏土、亚黏土、膨润土等；黏土只能延缓渗漏，无法阻止渗漏；天然黏土被压实到 90%~95% 的干密度，渗透性小于 $10^{-7}\mathrm{cm/s}$ 时，可以作为衬层材料。常用的填埋场人工合成防渗材料包括塑料卷材、橡胶、沥青涂层等柔性膜，最为常用的是高密度聚乙烯（HDPE）。

垂直防渗系统是利用填埋场基础下方存在的独立水文地质单元、不透水或弱透水层等，在填埋场一边或周边设置的垂直防渗工程，如防渗墙、防渗板、注浆帷幕等。垂直防渗系统用于控制渗滤液及填埋气向外界扩散，同时防止外界地下、地表水进入填埋场，多在山谷型填埋场中应用。施工方法主要有土层改性法防渗墙、打入法防渗墙和工程开挖法防渗墙等。

水平防渗系统是在填埋场场底及其四壁基础表面铺设防渗衬层，如用黏土、膨润土、人工防渗材料等构成的防渗系统。功能与垂直防渗系统一样，分为天然防渗系统和人工防渗系统两种类型。天然防渗系统主要由保护层、渗滤液收集层、分离层、压实黏土垫层等构成。

填埋场防渗体系如图 6-5 所示。

防渗层根据需要，可建成单层和双层黏土防渗系统。采用黏土衬垫时，有如下要求：

（1）渗透系数不应大于 $1.0×10^{-7}$cm/s。

（2）黏土、砂土、粉质黏土及粉土等的最优含水率和最大干密度分别为 8%~23%、1.4~2.0g/cm^3。

（3）黏土材质的强度足够承受施工及填埋作业而不变形。

（4）黏土衬层越厚，防渗效果越好，但费用越高，一般以 1~3m 为佳。

（5）粒度越小，越易压实。含较高黏土成分或淤泥成分的材料具有较低渗透性，石块和过大颗粒材料不适于作衬层，一般粒度小于 2cm。

（6）塑性过高会造成土壤收缩和干裂，一般液限指数为 25%~30%，塑性指数在 10%~15% 之间。

（7）黏土衬层的坡度一般为 2%~4%，排水层厚 30~120cm，集水管最小直径 15cm，管道间距 15~30cm。

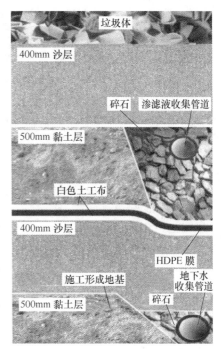

图 6-5　填埋场防渗体系示意图

人工防渗是指采用人工合成有机材料（柔性膜）与黏土结合作防渗衬层的防渗方法。根据渗滤液收集系统、防渗系统和保护层、过滤层的不同组合，人工防渗系统可分为单层衬层防渗系统和单复合、双层及双复合衬层防渗系统。其中，单层衬层防渗系统只有一层防渗层，其上是渗滤液收集系统和保护层，必要时可设地下水收集系统和一保护层，只用于抗损性低的条件。单复合衬层防渗系统是由两种防渗材料形成防渗层。两种防渗材料相互紧密排列，提供综合效力。典型复合结构为上层为柔性膜，下层为黏土矿物层。多半情况下，下方再设地下水收集系统。人工双层衬层防渗系统采用双层防渗层，两层之间是排水层，以控制和收集防渗层之间的液体和气体。一般情况下，衬层上方为渗滤液收集系统，下方为地下水收集系统，适用于基础土质差、地下水位高的生活垃圾与危险废物共同处理填埋场。双层复合衬层防渗系统与双层衬层系统相似，但上部防渗层采用的是复合防渗层。该结构具有抗损坏性强、坚固性好、防渗效果佳等优点，但造价较高。人工防渗层设计及施工。对 HDPE 的要求如下：

（1）密度为 0.95g/cm^3 左右；

（2）炭黑添加量为 2%~3%，以防紫外线辐射；

（3）推荐膜厚 0.5~2.5mm；

（4）渗透系数小于 10^{-12}cm/s；

（5）抗拉伸、抗穿透性强。

施工要求：

（1）HDPE 铺设平坦，无皱折、接缝少；

（2）焊缝与斜坡平行；

（3）黏土垫层平坦、压实，厚度保持在 0.6~1m；

（4）锚固件与 HDPE 成一体；

（5）穿孔、竖井等通过 HDPE 时，管外用 HDPE 包裹并与之焊接。

填埋场采用何种防渗系统，主要根据场区地质、水文、工程地质条件、衬层材料来源、废物性质、施工条件和经济可行性等要素加以确定。考虑成本时，单衬层、单复合衬层、双衬层、双复合衬层等依次增加；施工时要求垂直防渗系统低于水平系统；如有黏土，应使用黏土作衬层系统的防渗层和保护层，或用膨润土；如周边没有黏土，则用柔性膜或人工合成材料。其他如地震、地质沉降、地下水位、冰冻、日晒、高温等都可能造成衬层断裂、被破坏。透过防渗层的渗滤液流量可按达西定律加以推算：

$$Q = AKJ = AKH/D \tag{6-9}$$

式中　Q——穿过防渗层的渗滤液流量，m^3/d；

A——面积，m^2；

J——水力梯度；

H——渗滤液深度，m；

D——防渗层的厚度，m；

K——渗透系数。

穿过防渗层的渗滤液流量与防渗层的渗透系数和渗滤液积水深度成正比，与防渗层的厚度成反比。

各类防渗系统如图 6-6 所示。

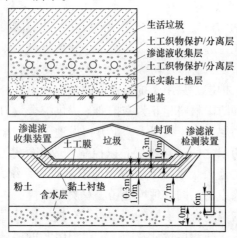

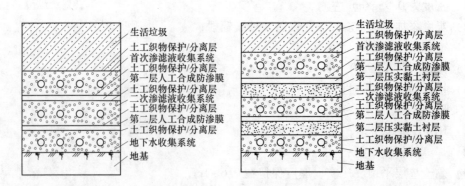

图 6-6　各类防渗系统

6.6.2 垃圾填埋场防渗材料

高密度聚乙烯（HDPE）地膜和低密度聚乙烯（LDPE）地膜：是现代化城市垃圾卫生填埋场和危险废物安全填埋场使用的主要防水防渗工程材料。HDPE 地膜用于填埋场底部防渗层系统和边坡防渗层系统，LDPE 地膜则是填埋场封顶覆盖层中表面密封系统最佳防水防渗工程材料。

高效薄型膨润土防渗卷材：高效薄型膨润土防渗卷材厚度只有 7~10mm，具有可卷性，渗透系数可达到 10^{-9} ~ 10^{-11} cm/s，其防渗性能相当于 5~10m 厚天然黏土层，再加上自愈合能力强，施工接缝方便，长期防渗性能优于 HDPE，可单独使用，也是填埋场高效复合防渗层的重要组成部分。

高密度聚乙烯排水网格、排水管材和排气管材：使用高性能的高密度聚乙烯管材作为填埋场气体和渗滤液的收集管材，人工排水网格代替传统的砂砾石，能显著改善填埋场的运行工况。填埋场排水层是收排浸出液的防渗层-排水层系统的重要组成部分，排水层材料性能对收排效率有重要影响，通常要求排水层材料的水力传导率大于 $3cm^2/s$（渗透系数×厚度）。不到 1cm 厚的新型人工排水网格材料水力传导率可大于 $3cm^2/s$。

新型填埋场防渗材料发展趋势是直接生产用高密度聚乙烯和膨润土防渗材料组成的复合防渗工程材料，即三明治型复合环境工程防渗材料，包括 HDPE-膨润土-HDPE 型与膨润土-HDPE-膨润土型两种。比前两种性能更优，主要生产国为美国、英国和澳大利亚等国。薄型膨润土防渗卷材在世界上发展的主要趋势是降低施工的环境要求；降低产品运输、施工难度；降低生产成本。该产品在发展初期出现的困难是，雨季无法在填埋场进行铺设；如果运输和铺设工艺不当，对卷材产生的局部压力会使卷材剪切破坏；以及膨润土材料由于厚度和吸水膨胀部位不均匀而会发生弯曲变形。上述问题在目前已经通过扩充产品种类和改善工艺得到解决。对于发达国家来说，当前更重要的问题是降低成本。当前该类产品成本较高。成本高的主要原因是对钙型膨润土原料需要进行钠化，加入添加剂固定化，加工成复合防渗产品。进口原料必须经过长途运输是成本高的最重要原因。

我国膨润土的储量和质量均在世界上占有优势。例如，地质部所属泥浆公司出产的人工钠基膨润土就早已达到美国 API 标准，加工水平已经很高。虽然在近年已经有人利用膨润土添加在混凝土中以形成塑性防渗层，而且在国家"八五"科技攻关项目中对于土壤改性的研究取得了系统的成果，但我国在专用膨润土环境工程防渗材料产品的系统开发和生产上，目前基本上还处于空白状态。

前面所述有关填埋场的前期准备、设计、运行和封场等方面的原则，均适用于危险废物的填埋。但是，危险废物处置需要有更严格的控制和管理措施，在危险废物填埋处置的各个阶段均应进行认真的考虑。现代危险废物填埋场多为全封闭型填埋场，可选择的处置技术包括共处置、单组分处置、多组分处置和前处理再处置。

6.6.3 渗滤液收集体系建设

垃圾在填埋和堆放过程中由于垃圾中的有机物分解产生的水和垃圾中的游离水、降水及入渗的地下水、通过淋溶作用形成的污水统称渗滤液。

渗滤液收集系统主要功能在于将填埋库区内产生的渗滤液收集起来，并通过调节池输送至渗滤液处理系统进行处理。系统由导流管、收集沟、多孔收集管、集水池、提升多孔管、潜水泵和调节池等组成。导流层是将填埋场的渗滤液顺利导出收集沟内的渗滤液收集管内的结构，厚度不小于 300mm，由粒径 40~60mm 的卵石铺设而成。收集沟设置于导流层的最低标高处，贯穿整个场底，断面呈等腰梯形或菱形。场底中轴线上设主沟，主沟上依间距 30~50m 设支沟。支沟与主沟的夹角一般为 15 的倍数。收集沟中设多孔收集管（HDPE 制），如渗滤液收集管、排渗导气管，并在四周充填卵石，以防堵塞。通常，为了收集垃圾层中的渗滤液及填埋气，在填埋区按一定间距设立贯穿垃圾体的垂直立管，管底部通入导流层或通过短横管与水平收集管相接，以形成垂直、水平立体收集系统，将渗滤液导入收集系统，同时，将填埋气排出填埋场。一般在垃圾主坝前设长、宽、深为 5m×5m×1.5m 的集水池收集渗滤液，并通过潜水泵及斜管排出垃圾场。调节池对渗滤液进行水质和水量调节、处理的容器。清污分流是将未经污染或轻微污染的地表水及地下水与渗滤液分别导出场外，进行不同程度的处理。

填埋场底防渗系统建设如图 6-7 所示。

图 6-7　填埋场底防渗系统建设

排水层：设计排水层时应尽量选用水平渗透系数大的粒状介质，渗滤液收排主系统排水层应采用 5~10mm 的卵石或砾石，层厚不小于 30cm，渗透系数大于 0.1cm/s。

渗滤液收集沟包括：

（1）渗滤液收集管。渗滤液收集管一般安放在渗滤液沟中，用砾石将其四周加以填塞，再衬以纤维织物，以减少细颗粒物进入沟内，渗滤液通过上述各层，最后进入收集管。

（2）渗滤液收集沟。渗滤液收集沟中的砾石应按设计堆好，以便分散压实时的机械负荷，从而更好地保护渗滤液收集管，防止其破碎。如用土工织物作为过滤层，则应将其包覆在砾石层的上面。也可以用分级沙滤层来防止废弃物中的细粒渗入渗滤液收集沟内。

（3）土工织物过滤层。过滤织物的设计方法主要是将土壤粒径特征与织物的表观开口尺寸（AOS）进行比较。

避免系统失效的措施包括：

（1）清除管道堵塞。造成管道堵塞的原因有：1）细颗粒的结垢；2）渗滤液中细颗粒或由收集沟中带出的黏土的沉积垢；3）微生物增长。生物堵塞是因为渗滤液中存在微生物，与生物堵塞有关的因素有渗滤液中的碳氮比、营养供给、聚尿酸胺、温度和土壤温度；4）化学物质沉淀。化学沉淀导致的堵塞，可能是由化学或生物化学过程引起的。

（2）避免管道破裂。

（3）避免设计缺陷。

6.7 渗滤液处理

渗滤液处理主要采用生物法。其中，采用厌氧生物处理法时，主要利用上流式厌氧污泥床、UASB反应器加以处理；利用厌氧生物滤池，借助厌氧生物膜加以处理；利用厌氧塘、好氧生物处理；利用稳定塘法，借助好氧塘、兼性塘、曝气塘等进行处理；另外还可以采用生物转盘、活性污泥法进行处理。

渗滤液的处理一般可分为合并处理（将渗滤液引入附近的城市污水处理厂进行处理）和单独处理等两种方式；合并处理的问题在于，污水厂设在附近，渗滤液与生活污水的比例不得超0.5%，重金属及有毒有害物质残留在处理后的水中等。单独处理法主要包括生物法、物化法、土地法等方式。其中，物化法可采用混凝沉淀、活性炭吸附、膜分离和化学氧化法等处理手段；土地法包括慢速渗滤系统（SR）、快速渗滤系统（RI）、表面漫流系统（OF）、湿地系统（WL）、地下渗滤处理系统（UG）及人工快渗处理系统。采用絮凝沉淀法处理渗滤液时，可利用铁盐或铝盐作为絮凝剂，能够有效地降低COD。主要絮凝剂有硫酸铝、氯化铝、七水合硫酸亚铁、三氯化铁、聚合硫酸铁（PFS）、聚合氯化铝（PAC）、聚合铝铁及助凝剂聚丙烯酰胺（PAM）、阳离子型聚合胺等。采用膜分离工艺处理渗滤液时，COD去除率可达80%。采用化学氧化工艺处理渗滤液时，可采用氯气、臭氧、过氯酸钙、高锰酸钾、次氯酸钠等作为氧化剂。渗滤液的组合工艺一般是在用生物法去除高浓度COD之后，再用物化法及化学法处理低浓度污水。表6-1为各种渗滤液处理工艺汇总。

表6-1 渗滤液处理工艺

处理过程	应 用	说 明
生物过程		
活性污泥法	除去有机物	可能需要去泡沫添加剂，需要分离净化剂
顺序分批反应器法	除去有机物	类似于活性污泥法，但不需要分离净化剂
曝气稳定塘	除去有机物	需要占用较大的土地面积
生物膜法	除去有机物	常用于类似于渗滤液的工业废水，填埋场中使用还在实践中
好氧生物塘/厌氧生物塘	除去有机物	厌氧法比好氧法低能耗低污泥，需加热，稳定性不如好氧法，时间比好氧法长
硝化作用/去消化作用	除去有机物	硝化作用和去消化作用可以同时完成

处理过程	应　用	说　明
化学过程		
化学中和法	控制 pH	在渗滤液的处理应用上有限
化学沉淀法	除去金属和一些离子	产生污泥，可能需要按危险废物进行处置
化学氧化法	除去有机物，还原一些无机成分	用于稀释废物流效果最好，用氯可以形成氯消毒碳化氢
湿式氧化法	除去有机物	费用高，对顽固有机物效果好
物理方法		
物理沉淀法/漂浮法	除去悬浮物	很少单独使用，可以和其他处理方法合用
过滤法	除去悬浮物	仅在三级净化阶段使用
空气提	除去氨和挥发有机物	可能需要空气污染控制设备
蒸汽提	除去挥发有机物	高能耗，需要冷凝水需要进一步处理
物理吸附	除去有机物	被证实的有效技术，费用依渗滤液而定
离子交换	除去溶解无机物	仅在三级净化阶段使用
极端过滤	除去细菌和高分子有机物	在渗滤液处理上应用有限
反渗透	稀释无机溶液	高费用，需要广泛的预处理
蒸发	适用于渗滤液不许排放处	形成污泥可能是危险废物，高费用除非干燥区

　　渗滤液的处理方法和工艺取决于其数量和特性。渗滤液的特性取决于所埋废物的性质和填埋场使用的年限。城市垃圾填埋场渗滤液处理的基本方法包括：（1）渗滤液循环；（2）渗滤液蒸发；（3）处理后处置；（4）排往城市废水处理系统。

　　渗滤液再循环：在填埋场的初期阶段，渗滤液中包含有相当量的 TDS、BOD、COD、氮和重金属。通过循环，这些组分通过产生在填埋场内的生物作用和其他物理化学反应被稀释。例如，渗滤液中的简单有机酸转换为 CH_4 和 CO_2。当 CH_4 产生时，渗滤液的 pH 值升高，金属成分发生沉淀被保留在填埋场中。渗滤液循环的另一个好处是含有 CH_4 的填埋场气体的回收利用。通常渗滤液回灌系统将使填埋场气体的产生量增加。为了防止渗滤液循环造成填埋场气体无控释放，填埋场内要安装气体回收系统。最终，必须收集、处理和处置剩余的渗滤液。

　　渗滤液蒸发：渗滤液管理系统的最简单方法是蒸发，修建一个底部密封了的渗滤液容纳池，让渗滤液蒸发掉；剩余的渗滤液喷洒在完工的填埋场上。

　　当未使用渗滤液循环或者蒸发法，而又不可能排往污水处理厂时，就需要加以一定的预处理或者完全处理。由于渗滤液成分变化很大，因此有多种处理方法。采用何种处理过程主要取决于要除去的污染物的范围和程度。

　　如果填埋场建造在污水收集系统附近，或者可以将渗滤液收集系统连向城市污水收集系统，通常是将其排往污水处理系统中。通常在排往该收集系统之前要进行预处理以减少所含有机成分的含量。对于不能排向污水收集系统，且蒸发或者回灌又不可行的填埋场渗滤液，应进行彻底处理，然后排入地表水体。

6.8　填埋气体的产生与控制

填埋场气体（LFG）主要由填埋废物中的有机组分经生化分解产生，其中主要含有氨、二氧化碳、一氧化碳、氢、硫化氢、甲烷、氮和氧等。它的典型特征为：温度达43～49℃，相对密度约1.02～1.06，为水蒸气所饱和，高位热值在15630～19537kJ/m³。有机物越多，气体发生量越大，填埋场容积越大，发生量越大。含水量略高于干基质量时，产气量大；温度较高时，气体发生量大。

通过对填埋场气体的收集和导排可以减少场气向大气的排放量，并有效地回收利用甲烷。填埋场气体的导排分主动导排和被动导排。所谓主动导排，是在填埋场内铺设一些垂直的导气井或水平的盲沟，用管道将这些导气井和盲沟连接，并通过抽气设备将气体抽出的系统，主要包括抽气井、集气管、冷凝水收集井、泵站、真空源、气体处理（回收或焚烧）及监测设备等。垂直抽气井直径约1m，下部与滤液面相通或距场底3m，井内设15cm直径的PVC管，开孔，用石块回填，用膨润土加封。横向收集管沿填埋场纵向逐层横向布置，直至两端设立的垂直导气井。填埋气通过抽气井收集，经与之相连的预埋管网连通，并经真空抽气设备送往气体净化设备及利用设施。此网络构成气体收集管网络。气体收集管网络的预埋管一般应有3%～12%的坡度，以利于冷凝水的排出；材质多为PVC或HDPE管，管壁不能开孔，并在连接处采用熔融焊接；另外，沿管线不同位置应设置阀门。填埋气中的冷凝水通过收集井或冷凝水分离器等从填埋气中加以分离，并通过泵定期抽取，防止堵塞气体收集网络。填埋气收集用抽风机一般设置于集气管末端的建筑物内，通过引风造成收集气管网真空，并将气体送往废气发电厂或燃气站。气体监测设备用于防止填埋气因收集不当或泄漏，弥漫在填埋场四周，引发爆炸事件等。填埋气利用主要有锅炉燃料、民用或工业用燃气、汽车燃料、发电等。

为阻止填埋场气体直接向上或是通过填埋场周围土壤侧向和竖向迁移，进而通过扩散进入大气层，在填埋场内一般设有气体控制系统，用以收集场中填埋废物产生的气体，并将其用于生产能量或是在有控条件下放空或放燃，其目的在于减少对大气的污染。

6.8.1　填埋气体的产生

第一阶段：初始调整阶段。废物中的可降解有机组分在被放置到填埋场后，很快就会发生微生物分解反应。此阶段是在生化分解好氧条件下发生的，因为有一定数量的空气随废物夹带进入填埋场内。使废物分解的好氧和厌氧微生物主要来源于日覆盖层和最终覆盖层土壤、填埋场接纳的废水处理消化污泥，以及再循环的渗滤液等。

第二阶段：过程转移阶段。此阶段的特点是氧气逐渐被消耗，厌氧条件开始形成并发展。当填埋场变为厌氧环境时，作为电子受体的硝酸盐和硫酸盐常被还原为氮气和硫化氢气体。测量废物的氧化还原电位可监测厌氧条件的突变点。

第三阶段：酸性阶段。在此阶段，微生物活动明显加快，产生大量的有机酸和少量氢气。由于有机酸的出现及场内二氧化碳浓度升高，渗滤液的pH值通常会下降到5.0以下，BOD_5、COD和电导率在此阶段会显著上升，一些无机组分（主要是重金属）在此阶段将会溶解进入渗滤液。假如渗滤液不循环使用，系统将会损失基本的营养物质；但如在此阶段没有形成渗滤液，则转化产物将浓集于废物所含水分中和被废物吸附，从而保存在填埋场内。

第四阶段：产甲烷阶段。由于产酸菌产生的有机酸和氢气被转化为甲烷和二氧化碳，填埋场中的 pH 值将会升高到 6.8~8 的中性值范围内。因此，如有渗滤液产生，则其 pH 值将上升，而 BOD_5、COD 和电导率将下降。在较高的 pH 值时，很少有无机组分能保持在溶液中，故渗滤液中重金属浓度也将降低。

第五阶段：稳定化阶段。在废物中的可降解有机物被转化为甲烷和二氧化碳之后，填埋废物进入成熟阶段，或称为稳定化阶段。

6.8.2　填埋气体产量估算

需要的数据为填埋场地尺寸、填埋平均深度、废物组成、降解速度、垃圾填埋量和该场地的最大容量等有效数据。通过地形勘察和数据分析，先判断记录数据的准确性；然后就可以得到填埋场目前和远期产气较为简单的估算。

根据垃圾填埋量和填埋场含水率进行的初步估算是初步设计中的有用工具。典型的垃圾填埋场（25%的含水率，填埋以后不改变），每年的近似产气量为 $0.06 m^3/kg$。如果是干旱或半干旱的气候条件，又没有添加水，填埋废物干燥，则产气量会降低到 $0.03 \sim 0.045 m^3/kg$；相反，如果填埋后有很合适的湿度条件，产气量可能达到 $0.15 m^3/kg$ 或更高。为了在一个给定的填埋场中得到可靠的估算，估算者必须依靠自己的经验和其他类似的填埋场数据。

6.8.3　填埋场产气持续时间

在一个刚封场的已完工的填埋场内部，其气体成分分布是时间的函数。填埋场产气阶段的持续时间，将随填埋废物降解难易、温度、湿度、初始压实程度以及是否可以得到营养物质而变化。例如，某几种不同的废物被压实在一起，碳/氮比和营养平衡可能会不利于产生 LFG。同样，假如填埋场内的废物不能获得足够的水分，则 LFG 的产生将受到抑制。

增加放置于填埋场内废物的密度，将会减少水分到达填埋废物层各部分位置的可能性，从而降低生物转化和气体产生速率，使产气时间变长。已发现缺乏足够水分含量的填埋场处于一种"皱缩"状态，填埋几十年的新闻纸在此状态下仍保持较好。因此，虽然从城市垃圾中产生出的气体总量可严格地从化学反应计量方程通过计算来确定，但填埋场所处场址的实际水文条件会明显影响气体产生的速率和产气周期的长短。

通常，易降解、产气速率高的有机废物，其产气持续时间较短。城市垃圾中的有机物质按产气持续时间长短可分为三类：（1）被迅速分解（3 个月到 5 年）的有机物；（2）缓慢分解（5 年以上，直到 50 年或更长时间）的有机物；（3）不可生化分解的有机物。城市垃圾中可迅速分解的有机物包括食品废物、新闻纸、办公纸、纸板、树叶和草；缓慢分解的有机物有纺织品、橡胶、皮革、木头和树枝、杂物等；塑料通常被认为是不可生化分解的。有机城市垃圾中可生化降解的成分，在很大程度上与废物中的木质素含量直接有关。

6.8.4 影响填埋气体迁移和释放的因素

废物中有机物因生物降解不断产生气体，使垃圾内部压力增加并且通常会超过大气压。一旦填埋场内部压力和大气压力相同时，将发生 LFG 迁移和排放。影响 LFG 迁移和排放的主要因素包括：

（1）覆盖和垫层材料。低渗透性的覆盖层可阻止气体向大气排放，但如覆盖物渗透性低并且垃圾未垫封或垫层材料是可渗透的，将主要产主横向迁移。

（2）地质条件。周围的地质条件会影响地下迁移，LFG 可以绕过非渗透性障碍进行迁移，例如黏土层，或通过疏松层或沙砾层进行迁移。

（3）水文条件。地下水位可以影响 LFG 迁移和排放，通常春天从地表径流或融雪释放的地下水会使地下水位上升，水位的上升和垃圾压力产生的影响，能够增加 LFG 地下迁移和排放。

（4）大气压。大气压变化影响 LFG 迁移和排放，通常情况下，当大气压低时 LFG 排放和迁移将增加，由于这个原因，地下迁移取样器通常应在大气压最低的下午进行测量。

6.8.5 填埋场气体的控制系统

填埋场气体控制有主动和被动之分。对于被动控制系统，填埋场中产生气体的压力是气体运动的动力；对于主动控制系统，是采用抽真空的方法来控制气体的运动。对于填埋场主要气体和微量气体，被动控制是在主要气体大量产生时为其提供高渗透性的通道，使气体沿设计的方向运动。

6.8.6 填埋场气体利用技术

从垃圾场回收的甲烷气体的利用与当地或周围地区对能源的需求及使用条件有关。

（1）填埋气体的能源回收系统。LFG 常被转换成能源。对于小的装机容量而言（5MW），常使用内燃发电机或者使用汽轮机。对于大的装机容量而言，常常使用蒸汽涡轮机。当使用内燃发电机时，要尽量除去 LFG 中的水分以防损坏柱头。如果 LFG 含 H_2S，必须控制焚烧温度以防产生腐蚀。也可以先除去 LFG 中含有的 H_2S，然后再燃烧。

（2）气体净化和回收。LFG 中的二氧化碳和甲烷可通过物理、化学吸附方法和膜分离法加以分离，但只能吸附某些组分，使用弱渗透薄膜分离法可从甲烷中分离出二氧化碳。

（3）就地使用。最简单的利用方法是用管道将回收的 LFG 从采集点输送到临近的使用地。在输送给使用者前，LFG 必须经干燥和（或）过滤，去除冷凝液和粉尘，使之变为达到一定清洁度的甲烷浓度为 35%~50% 的气体。

（4）管道注气。如果找不到当地的使用者，管道输送是一种适宜的选择。若附近有输送中等质量 LFG 的管道，将气体干燥并除去腐蚀杂质，加压到管道压力便可注入 LFG 的输送管道。中等质量的 LFG 甲烷浓度为 50%，具有明显的能源价值。为得到高质量的 LFG，需要回收气体中的二氯化碳并去除微量杂质，该处理过程较为困难，费用更贵。

（5）发电。

填埋场气体利用设施、管路及发电系统如图 6-8~图 6-10 所示。

图 6-8　填埋气处理设施

图 6-9　填埋气集气管路

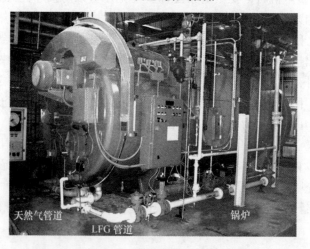

图 6-10　填埋气发电系统

6.9　危险废物填埋技术

美国国家环保局建议的危险废物安全填埋场表面密封系统结构为：土壤表层 60cm；过滤层 20cm；排水层 30cm；柔性膜 1.5mm；黏土层 60cm。危险废物结构为：排气层 30cm；黏土层 60cm；柔性膜 1.5mm；排水层 30cm；生物阻隔层 30cm；土壤表层 60cm；卵砾石 13~25cm。

德国危险废物安全填埋场盖层系统自上而下为：（1）表层腐殖土，厚度 ≥1m。（2）排水层，厚度 ≥0.3m，面状过滤，$K \geq 10^{-3}$ m/s，坡度 5%；排水管道使用 HDPE 材料，直径 ≥0.25m，穿孔，位于排水层中间，纵向依据水力学设计确定间距。（3）保护层可以忽略，因顶部排水层只需有效粒径约 1mm 的砾石，保证 $K \geq 10^{-3}$ m/s 即可。（4）柔性膜 HDPE 膜，厚度 ≥2.5mm；对于卫生填埋场，可使用再生材料生产的柔性膜。（5）黏土矿物层，厚度 0.5m，分两层压实，$K \leq 5 \times 10^{-8}$ cm/s；对于垃圾卫生填埋场，$K \leq 5 \times 10^{-7}$ cm/s。（6）底土层粗砂，厚度 ≥0.5m，同时用作排气层。（7）排气层厚度 ≥0.3m，钙质碳酸盐组分的质量分数 ≤10%。

废物与衬垫的相容性：衬垫材料的稳定性对填埋极为重要，近来已经发现某些废物对填埋场衬垫可能产生破坏作用。因此，保证填埋场衬垫材料和被处置废物的相容性是非常重要的。鉴于衬垫材料的不稳定性，特别是它的长期性能的不稳定性，必须采取某些预防措施，这对于难处置废物的控制来说是必要的。

（1）黏土与膨润土衬垫。根据有限的资料介绍，厚度不足 10m 的黏土层，不能用来填埋不相容的难处置废物。膨润土与多种化学物质相容，油类和有机溶剂对膨润土衬垫没有不良影响（除非 50% 的高浓废液），因此可用作衬层材料。它不像其他许多人造衬层那样，显然这类废物不会置于以膨润土为衬垫的填埋场。

（2）柔性膜。各种柔性膜可用来作为衬垫材料，虽然柔性膜对各种无机废物都相容，但有机化学物品可能对其产生不同程度的损害。因此，在柔性膜与废物相容性还未搞清时，准备接受有机化学品的填埋场不能用柔性膜作衬垫。

人员培训与健康、安全：所有人员应该经过培训达到合乎健康与安全要求的标准，尤其在设备安全操作方面。他们必须了解填埋场工作计划和应实施的操作标准。由于被处置废物的性质与种类繁多，对所有工作人员连续检查有一定难度，因此，有必要要求所有工作人员接受特别高标准的培训。经营难处置废物填埋场的主要责任是对现场操作人员和运输人员的健康和安全进行危险防护。另外，还应考虑参观者和居住在附近的公众的安全。填埋场存在的许多危险同其他职业领域碰到的危险都是一样普通的，问题在于对填埋场安全职责的认识以及对一般危险和操作中特有的危险的正确处理。后者包括：一是由于废物委托人没有真实而明确地申报委托废物的性质而造成的危险；二是不相容废物进行混合造成的危险。由于缺乏对废物准确组分的了解往往加剧这种危险性。例如，废石膏与生活垃圾混合会产生硫化氢；含砷废物混于生活垃圾会产生砷。

填埋场操作人员通常在任何天气条件下都需进行工作，由此每个成员均需要适宜的防风防雨工作衣。气候条件往往使得某些废物处理更为困难。通过工作实践，大多数危险性都可以降到最低限度。绝大多数场合，合适的处理设备和适用的防护工作服是两项必要的措施。防护工作服的种类要仔细选择，不仅要适合于进行工作而且要保障工作人员安全，并且要保证在恶劣操作条件下穿着舒适和实用。

6.10　填埋操作管理

鉴于填埋场场区地形、地质等条件的差异以及进场废物的数量、性质的不同，采用的填埋方式也不尽相同。例如山谷型填埋场多采用倾斜面填埋法；地下水位较高的平原区一般采用平面填埋法，而地下水位较低的平原区可采用掘埋法；沟壑、坑洼地带的填埋场可采用填坑法。从填埋顺序上，既可采用由上至下的顺向填埋，也可采用由下至上的逆向填埋。顺向填埋的特点是可充分利用已填埋区域作为进场道路，容易保证道路畅通，且填埋初期渗滤液较易排出，但在填埋前需在填埋废物前沿修筑拦挡堤，以防废物滑塌造成事故或设施破坏；逆向填埋的特点正好相反。因此应根据填埋场地形、降雨特性、渗滤液和雨水导排方式等确定填埋顺序。

尽管填埋操作的形式可以多种多样，但无论采用何种填埋方法，卸料、推铺、压实和覆土四个基本步骤是必不可少的。

（1）定点卸料。定点卸料是让废物运输车在指定位置倾倒废物，以使后续填埋作业更加有序。采用填坑作业法卸料时，往往设置过渡平台和卸料平台；采用倾斜面作业法时，可直接卸料。由于推铺和压实从底部开始较容易而且效率高，故应将作业区放在作业面的顶端。若倾倒从上部开始，应避免轻质废物被风刮走和废物被堆成一个陡峭的作业面，并影响当天的压实效果；此外，还应尽量缩小作业面，保持作业区清洁、平整，防止车辆损坏或倾翻。

（2）均匀推铺。均匀推铺是使作业面不断扩张和延伸的一种技术操作方法。废物的推铺常由推土机完成。具体操作过程是：先将废物按顺序铺在作业区一定范围内，当其推铺厚度达到 30~60cm 时，再进行压实，有条件时可覆一薄土层。如此反复，当该范围内的填埋废物高度达到 2.5~4.5m 时，即构成一填埋单元。

（3）有效压实。有效压实是填埋作业中的一道重要工序。其主要功能是减少废物体积，延长填埋场的使用年限；增加填埋体的稳定性，减少填埋场的不均匀沉降；降低废物空隙率，减少填埋场渗滤液的产生。此外，填埋废物的压实还能减少蝇、蚊的滋生和有利于填埋机械的移动作业等。

废物的压实作业主要由压实机来实现，有时也可用推土机来完成，但其工作效能通常仅为压实机的 1/2 或 1/3，所以填埋场压实机已得到广泛应用。无论何种类型压实机，在填埋废物上的通过次数宜为 3~4 次。多于 4 次，则不经济，同时对增加压实密度作用不大。通常压实密度要求不小于 $0.8t/m^3$。受经济条件制约，国内不少中小型填埋场采用推土机代替专用压实机，因其压实密度较小，往往要浪费填埋场的一部分有效库容。为充分利用填埋场的库容，国内废物填埋场也正在逐步采用废物压实机或压实机和推土机相结合来实施压实工艺。根据具体要求可采用不同的压实设备，以取得不同的压实效果。

（4）限时覆土。目的在于避免废物与环境长时间接触，最大限度地减少环境问题的产生。按覆土时间和具体功能的不同，覆土可分为每日覆盖（土）、中间覆盖（土）和最终覆盖（土）。

每日覆盖：是作业面在一天工作结束、填埋层达到一定厚度时，为如下目的而实施的覆盖土：1）防止风沙和废物中轻质物质（如纸、塑料等）的飞扬；2）减少恶臭散溢；3）防止蝇蚊滋生，减少疾病传播风险。日覆盖要求确保填埋层的稳定并且不阻碍废物的生物分解，因而要求覆盖材料具有良好的通气功能。一般选用砂质土等进行日覆盖，覆盖厚度一般为 15～25cm。

中间覆盖：常用于需要较长时间维持开放的填埋场部分区域（如道路和暂时闲置的填埋部分）。其作用是：1）防止填埋气体的无序排放；2）将降落在该层表面的雨水排出填埋场外，减少降雨入渗。中间覆盖要求覆盖材料的渗透性能较差。一般选用黏土等材料作为中间覆盖，覆盖厚度为 30cm 左右。

终场覆盖：是废物填埋场运行结束后，在最上层实施的覆盖土。其功能包括：1）削减渗滤液的产生量；2）控制填埋场气体从填埋场上部无序释放；3）避免废物的扩散，抑制病原菌的繁殖；4）提供一个可供景观美化和填埋土地再用的表面等。日覆盖、中间覆盖和最终覆盖的时间和厚度见表 6-2。

表 6-2　覆盖层厚度

填埋层	各层最小厚度/cm	填埋时间
日覆盖层	10～15	1 天
中间覆盖层	30	数月～两年
最终覆盖层	>80	填埋结束

现代填埋场的终场覆盖系统由多层组成，主要分为两部分：第一部分是土地恢复层，即为表层；第二部分是密封层（系统），从上至下由保护层、排水层、防渗层和排气层组成。

表层的设计取决于填埋场封场后的土地利用规划，通常要能生长植物。表层土壤层的厚度要保证植物根系不造成下部密封层的破坏。此外，在冻结区表层土壤层的厚度必须保证防渗层位于霜冻带以下。表层的最小厚度不应小于 50cm。在干旱区可以使用鹅卵石替代植被层，鹅卵石层的厚度为 10～30cm。

保护层的功能是防止上部植物根系以及挖洞动物对下层的破坏，保护防渗层不受干燥收缩、冻结解冻等的破坏，防止排水层的堵塞，维持稳定等。

排水层的功能是排泄通过保护层入渗进来的地表水等，降低入渗水对下部防渗层的水压力。该层并不是必须设置，只有当通过保护层入渗的水量（来自雨水、融化雪水、地表水和渗滤液回灌等）较多或者对防渗的渗透压力较大时才是必要的。排水层的最小透水率为 10^{-3}cm/s，倾斜度一般不小于 3%。

防渗层是终场覆盖系统中最为重要的部分。其主要功能是防止入渗水进入填埋废物中，防止填埋场气体逸出填埋场。防渗材料有压实黏土、柔性膜、人工改性防渗材料和复合材料等。防渗层的渗透系数要求 $K \leqslant 10^{-7}$cm/s，铺设坡度不小于 2%。

排气层用于控制填埋场气体，将其导入填埋气体收集设施进行处理或者利用。它并不是终场覆盖系统的必备结构，只有当填埋废物降解产生较大量填埋气体时才需要。

覆盖材料的用量与废物填埋量的关系为 1：4～1：10。覆盖材料包括自然土、工业渣土、建筑渣土和陈垃圾等。自然土是最常用的覆盖材料，它的渗透系数小，能有效地阻止渗滤液和填埋气体的扩散。但除了掘埋法外，其他类型的填埋场都存在着大量取土而导致占地和破坏植被问题。工业渣土和建筑渣土作为覆盖材料，不仅能解决自然土的问题，而且能为废弃渣土的处理提供出路。陈垃圾筛分后的细小颗粒作为覆盖土也能有效地延长填埋场的使用年限，增加填埋容量，因此陈垃圾可以作为废物填埋覆盖材料的来源。

当填埋场温度条件适宜时，幼虫在废物层被覆盖之前就能孵出，以致在填埋作业区附近出现大量的蝇蚊。当出现这种情况时，应在填埋区喷洒杀虫剂加以控制。

终场覆盖、封场目的在于防止雨水大量下渗，造成填埋场收集到的渗滤液体积增加；避免垃圾降解过程中产生的有害气体和臭气直接进入大气，造成大气污染；避免有害固体废物直接与人体接触；阻止或减少蚊蝇等的滋生；封场后可以进行复垦及绿化，实现土地资源再利用。

可持续生活垃圾填埋技术：封场后，8~15年间，垃圾不断降解，并随时间推移，渗滤液和填埋气发生量递减至不发生，此时垃圾场进入稳定化阶段，垃圾被称为矿化垃圾。矿化垃圾既有较大比表面积、松散结构，较好的水力传导和渗透性能等，也可作为生物反应器填料或介质。开采矿化垃圾作为肥料或回收可回收有用物质，不但可以节约资源，同时可以腾空垃圾场，用于新鲜垃圾填埋，节约土地资源。

填埋场建设、操作和封场场景如图 6-11~图 6-13 所示。

图 6-11　卫生填埋场建设情景

图 6-12　山谷型填埋场场景

图 6-13　填埋场封场情景

本 章 小 结

　　垃圾填埋场的防渗体系建设是保障填埋场正常运行的关键所在，除去需要选择合理的防渗材料以及设计合理的防渗构造之外，防渗层铺设时也必须格外注意细节，应避免接口发生破损，造成渗滤液泄漏。另外，随着国家环保标准的严格化，渗滤液处理标准也越来越高，作为配套设施，增设渗滤液处理设施的工作逐步成为既存填埋场的工作重点，未来新建填埋场同期配套渗滤液处理设施已成为发展趋势，因此，在完善填埋技术的同时，如何高效处理垃圾填埋渗滤液已成为填埋技术发展的关键所在，需给予格外的关注。

思 考 题

6-1 填埋场渗滤液的来源有哪些？
6-2 场底防渗体系一般由哪几层构成？各层分别起到什么作用？
6-3 常见防渗材料主要有哪几类？其理化性质分别是什么？
6-4 填埋气组成特点是什么？填埋气利用途径主要有哪些？
6-5 封场方法及基本准则是什么？

7 城市垃圾焚烧与资源化技术

本章提要：

本章重点介绍包括垃圾焚烧、垃圾热解及气化技术在内的各种城市垃圾的热化学处理技术应用现状及未来发展趋势，尤其着重讲解了垃圾焚烧体系构成及二次污染物控制技术，以及利用气化原理，在国际上受到广泛关注的垃圾气化高效发电系统合气化熔融发电系统的工作原理和系统结构，为掌握先进的固体废弃物处理与资源化技术发展趋势提供重要的参考。

7.1 城市生活垃圾焚烧技术

焚烧法是垃圾与空气进行完全燃烧反应，垃圾中的有毒有害物质在 800~1200℃ 的高温下被氧化分解的热处理过程。垃圾焚烧是一种高温热处理技术，废物中的有害有毒物质在高温下氧化、热解而被破坏。其优点是能够有效地减少垃圾的体积和重量，经焚烧后灰渣体积大约相当于垃圾的 10%~15%。同时，垃圾焚烧过程中产生的热量可以用于供热及发电。但在垃圾焚烧后会产生二次污染物，如二噁英、重金属、灰尘、有害气体、多环芳香族化合物以及多氯联苯等，如不严格控制会对周围环境造成严重污染。尤其是垃圾焚烧产生的二噁英是一种致癌物，影响生殖和免疫功能。由于焚烧厂排出的二噁英占二噁英排放总量的 75% 以上，故各国对垃圾焚烧过程二噁英控制技术的研发给予了极大的关注，这也是垃圾焚烧技术急需解决的难题。鉴于此，我国出台了排放标准（GB 18485—2001），对垃圾焚烧的污染物进行严格的控制（表 7-1）。

表 7-1 城市生活垃圾焚烧污染物排放标准

序号	项目	单位	排放限值
1	烟尘	mg/m³	80
2	烟气黑度	（林格曼）级	1
3	一氧化碳	mg/m³	150
4	氮氧化物	mg/m³	400
5	二氧化硫	mg/m³	260
6	氯化氢	mg/m³	75
7	汞	mg/m³	0.2
8	镉	mg/m³	0.1
9	铅	mg/m³	1.6
10	二噁英	ng-TEQ/m³	1.0

注：1. 烟气最高黑度时间，在任何 1h 内累计不得超过 5min；

2. 表中规定的各项标准限值，均以标准状态下含 11%O_2 的干烟气为参考值换算得来；

3. 表中氯化氢、二氧化硫、氮氧化物、一氧化碳等为小时均值，其他为测定值。

垃圾焚烧技术起源于 19 世纪 70 年代到 20 世纪初期，1874 年英国诺丁汉市建成第一座垃圾焚烧炉；20 世纪初到 60 年代末期间，垃圾焚烧技术逐步得以推广；20 世纪 70 年代初~90 年代中期，垃圾焚烧技术在全球范围内普遍推广应用，技术日臻完善、成熟。我国在垃圾焚烧技术应用和发展方面远落后于发达国家，自 20 世纪 80 年代我国首次从国外引进首套垃圾焚烧设备至今，虽然已经历了 40 余年，但焚烧技术真正得到推广应用的，主要是进入 21 世纪以后的近十几年，通过不断地引进设备，消化吸收技术，目前我国已经基本能够实现对垃圾焚烧设备的设计和建造。影响我国发展该技术的因素相对较多，主要原因包括我国固体废物的热值相对较低，焚烧困难；对焚烧过程中产生的烟气处理技术不够完善、二噁英、呋喃类污染物控制、监测手段不足；另外，我国在这一领域的控制技术也不够成熟，空气量及其投入方式等缺乏经验；此外，由于垃圾焚烧设备一次性投资相对较高，资金筹集困难也是制约我国垃圾焚烧技术发展的一个重要因素。

我国垃圾焚烧厂的建设源于 20 世纪 80 年代，深圳和北京两个垃圾焚烧厂开始引进国外设备。此后杭州引进日本技术准备生产三菱、马丁逆推型往复炉排；无锡引进底特律炉排公司的炉排技术；北京、宜兴引进美国的炉排技术等。由于垃圾焚烧设备主体与工业锅炉相近，在逐步消化吸收国外先进技术基础上，我国一些大中型锅炉厂纷纷开始生产垃圾焚烧余热锅炉，在促进垃圾焚烧系统逐步国产化的同时，降低了设备成本。

垃圾采用焚烧法进行处理时，炉型通常取决于垃圾特征，处理生活垃圾时多用炉排炉、流化床式焚烧炉，处理危险废物时多采用回转窑炉。焚烧法的优点主要体现在：（1）实现无害化。焚烧后垃圾中病原体被彻底消灭。（2）实现减量化。焚烧过程中可燃成分被高温分解，减重 80%，减容 90 左右。（3）实现资源化。焚烧后高温烟气可余热利用，用于供暖或发电。（4）具备经济性。占地面积小，节约运输费用，土地紧张地域有望在经济性上超过填埋法。（5）具有实用性。全天候运转，不受天气影响。

7.2 焚烧及焚烧产物

垃圾焚烧处理技术评价指标主要有减量比、热灼减量、燃烧效率及破坏去除效率、烟气排放浓度限制指标、焚烧处理技术指标等。

减量比是指可燃废物经焚烧处理后减少的质量占投加废物总质量的百分比，即：

$$MCR = \frac{m_b - m_a}{m_b - m_c} \times 100\% \qquad (7-1)$$

式中　MRC——减量比，%；

　　　m_a——焚烧残渣的质量，kg；

　　　m_b——投加的废物质量，kg；

　　　m_c——残渣中不可燃物质量，kg。

热灼减量指焚烧残渣在（800±25）℃经 3h 灼热后减少的质量占原焚烧残渣质量的百分数。

燃烧效率及破坏去除效率是指烟道气中 CO_2 浊度占 CO_2、CO 浓度和的比例。在焚烧处理城市垃圾及一般工业废物时，多以燃烧效率（CE）作为评估是否可以达到预期处理要求的指标。

对危险废物，验证焚烧是否可以达到预期处理要求的指标还有特殊化学物质（有机性有害主成分 POHCs）的破坏去除效率（DRE）：

$$DRE = \frac{W_{in} - W_{out}}{W_{in}} \times 100\% \tag{7-2}$$

式中　W_{in}——进入焚烧炉的 POHCs 的质量流率；

W_{out}——从焚煤炉流出的该种物质的质量流率。

烟气排放浓度限制指标是用于对焚烧设施排放的大气污染物控制项目，主要包括：

（1）烟尘，常将颗粒物、黑度、总碳量作为控制指标。

（2）有害气体，包括 SO_2、HCl、HF、CO 和 NO_x。

（3）重金属元素单质或其化合物，如 Hg、Cd、Pb、Ni、Cr、As 等。

（4）有机污染物，如二噁英，包括多氯代二苯并-对-二噁英（PCDDs）和多氯代二苯并呋喃（PCDFs）。

我国现行焚烧处理技术标准及限值，主要包括适用于焚烧量在 20kg/h 以上、500kg/h 以下的《小型焚烧炉》（HJ/T 18—1996），适用于医疗垃圾焚烧的《医疗垃圾焚烧环境卫生标准》（CJ 3036—1995），适用于危险废物焚烧的《危险废物焚烧污染控制标准》（GB 18484—2001）等。另外，《生活垃圾焚烧污染控制标准》（GW 18485—2004）于 2014 年 7 月 1 日实施，成为我国生活垃圾焚烧炉烟气新的排放标准。

国外标准（城市垃圾、危险废物）与我国执行的标准略有不同，一些指标相对较严格。以美国法律为例，危险废物焚烧的法定处理效果标准为：

（1）废物中所含的主要有机有害成分的销毁及去除率（DRE）为 99.99% 以上。

（2）排气中粉尘含量不得超过 180mg/m³（以标准状态下干燥排气为基准，同时排气流量必须调整至 50% 过剩空气百分比条件下）。

（3）氯化氢去除率达 99% 或排放量低于 1.8kg/h，以两者中数值较高者为基准。

（4）多氯联苯的销毁去除率为 99.9999%，同时燃烧效率超过 99.9%。

另外，处理液体多氯联苯或含多氯联苯物质时，焚烧必须达到下列标准：

（1）多氯联苯在 1200℃（±100℃）的停留时间至少 2s，烟囱排气的氧气含量不得低于 3%，或在 1600℃ 的停留时间 1.5s，烟气中氧含量 2% 以上。

（2）燃烧效率至少为 99.9%。

（3）多氯联苯输入量必须定时测试及记录，测试时间间隔不得超过 15min，温度也必须连续测试及记录。

（4）烟囱排气的成分测试必须至少包括氧气、一氧化碳、二氧化碳、氮氧化物、氯化氢、氯化有机物总量、多氯联苯系列的化学物质及粉尘。

液体废物焚烧炉的结构由废液的种类、性质和所采用的废液喷嘴的形式决定。炉型有立式圆筒炉、卧式圆筒炉、箱式炉、回转窑等。一般按照采用的喷嘴形式和炉型进行分类，有液体喷射立式焚烧炉、转杯式喷雾卧式圆筒焚烧炉等。

气体废物焚烧炉相当于一个用气体燃料燃烧的炉子或固体废物焚烧炉的二次燃烧室，其构造及分类与液体废物焚烧炉相似。

固体废物焚烧炉种类繁多，主要有炉排型焚烧炉、流化床炉、回转窑炉。炉排式焚烧炉分移动式（链条式）炉排，设有持续传动带式装置，往复式炉排，由交错排列在一起的固定炉排和活动炉排组成，以推进移动形式使燃烧处于运动状态；摇摆式炉排，由一系列块形炉排有规律地横排在炉体内，运行时，炉排有次序地上下摇动。此外，还可以采用翻转式炉排、回推式炉排、辊式炉排。炉排炉不适宜焚烧含有大量粒状废物及废塑料等低熔点的废物。

一般来说，低位发热量小于3300kJ/kg的垃圾属于低发热量垃圾，不适宜焚烧处理。低位发热量介于3300~5000kJ/kg的垃圾为中发热量垃圾，适宜焚烧处理；低位发热量大于5000kJ/kg的垃圾属高发热量垃圾，适宜焚烧处理并可以回收其热能。垃圾处理量为200t/d以上的大型焚烧炉，通常采用机械炉床式焚烧炉或机械炉床与旋转窑式并用，且多采用水墙式焚烧炉。

城市垃圾焚烧厂按垃圾是否有前处理，可分为混烧式垃圾焚烧厂和垃圾衍生燃料焚烧厂两大类型。混烧式垃圾焚烧厂采用的焚烧炉主要有控气式、水墙式、旋转窑式及流化床等四类，其中尤以采用各种大型机械炉排的水墙式焚烧炉应用最广。垃圾衍生燃料焚烧一般可采用流化床式焚烧炉。城市垃圾焚烧全流程通常由八大工序组成：

（1）储存及进料系统，由垃圾储坑、抓斗、破碎机（有时可无）、进料斗及故障排除/监视设备组成，系统密闭及臭味不外泄。

（2）焚烧系统，即焚烧炉本体内的设备，主要包括炉床及燃烧室。

（3）废热回收系统，包括部署在燃烧室四周的锅炉炉管（即蒸发器）、过热器、节热器、炉管吹灰设备、蒸汽导管、安全阀等装置。

（4）发电系统，由锅炉产生的高温高压蒸汽导入发电机后，在急速冷凝的过程中推动发电机的涡轮叶片，产生电力，并将未凝结的蒸汽导入冷却水塔，冷却后储存在凝结水储槽，经给水泵重新输入锅炉炉管中，进行下一循环的发电工作。

（5）水处理系统，包括活性炭吸附、高分子交换及反渗透等单元。

（6）废气处理。静电集尘器去除悬浮微粒，再用湿式洗气塔去除酸性气体，配合布袋式除尘器去除悬浮颗粒和其他重金属等物质。

（7）废水处理系统，通常包括物理化学、生物处理单元。

（8）灰渣收集及处理系统，包括固化、熔融、填埋。

在垃圾焚烧的热量利用方面，小规模焚烧系统适合供热，供应蒸汽、热水、热空气等；大型焚烧系统由于采用汽轮发电机组，因此适合于供电、供应过热蒸汽、热电联供（发电+区域性供热/供冷、发电+工农业供热、发电+区域性供热+工业供热/冷）。

垃圾焚烧后，会产生10%~20%左右的灰渣（炉灰及飞灰），通常灰渣中含有重金属、未燃物、盐分等有害物质，同时，还含有铁、铝等有价金属，既需有效回收，又需特殊处理。灰渣分类四种：

（1）底灰。垃圾焚烧后由炉床末端排出的残余物。

116

（2）细渣。由炉床上的炉条间隙漏下的细小灰分，一般并入底灰，主要含有玻璃碎片、熔融铝锭及其他金属。

（3）飞灰。夹带在烟气中，由烟气净化装置回收回来的灰分。飞灰主要为脱硫、脱硝过程的反应物。

（4）锅炉灰。烟气中的悬浮颗粒被锅炉管阻挡而掉落于集灰斗中的灰分。

灰渣中含有重金属，特别是焚烧飞灰，重金属含量很高，通常需采用稳定化方法加以处理。

《生活垃圾焚烧污染控制标准》（GB 18485—2014）中规定，焚烧炉渣和飞灰应分别收集、储存和运输。其中，焚烧炉渣按一般固体废弃物处理，焚烧飞灰按危险废弃物处理。《国家危险废弃物名录》中记录有废弃物焚烧飞灰，依据其毒性，将其纳入危险废物管理范畴。根据焚烧温度的不同，底灰分为普通焚烧灰渣（温度低于1000℃）及烧结灰渣（高温焚烧1500℃左右，呈熔融状态）。烧结灰渣通常具有玻璃化、强度高、重金属浸出量少等特点。烧结灰渣的再利用，主要集中于生产建筑材料、用作筑路基材、混凝土骨料等。普通焚烧灰渣在回收铁、玻璃等有价物质之后，可用于建筑。

垃圾焚烧厂选址的基本原则：不影响自然生态环境和居民生活环境，不产生二次污染，投资小，运行费用低。符合经济运距要求，具备交通运输条件，有足够的用地面积，满足环境保护要求，焚烧余热有出路，市政基础设施较齐全，与用地规划协调一致，具有良好的自然条件，有利于垃圾综合利用，满足净空要求。

7.3 焚烧废气污染形成机制

焚烧烟气中常见的大气污染物包括粒状污染物、酸性气体、氮氧化物、重金属、一氧化碳与有机氯化物等。

（1）粒状污染物。在焚烧过程中产生的粒状污染物大致可分为以下三类：

1）废物中的不可燃物质。在焚烧过程中（较大残留物）成为底灰排出，部分粒状物随废气排出炉外成为飞灰。飞灰所占的比例由焚烧炉操作条件（送风量、炉温等）、粒状物粒径分布、形状与其密度决定，粒状物粒径一般大于 $10\mu m$。

2）部分无机盐类在高温下氧化挥发，在炉外遇冷凝结成粒状物，或二氧化硫在低温下遇水滴形成硫酸盐雾状微粒等。

3）未燃烧完全产生的碳颗粒与煤烟，粒径约在 0.1~10um 之间。由于颗粒微细，难以去除，最好的控制方法是在高温下使其氧化分解。

（2）一氧化碳。理论上，氧气的含量越高，越有利于一氧化碳生产二氧化碳。但是事实上，焚烧过程中仍夹杂碳微粒。只要燃烧反应进行，一氧化碳就可能产生，故焚烧炉二燃室较为理想的设计炉温是在1000℃，废气停留时间为1s。

（3）酸性气体。焚烧产生的酸性气体，主要包括二氧化硫、氯化氢与氟化氢等，这些污染物都是直接由废物中的硫、氯、氟等元素经过焚烧反应形成。诸如含氯的PVC塑料会形成氯化氢，含F的塑料会形成HF，含硫的橡胶会产生二氧化硫。一般城市垃圾中硫含量为 0.12%，其中约 30%~60%转化为二氧化硫，其余残留于底灰或被飞灰吸收。

（4）氮氧化物。焚烧产生的氮氧化物主要有两个来源：一是高温下氮气和氧气反应形成氮氧化物，称为热氮氧化物；另一类是废物中含氮组分转化成的氮氧化物，称为燃料氮转化氮氧化物。

（5）重金属。废物中所含重金属物质，高温焚烧后除部分残留于灰渣中之外，其余部分会在高温下气化、挥发，进入烟气。部分金属物在炉中参与反应生成的氧化物或氯化物比原金属元素更易气化挥发。这些氧化物及氯化物因挥发、热解、还原及氧化等作用，可能进一步发生复杂的化学反应，最终产物包括重金属、重金属氧化物及重金属氯化物等。重金属、重金属氧化物及重金属氯化物在尾气中将以特定的平衡状态存在，且因其浓度各不相同，各自的饱和温度也不相同，构成了复杂的连锁关系。

高温挥发进入烟气中的重金属物质，随烟气温度降低，会凝结成均匀的粒状物或凝结于烟气中的烟尘上。重金属本身凝结成的粒状物粒径都在 $1\mu m$ 以下，而重金属凝结或吸附在烟尘表面也多发生在比表面积大的小粒状物上，因此小粒状物上的金属浓度比大颗粒要高，从焚烧烟气中收集下来的飞灰通常被视为危险废物。

（6）毒性有机氯化物。废物焚烧过程中产生的毒性有机氯化物主要为二噁英类，包括多氯代二苯-对-二噁英（PCDDs）和多氯代二苯并呋喃（PCDFs）。PCDDs 是一族含有 75 个相关化合物的通称；PCDFs 是一族含有 135 个相关化合物的通称。在这 210 种化合物中，有 17 种（2，3，7，8 位被氯原子取代的）被认为对人类健康有巨大的危害，其中 2，3，7，8-四氯代二苯并-对-二噁英（TCDD）为目前已知毒性最强的化合物，具有强致癌性。PCDDs/PCDFs 浓度的表示方式主要有总量浓度及毒性当量浓度。测出样品中所有 136 种衍生物的浓度，直接加总即为总量浓度（以 ng/m^3 或 ng/kg 表示），按各种衍生物的毒性当量系数转换后再加和即为毒性当量浓度。毒性当量系数以毒性最强的 2，3，7，8-TCDD 为基准（系数为 1.0）制定，其他衍生物则按其相对毒性强度以小数表示。目前有多种毒性当量系数，但广泛采用的是 I-TEF 毒性当量系数。采用 I-TEF 毒性当量系数为换算标准时，通常在毒性当量浓度后用 I-TEQ 或 I-TEF 加以说明。

废物焚烧时的 PCDDs/PCDFs 来自三条途径：废物本身、炉内形成及炉外低温再合成。

1）废物成分。焚烧废物本身就可能含有 PCDDs/PCDFs 类物质。城市垃圾成分相当复杂，加上普遍使用杀虫剂、除草剂、防腐剂、农药及喷漆等有机溶剂，垃圾中不可避免含有 PCDDs/PCDFs 类物质。国外数据显示，1kg 家庭垃圾中，PCDDs/PCDFs 的含量约在 11~255ng（1-TEQ）左右，其中以塑胶类的含量较高，达 370ng（1-TEQ）。而危险废物中 PCDDs/PCDFs 含量就更为复杂。

2）炉内形成。PCDDs/PCDFs 的破坏分解温度并不高（约 800~900℃），若能保持良好的燃烧状况，由废物本身夹带的 PCDDs/PCDFs 物质经焚烧后大部分可以分解。但是废物焚烧过程中可能先形成部分不完全燃烧的碳氢化合物，当炉内燃烧状况不良（如氧气不足、缺乏充分混合、炉温太低、停留时间太短等）而未及时分解为 CO_2 与 H_2O 时，就可能与废物或废气中的氯化物（如 NaCl、HCl、Cl）结合形成 PCDDs/PCDFs、氯苯及氯酚等物质。

3）炉外低温再合成。当燃烧不完全时烟气中产生的氯苯及氯酚等物质，可能被废气飞灰中的碳元素吸附，并在特定的温度范围（250~400℃，300℃时最显著），在飞灰颗粒的活性接触面上，被金属氯化物（$CuCl_2$ 及 $FeCl_2$）催化反应生成 PCDDs/PCDFs。废气中氧含量与水分含量过高对促进 PCDDs/PCDFs 的再合成起到重要的作用。在典型的垃圾焚烧处理中，多采用过氧燃烧，且垃圾中水分含量较高，再加上重金属物质经燃烧挥发后多凝结于飞灰上，废气也会含有大量的 HCl 气体，提供了满足 PCDDs/PCDFs 再合成的条件，故成为焚烧废气中产生 PCDDs/PCDFs 的主要原因。

废物中所含 PCB（多氯联苯）及相近结构氯化物等在焚烧过程中的分解或组合，也是形成 PCDDs/PCDFs 的一个重要机制。

7.4　废物焚烧的控制参数

焚烧温度（Temperature）、扰动程度（Turbolence）、气体停留时间（Time）（一般称为 3T）及过剩空气率合称为焚烧的四大控制参数。

7.4.1　焚烧温度

废物的焚烧温度是指废物中有害组分在高温下氧化、分解直至破坏所达到的温度。它比废物的着火温度高得多。提高焚烧温度有利于废物中有机毒物的分解和破坏，并可抑制黑烟的产生。但过高的焚烧温度不仅会增加燃料消耗量，而且会增加废物中金属的挥发量及氧化氮数量，引起二次污染。因此，不宜随意确定较高的焚烧温度。合适的焚烧温度是在一定的停留时间下由实验确定的。大多数有机物的焚烧温度范围在 800~1100℃ 之间，通常在 800~900℃ 左右。通过生产实践获得的以下经验数可供参考。

（1）对于废气的脱臭处理，采用 800~950℃ 的焚烧温度可取得良好的效果。

（2）当废物粒子在 0.01~0.51μm 之间，并且供氧浓度与停留时间适当时，焚烧温度在 900~1000℃ 即可避免产生黑烟。

（3）含氯化物的废物焚烧，温度在 800~850℃ 以上时氯气可以转化成氯化氢，回收利用或以水洗涤除去；低于 800℃ 会形成氯气，难以除去。

（4）含有碱土金属的废物焚烧，一般应控制在 750~800℃ 以下。这是因为碱土金属及其盐类一般为低熔点化合物。当废物中灰分较少不能形成高熔点炉渣时，这些熔融物容易使焚烧炉的耐火材料和金属零部件发生腐蚀而损坏炉衬和设备。

（5）焚烧含氰化物的废物时，若温度达 850~900℃，氰化物几乎全部分解。

（6）焚烧可能产生氧化氮（NO_x）的废物时，温度控制在 1500℃ 以下，过高的温度会急骤产生 NO_x。

（7）高温焚烧是防治 PCDD 与 PCDF 的最好方法，理论上，在 925℃ 以上这些毒性有机物即开始分解。

7.4.2　停留时间

废物中有害组分在焚烧炉内，在焚烧状态下发生氧化、分解，由有害物质变成无害物质所需的时间称为焚烧停留时间。

停留时间的长短直接影响焚烧的彻底程度，停留时间也是决定炉体容积尺寸的重要依据。废物在炉内焚烧所需停留时间是由许多因素决定的，如废物进入炉内的形态（固体废物颗粒大小、液体雾化后液滴的大小以及黏度等）对焚烧所需停留时间影响甚大。当废物的颗粒粒径较小时，与空气接触表面积大，有利于氧化、燃烧，停留时间可相对短缩。停留时间一般可通过模拟试验获取。对缺少试验手段或难以确定废物焚烧所需时间的情况，可参阅以下几个经验值。

（1）对于垃圾焚烧，如温度维持在 850~1000℃ 之间，有良好搅拌与混合，垃圾的水气易于蒸发，燃烧气体在燃烧室的停留时间约为 1~2s。

（2）对于一般有机废液，在充分雾化及正常的焚烧温度条件下，理论上焚烧所需的停留时间在 0.3~2s 左右，实际操作时停留时间多控制在 0.6~1s；含氰化合物的废液较难焚烧，一般需较长时间，约 3s 左右。

（3）对于废气，除臭的焚烧温度相对较低，所需的停留时间也较短，一般在 1s 以下。例如在油脂精制工程中产生的恶臭气体，在 650℃ 焚烧温度下只需 0.3s 的停留时间即可达到除臭效果。

7.4.3　扰动强度

要使废物燃烧完全，减少污染物形成，就必须确保废物与助燃空气充分接触、燃烧气体与助燃空气充分混合。为增大固体与助燃空气的接触和混合程度，扰动方式是关键所在。焚烧炉采用的扰动方式有空气流扰动、机械炉排扰动、流态化扰动及旋转扰动等，其中以流态化扰动方式效果最好。中小型焚烧炉多数属固定炉床式，扰动多由空气流动产生，包括：

（1）炉床下送风。助燃空气自炉床下送风，由废物层孔隙中窜出，这种扰动方式易将不可燃的底灰或未燃碳颗粒随气流带出，形成颗粒物污染，废物与空气接触机会大，废物燃烧较完全，焚烧残渣热灼减量较小。

（2）炉床上送风。助燃空气由炉床上方送风，废物进入炉内时从表面开始燃烧，优点是形成的粒状物较少，缺点是焚烧残渣热灼减量较高。

7.4.4　过剩空气

在实际的燃烧系统中，氧气与可燃物质无法完全达到理想程度的混合及反应。为使燃烧完全，仅供给理论空气量很难使其完全燃烧，需要加上比理论空气量更多的助燃空气量，以使废物与空气能完全混合燃烧。

7.4.5　四个燃烧控制参数的互动关系

在焚烧系统中，焚烧温度、搅拌混合程度、气体停留时间和过剩空气率是四个重要的设计及操作参数。过剩空气率由进料速率及助燃空气供应速率决定；气体停留时间由燃烧室几何形状、供应助燃空气速率及废气产率决定；助燃空气供应量直接影响燃烧室中的温度和流场混合（紊流）程度；燃烧温度影响垃圾焚烧的效率。这四个焚烧控制参数相互影响。

焚烧温度和废物在炉内的停留时间有密切关系。若停留时间短，则要求较高的焚烧温度；停留时间长，则可采用略低的焚烧温度。因此，设计时不宜采用提高焚烧温度的办法来缩短停留时间，而应从技术经济角度确定焚烧温度，并通过试验确定所需的停留时间。同样，也不宜片面地采用延长停留时间来达到降低焚烧温度的目的。因为这样不仅使炉体结构庞大，增加炉子占地面积和建造费用，而且会使炉温不够，使废物焚烧不完全。

废物焚烧时如能保证供给充分的空气，维持适宜的温度，使空气与废物在炉内均匀混合，且炉内气流有一定扰动作用，保持较好的焚烧条件，所需停留时间可相应缩短。

7.5　主要焚烧参数计算

焚烧炉质能平衡计算，是根据废物的处理量、物化特性，确定所需的助燃空气量、燃烧烟气产生量和其组成以及炉温等主要参数，是后续炉体大小、尺寸、送风机、燃烧器、耐火材料等附属设备设计参考的依据。

7.5.1　燃烧空气量

7.5.1.1　理论燃烧空气量

理论燃烧空气量是指废物（或燃料）完全燃烧时，需要的最低空气量，一般以 A_0 来表示。其计算方式是假设液体或固体废物 1kg 中的碳、氢、氮、氧、硫、灰分以及水分的质量分别以 C、H、N、O、S、Ash 及 W 来表示，则理论空气量如下。

（1）体积基准

$$A_0(\mathrm{m^3/kg}) = \frac{1}{0.21}\left[1.867C + 5.6\left(H - \frac{O}{8}\right) + 0.7S\right] \tag{7-3}$$

（2）质量基准

$$A_0(\mathrm{kg/kg}) = \frac{1}{0.231}(2.67C + 8H - O + S) \tag{7-4}$$

式中　（H-O/8）——有效氢。因为燃料中的氧是以结合水的状态存在，在燃烧中无法利用
　　　　　　　　　这些与氧结合成水的氢，故需要将其从全氢中减去。

7.5.1.2　实际需要燃烧空气量

实际供给的空气量 A 与理论空气量 A_0 的关系为：

$$A = mA_0$$

7.5.2　焚烧烟气量及其组成

7.5.2.1　烟气产生量

假定废物以理论空气量完全燃烧时的燃烧烟气量称为理论烟气产生量。如果废物组成已知，以 C、H、N、O、S、Cl、W 表示单位废物中碳、氢、氮、氧、硫、氯和水分的质

量比，则理论燃烧湿基烟气量为：

$$G_0(m^3/kg) = 0.79A_0 + 1.867C + 0.7S + 0.631Cl + 0.8N + 11.2H' + 1.244W \tag{7-5}$$

或

$$G_0(kg/kg) = 0.77A_0 + 3.67C + 2S + 1.03Cl + N + 9H' + W \tag{7-6}$$

式中

$$H' = H - Cl/35.5$$

而理论燃烧干基烟气量为：

$$G_0'(m^3/kg) = 0.79A_0 + 1.867C + 0.7S + 0.631Cl + 0.8N \tag{7-7}$$

或

$$G_0'(kg/kg) = 0.79A_0 + 3.67C + 2S + 1.03Cl + N \tag{7-8}$$

将实际焚烧烟气量的潮湿气体和干燥气体分别以 G 和 G' 来表示，则其相互关系可用式 (7-19)、式 (7-20) 表示：

$$G = G_0 + (m - 1)A_0 \tag{7-9}$$

$$G' = G_0' + (m - 1)A_0 \tag{7-10}$$

7.5.2.2 烟气组成

固体或液体废物燃烧烟气组成，可依表 7-2 所示方法计算。

表 7-2 焚烧干、湿烟气百分组成

组成	体积百分组成		质量百分组成	
	湿烟气	干烟气	湿烟气	干烟气
CO_2	$1.867C/G$	$1.867C/G'$	$3.67C/G$	$3.67C/G'$
SO_2	$0.7S/G$	$0.7S/G'$	$2S/G$	$2S/G'$
HCl	$0.631Cl/G$	$0.631Cl/G'$	$1.03Cl/G$	$1.03Cl/G'$
O_2	$0.21(m-1)A_0/G$	$0.21(m-1)A_0/G'$	$0.23(m-1)A_0/G$	$0.23(m-1)A_0/G'$
N_2	$(0.8N+0.79mA_0)/G$	$(0.8N+0.79mA_0)/G'$	$(N+0.77mA_0)/G$	$(N+0.77mA_0)/G'$
H_2O	$(11.2H'+1.244W)/G$		$(9H'+W)/G$	

7.5.3 发热量计算

废物焚烧时，常用发热量大致可分为干基发热量、高位发热量与低位发热量等三种。

（1）干基发热量。废物不包括含水分部分的实际发热量，称为干基发热量（H_d）。

（2）高位发热量。高位发热量又称总发热量，是燃料在定压状态下完全燃烧，其中的水分燃烧生成的水凝缩成液体状态，热量计测得值即为高位发热量（H_h）。

（3）低位发热量。实际燃烧时，燃烧气体中的水分为蒸汽状态，蒸汽具有的凝缩潜热及凝缩水的显热之和 2500kJ/kg 无法利用，将之减去后即为低位发热量或净发热量，也称真发热量（H_l）。

7.5.3.1 干基发热量、高位发热量与低位发热量的关系

三者关系式如下：

$$H_d = \frac{H_h}{1 - W} \tag{7-11}$$

$$H_1 = H_h - 2500 \times (9H + W) \tag{7-12}$$

式中　W——废物水分含量；

　　　　H——废物湿基元素组分氢的含量；

　　　　H_d——干基发热量，kJ/kg；

　　　　H_h——高位发热量，kJ/kg；

　　　　H_1——低位发热量，kJ/kg。

7.5.3.2　发热量计算公式

（1）Dulong 式：

$$H_h(\text{kJ/kg}) = 34000C + 143000\left(H - \frac{O}{8}\right) + 10500S \tag{7-13}$$

（2）Scheurer、Kesmer 式：

$$H_h(\text{kJ/kg}) = 34000\left(C - \frac{3O}{4}\right) + 143000H + 9400S + 23800 \times \frac{3O}{4} \tag{7-14}$$

（3）Steuer 式：

$$H_h(\text{kJ/kg}) = 34000\left(C - \frac{3O}{8}\right) + 23800 \times \frac{3O}{8} + 144200\left(H - \frac{O}{16}\right) + 10500S \tag{7-15}$$

（4）《化学工学便览》公式：

$$H_h(\text{kJ/kg}) = 34000C + 143000\left(H - \frac{O}{2}\right) + 9300S \tag{7-16}$$

式中　C，H，O，S——废物湿基元素分析组成；

　　　其他符号意义同上。

7.5.4　废气停留时间

废气停留时间是指燃烧生成的废气在燃烧室内与空气接触的时间，通常可以表示如下：

$$\theta = \int_0^V \mathrm{d}V/q \tag{7-17}$$

式中　θ——气体平均停留时间，s；

　　　　V——燃烧室内容积，m³；

　　　　q——气体的炉温状况下的风量，m³/s。

7.5.5　燃烧室容积热负荷

在正常运转下，燃烧室单位容积在单位时间内由垃圾及辅助燃料产生的低位发热量，称为燃烧室容积热负荷（Q_V），是燃烧室单位时间、单位容积所承受的热量负荷，单位为 kJ/(m³·h)。

$$Q_V = \frac{F_f H_{f1} + F_W[H_{W1} + Ac_{pa}(t_a - t_0)]}{V} \tag{7-18}$$

式中　F_f——辅助燃料消耗量，kg/h；

　　　　H_{f1}——辅助燃料的低位发热量，kJ/kg；

F_W——单位时间的废物焚烧量，kg/h；

H_{W1}——废物的低位发热量，kJ/kg；

A——实际供给每单位辅助燃料与废物的平均助燃空气量，kg/kg；

c_{pa}——空气的平均定压热容，kJ/(kg·℃)；

t_a——空气的预热温度，℃；

t_0——大气温度，℃；

V——燃烧室容积，m³。

7.5.6 焚烧温度推算

焚烧释放出的全部热量使焚烧产物（废气）达到的温度叫火焰温度。从理论上讲，对单一燃料的燃烧可以根据化学反应式及各物种的定压比热，借助精细的化学反应平衡方程组推求各生成物在平衡时的温度及浓度。但是焚烧处理的废物组分复杂，计算过程十分复杂，故工程上多采用较简便的经验法或半经验法推求燃烧温度。

（1）美国的方法。Tillman 等人根据美国焚烧厂数据，推导出大型垃圾焚烧厂燃烧温度的回归方程如下：

$$t_g(℃) = 0.0258H_h + 1926\alpha - 2.524W + 0.59(t_a - 25) - 177 \tag{7-19}$$

式中　H_h——高位发热量，kJ/kg；

α——等值比；

W——垃圾的含水率，%；

t_a——助燃空气预热温度，℃。

（2）日本的方法。日本田贺等人根据热平衡提出以下确定理论燃烧温度的公式。

无空气预热时，
$$t_{g1}(℃) = \frac{(H_1 + 6W) - 5.898W}{0.847\alpha(1 - W/100) + 0.491W/100} \tag{7-20}$$

有空气预热时，
$$t_{g2}(℃) = \frac{(H_1 + 6W) - 5.898W + 0.8t_a\alpha(1 - W/100)}{0.847\alpha(1 - W/100) + 0.491W/100} \tag{7-21}$$

7.5.7 停留时间的计算

近年来，在有害废物焚烧的研究领域中，为了简化起见，都假设焚烧反应为一级反应。按照化学动力学理论，反应动力学的方程可用式（7-22）表示：

$$dC/dt = -kC \tag{7-22}$$

在时间从 $0 \to t$，浓度从 $C_{A0} \to C_A$ 变化范围内积分，式（7-22）变为：

$$\ln(C_A/C_{A0}) = -kt \tag{7-23}$$

式中　C_{A0}，C_A——分别表示 A 组分的初始浓度和经时间 t 后的浓度，g·mol；

t——反应时间，s；

k——反应速度常数，是温度的函数。它们的关系可用 Arrhenius 方程式表示：

$$k = Ae^{-E/(RT)} \tag{7-24}$$

式中　A——Arrhenius 常数；

E——活化能，kJ/mol；

   R——通用气体常数；

   T——绝对温度，K。

   A 和 E 由实验测得。当通过实验求得 k 值，DRE 一定时，可由式（7-24）求得停留时间（t），或由停留时间求出 DRE，或由停留时间、DRE 计算破坏的温度。

7.6　生活垃圾衍生燃料制造技术

　　由于城市垃圾中含有相当比例的有机成分，这些成分具有可燃性，因此，城市垃圾可以作为燃料，通过热化学处理方式回收热量及燃料，用于发电或作为动力燃料，从而替代部分化石资源，节约能源、安全处理废弃物，实现节能减排、削减环境负荷的目的。

　　在建设有大型垃圾焚烧设备，并且城市垃圾发生量大、回收及运输便利的大城市，城市垃圾可以在回收后直接运往燃烧设备，经必要的前处理后可进行焚烧，回收能源，无需进行长期的储存。而在城市垃圾发生量小的小城市，或建设有大型垃圾焚烧设备而设备所在地的垃圾量供应不足的地方，为了实现垃圾的高效能源回收利用，有必要将垃圾进行储存，并经过一定量的囤积后，集中进行处理。由于垃圾中的生物质有机物在储存过程中发生腐烂和发酵，在释放出恶臭气味的同时产生可燃性气体并渗漏出污水，既影响垃圾储存场周围的环境，同时还有引发火灾的潜在危险。因此，有必要将垃圾加工成可以长期储存的固体燃料，防止二次污染，同时确保安全和便于运输。以固体废弃物为原料加工而成的燃料被称为废弃物固体燃料（Refuse Derived Fuel，RDF）。RDF 的加工过程主要包括固体废弃物的粉碎、干燥、筛选、粒度调节、成型固化等工序。城市垃圾在经过粉碎和干燥及与添加剂 CaO 反应等处理后，废弃物中的水分大部分被蒸发。RDF 是发达国家转成熟的垃圾储存方式，具有无味、无渗漏、便于运输和燃烧性能好等特点。RDF 制造技术源于 20 世纪 70 年代的美国，目前国际上主要有美国制造法和日本制造法两类制造方式。两种制造方法的区别主要在于添加剂的种类和添加工艺在整个流程中的位置的不同。

　　由图 7-1、图 7-2 所示两种不同工艺可以看出，欧美与日本的 RDF 制造方式主要区别在于工艺中添加剂的添加工序所处的位置不同。由于欧美的城市垃圾中水分及生物质有机物的含量相对来说比较少，因此，在去除垃圾中的金属及难燃物质之后再添加 CaO 即可。而日本的城市垃圾中生物质有机物的含量较高，水分多，直接进行微粉碎及精选比较困难，有必要在一次粉碎后立即添加 CaO，通过 CaO 与垃圾中的水分发生反应，并释放热量的方式，吸附垃圾中水分并干燥垃圾。通过这种化学处理后的垃圾，难于发酵，物理性质相对稳定，即使不进行干燥也很难发生腐烂现象，同时基本不释放垃圾的腐臭味，可以存放数月甚至几年。

　　作为再生能源，RDF（图 7-3）主要是通过焚烧方式得以有效利用。由于 RDF 的原料是垃圾，具有成分复杂、多变，缺乏均匀性，热值低，加工性和流动性差等不利要素，因此，与煤炭相比，要求燃烧装置具有较高的性能，同时需要配置复杂的尾气处理系统。通常，可用于燃烧 RDF 的为余热锅炉，其形式主要为炉排炉、回转窑炉及流动床炉。电站锅炉的煤粉炉不适用于燃烧 RDF。又由于 RDF 是废弃物，具有一定的危害性，因此，燃烧炉在设计上不但要求完全自动化，避免一切操作人员与废弃物直接接触，同时还要实现

RDF 的清洁燃烧及设备的高性能化（高负荷、高温高压蒸汽制造）等。RDF 的主要用途见表 7-3。

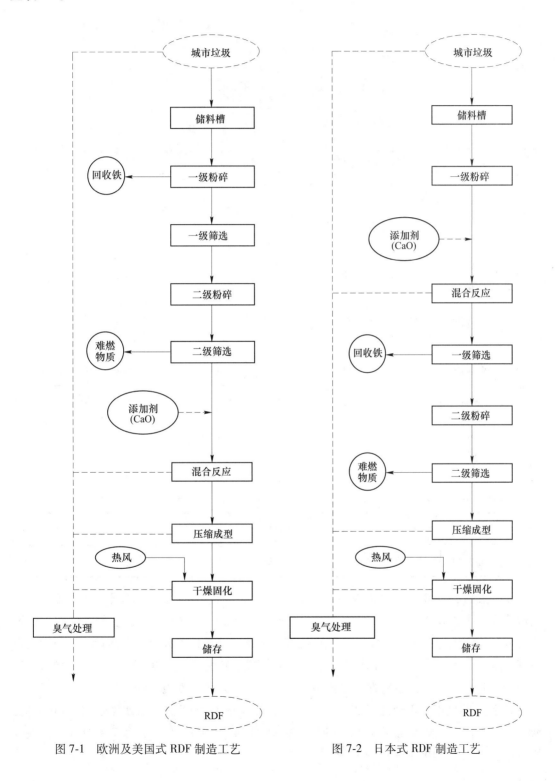

图 7-1　欧洲及美国式 RDF 制造工艺　　　　图 7-2　日本式 RDF 制造工艺

图 7-3　生活垃圾衍生燃料 RDF 照片

表 7-3　RDF 的主要用途

用途		利用设备	规模	备　注
产业用	火力发电	焚烧炉	大型	以往主要采用与煤炭进行混烧的方式，近 20 年来，RDF 单独焚烧方式占主流
	水泥制造	水泥窑	中型	在欧洲得到广泛应用，但对 RDF 中 Cl 含量有严格限制
	产业锅炉	余热锅炉	小或中	与煤混烧、专烧等
	干燥行业	焚烧炉	小或中	木材干燥等
	区域供暖	余热锅炉	中型	
民用	建筑物供暖	余热锅炉	小型	居民楼、医院及公共设施
	浴场、游泳馆	余热锅炉	小型	温水供应
	废弃物处理	燃烧炉	小型	污泥干燥

作为燃料，对 RDF 的性能有一定的要求。性能指标检测主要包括如下几个方面：（1）物理特性，主要有最大尺寸、粒度分布及堆放密度。（2）成分，主要包括含水率、灰分、挥发分、固定碳等工业分析数值。（3）燃烧特性，主要包括着火点、发热量、燃烧速度以及灰熔点等。（4）化学成分，主要包括元素组成、特别是重金属及 Cl、S 元素的含量。（5）抗腐败性及臭气发生特性，主要包括微生物含量及臭气发生量等。

通常 1t 的城市垃圾经加工处理后可以制造大约 650kg 的 RDF，含水率也将由 40% 降至 5%~10%，同时发热量也可从 10460kJ/kg 提高到 14644kJ/kg 左右。表 7-4 为日本代表性城市垃圾加工成 RDF 前后的成分变化。

表 7-4 城市垃圾及 RDF 的成分对比

分析方法	组分及元素	单位	城市垃圾	RDF	尾气测定		
					采样点	成分	测试值
工业分析 （质量分数）	水分	%	47.88	5.00	布袋除尘器入口	NO_x/ppm	73
	灰分	%	4.75	20.6		SO_x/ppm	<0.6
	挥发分	%	47.37	74.4		HCl/ppm	44
元素分析	C	%（干）	24.53	39.4		二噁英/ng·Nm^{-3}	28
	H	%（干）	3.77	5.11		粉尘/g·Nm^{-3}	9.59
	O	%（干）	18.03	28.58		O_2/%	6.8
	N	%（干）	0.88	0.9	布袋除尘器出口	二噁英/ng·Nm^{-3}	0.38
	Cl	%（干）	0.14	0.34		粉尘/g·Nm^{-3}	0.0148
	S	%（干）	0.02	0.11			
发热量	高位发热量	kJ/kg	11087	15731			
	低位发热量	kJ/kg	9037	14058			

RDF 作为燃料用于发电时，可以减少 CO_2 的排放，并节约化石资源。由于普通的小型垃圾焚烧炉不具备发电能力，仅仅是将垃圾通过高温燃烧进行处理，没有回收能源，因此在安全处理垃圾的同时也向环境中排放温室气体。利用生产 RDF 的方法，使原本小型单纯焚烧处理方式处理的分散垃圾，通过集中储存、集中处理的方式由大型高效垃圾焚烧发电设备进行处理。这样，虽然同样是焚烧并释放同等数量的 CO_2，但由于进行了能源的回收利用，生产出相应数量的电力，从而减少了本应由电力公司的相应数量的电力的需求，因此，减少了化石资源的消耗，并相应削减了对应的 CO_2 排放量。所以，RDF 焚烧炉的发电效率越高，单位垃圾的能源回收利用率就越高，相应的发电量也就越多，对应节约的煤炭数量也就越多，削减温室气体排放量的效果也就越好。

7.7 垃圾焚烧系统

城市垃圾焚烧处理操作为每日 24h 连续燃烧，仅于每年一次的大修期间（约 1 个月）或故障时停炉。垃圾以垃圾车载入厂区，经地磅称量，进入倾卸平台，将垃圾倾入垃圾储坑，由吊车操作员操纵抓斗，将垃圾抓入进料斗，垃圾由滑槽进入炉内，从进料器推入炉床。由于炉排的机械运动，使垃圾在炉床上移动并翻搅，提高燃烧效果。垃圾首先被炉壁的辐射热干燥及气化，再被高温引燃，最后烧成灰烬，落入冷却设备，通过输送带经磁选回收废铁后，送入灰烬储坑，再送往填埋场。燃烧所用空气分为一次及二次空气，一次空气以蒸气预热，自炉床下贯穿垃圾层助燃；二次空气由炉体颈部送入，以充分氧化废气，并控制炉温不致过高，以避免炉体损坏及氮氧化物的产生。炉内温度一般控制在 850℃ 以上，以防未燃尽的气状有机物自烟囱逸出造成臭味，因此垃圾低位发热量低时，需喷油助燃。高温废气经锅炉冷却，用引风机抽进酸性气体去除设备去除酸性气体后进入布袋集尘器除尘，再经加热后，自烟囱排入大气扩散。锅炉产生的蒸汽以汽轮发电机发电后，进入凝结器，凝结水经除气及加入补充水后，循环回锅炉；蒸汽产生量如有过剩，则直接经过减压器再送入凝结器。一座大型垃圾焚烧厂通常包括下述八个系统：

（1）储存及进料系统。由垃圾储坑、抓斗、破碎机（有时可无）、进料斗及故障排除/监视设备组成，垃圾储坑提供垃圾储存、混合及去除大型垃圾的场所，一座大型焚烧厂通常设一座储坑，负责替3~4座焚烧炉体进行供料。每一座焚烧炉均有一进料斗，储坑上方通常由一至二座吊车及抓斗负责供料，操作人员根据监视屏幕或目视垃圾由进料斗滑入炉体内的速度决定进料频率。若有大型物料卡住进料口，进料斗内的故障排除装置可将大型物顶出，落回储坑。操作人员也可指挥抓斗抓取大型物品，吊送到储坑上方的破碎机破碎，以利进料。

（2）焚烧系统。即焚烧炉本体内的设备，主要包括炉床及燃烧室。每个炉体仅一个燃烧室。炉床多为机械可移动式炉排构造，可让垃圾在炉床上翻转及燃烧。燃烧室一般在炉床正上方，可提供燃烧废气数秒钟的停留时间，由炉床下方往上喷入的一次空气可与炉床上的垃圾层充分混合，由炉床正上方喷入的二次空气可以提高废气的搅拌时间。

（3）废热回收系统。包括部署在燃烧室四周的锅炉炉管（即蒸发器）、过热器、节热器、炉管吹灰设备、蒸汽导管、安全阀等装置。锅炉炉水循环系统为一封闭系统，炉水不断在锅炉管中循环，经不同的热力学相变化将能量释出给发电机。炉水每日需冲放以泄出管内污垢，损失的水则由新水处理厂补充。

（4）发电系统。由锅炉产生的高温高压蒸汽被导入发电机后，在急速冷凝的过程中推动发电机的涡轮叶片，产生电力，并将未凝结的蒸汽导入冷却水塔，冷却后储存在凝结水储槽，经由饲水泵再次打入锅炉炉管中，进行下一循环的发电工作。在发电机中的蒸汽也可中途抽出一小部分作次级用途，例如助燃空气预热等工作。新水处理厂送来的补充水，可注入新水泵前的除氧器中，除氧器以特殊的机械构造将溶于水中的氧去除，防止炉管腐蚀。

（5）新水处理系统。新水子系统主要用于处理外界送入的自来水或地下水，将其处理到纯水或超纯水的品质，再送入锅炉水循环系统，其处理方法为高级用水处理程序，一般包括活性炭吸附、离子交换及逆渗透等单元。

（6）废气处理系统。从炉体产生的废气在排放前必须先行处理到符合排放标准，早期常使用静电集尘器去除悬浮微粒，再用湿式洗气塔去除酸性气体（如 HCl、SO_x、HF 等）；近年来多采用干式或半干式洗气塔去除酸性气体，配合滤袋集尘器去除悬浮微粒及其他重金属等物质。

（7）废水处理系统。由锅炉泄放的废水、员工生活废水、实验室废水或洗车废水，可以综合在废水处理厂一起处理，达到排放标准后再放流或回收再利用。废水处理系统一般由数种物理、化学及生物处理单元组成。

（8）灰渣收集及处理系统。由焚烧炉体产生的底灰及废气处理单元产生的飞灰，有些厂采用合并收集方式，有些采用分开收集方式。国外一些焚烧厂将飞灰进一步固化或熔融后，再合并底灰送到灰渣掩埋场处置，以防止沾在飞灰上的重金属或有机性毒物产生二次污染。

7.7.1　垃圾储存及进料系统

垃圾焚烧厂的储存及进料系统由垃圾储坑、抓斗、破碎机（有时可无）、进料斗及故障排除/监视设备等组成。

7.7.1.1　储存系统

储存系统包括垃圾倾卸平台、投入门、垃圾储坑及垃圾吊车与抓斗等四部分。

A　垃圾倾卸平台

倾卸平台的作用是接受各种形式的垃圾车，使之能顺畅进行垃圾倾卸作业。对于大型设施，以采用单向行驶为宜。平台的形式宜采用室内型，以防止臭气外溢及降雨流入。倾卸平台的尺寸应依垃圾车辆的大小及其行驶路线而定，一般以进入厂区的最大垃圾车辆作为设计的依据。平台宽度取决于垃圾车的行动路线及车辆大小，并应以一次掉头即可驶向规定的投入门为原则。一般应在倾卸平台投入门的正前方，设置高约 20cm 左右的挡车矮墙，以防车辆坠入垃圾储坑内。此外，地面设计应考虑易于将掉落出的垃圾扫入垃圾储坑内的构造。为了防止污水的积存，平台应具有 20% 左右的坡度，以便通过集水沟将污水收集后送至污水处理厂处理。垃圾投入门的开与关，由位于每一投入门的控制按钮或由吊车控制室的选控钮启动完成。为使在发生意外时能及时停止所有垃圾吊车及抓斗的运行，每一倾卸区附近的适当位置必须有紧急停止按钮。

一般而言，倾卸平台为混凝土构造物，必要时也可考虑设置防滑板以防止人员滑倒及行车安全。为防止臭气、降雨及噪声对周围环境的影响，平台应具有顶棚或屋顶，其出入口也应设置气幕及铁门，以阻绝臭气的扩散。倾卸平台的屋顶及侧墙亦应保留适当的开口以利采光，并保持明亮清洁的气氛。其他附属空间包括投入门驱动装置室、投入门操作室、粗大垃圾倾卸平台、粗大垃圾破碎机室、垃圾抓斗维修室、除臭装置室等。

为避免储坑过深，增加土方开挖量及施工难度，通常可将倾卸平台抬高，再以高架道路相连。高架道路的构造大致可分为填土式与支撑式两种。填土式必须具有边坡或挡土设施；支撑式应用在大规模的高架道路，其与厂房连接处应设置伸缩缝，其优点为道路下方仍可加以利用，较节省空间，但可能有车辆在行驶时噪声较大等问题，故应充分考虑适当的防治对策（如设置隔音墙）。高架道路的坡度应一般在 10% 以下，宽度较平地道路为宽，约在 4~5m 左右；若有曲线变化时，应使中心线半径在 15m 以上。路面的铺设应为沥青或混凝土路面，且应设置防滑构造物。道路的横断面应保持适当的坡度，并配置排水口，以迅速排除雨水；两侧也应设置护栏及照明设备，以防止车辆坠落。

B　垃圾投入门

为遮蔽垃圾储坑，防止槽内粉尘与臭气扩散及鼠类、昆虫的侵入，垃圾投入门应具有气密性高、开关迅速、耐久性佳、强度优异及耐腐蚀性好的特点。

C　垃圾储坑

垃圾储坑暂时储存运入的垃圾，调整连续式焚烧系统持续运转能力。储坑的容量依垃圾清运计划、焚烧设施的运转计划、清运量的变动率及垃圾的外观密度等因素而定。确定储坑容量时，以垃圾单位容积重 0.3t/m³ 及容纳 3~5 天的最大日处理量为计算依据。储坑的有效容量为投入门水平线以下的容量。为增加垃圾仓储效果，可以中墙间隔或采用单侧堆高方式将垃圾沿投入门对面的壁面堆高成三角状。

垃圾储坑应为不致发生恶臭逸散的密闭构筑物，其上部配置吊车进行进料作业。垃圾储坑、粗大垃圾投入及粉碎与垃圾漏斗的相对配置。储坑的宽度主要依投入门的数目来决定，长度及深度应考虑垃圾吊车的操作性能与地下施工的难易度。储坑的底部通常使用具水密性的钢筋混凝土构造，并最好在储坑内壁增大混凝土厚度及钢筋被覆厚度，以防止垃圾渗滤液渗透及吊车抓斗冲撞造成损害。坑底要保持充分的排水坡度，使储坑内渗滤液经拦污栅排入垃圾储坑污水槽内。储坑底部要有适当的照度，储坑内壁应有可表示储坑内垃圾层高度的标识，以便吊车操作员能掌握储存状况。

大型焚烧设施中常在储坑内附设可燃性粗大垃圾破碎机，以将形状不适合焚烧的大型垃圾破碎后再与其他垃圾混合送入炉内燃烧，故破碎机室多半设于平台的下层，且为容易将破碎后的垃圾排至储坑内的位置。

D 垃圾吊车与抓斗

垃圾吊车与抓斗（图7-4）的功能是，定时抓送储坑垃圾进入进料斗；定时抓匀储坑垃圾，使其组成均匀，堆积平顺；定时筛检是否有巨大垃圾，若发现有巨大垃圾，送往破碎机处理。

图7-4 垃圾焚烧厂投料抓斗

7.7.1.2 进料系统

焚烧炉垃圾进料系统包括垃圾进料漏斗和填料装置。垃圾进料漏斗可暂时储存垃圾吊车投入的垃圾，并将其连续送入炉内燃烧。喇叭状漏斗与滑道相连，并附有单向开关盖，在停机及漏斗未盛满垃圾时可遮断外部侵入的空气，避免炉内火焰的窜出。为防止阻塞现象，还可附设消除阻塞装置。

垃圾进料漏斗的基本功能：完全接受吊车抓斗一次投入的垃圾，既能在漏斗内存留足够量的垃圾，又能将垃圾顺利供至炉体内，并防止燃烧气漏出、空气漏入等现象发生。进料漏斗及滑道的形状取决于垃圾性质和焚烧炉类型。

进料设备的功能：连续将垃圾供给焚烧炉内；根据垃圾性质及炉内燃烧状况的变化，适当调整进料速度；在供料时松动漏斗内被自重压缩的垃圾，使其呈良好通气状态；如采用流化床式焚烧炉，还应保持气密性，避免因外界空气流入或气体吹出导致炉压变动。机械炉排焚烧炉多采用推入器式或炉床并用式进料器；流化床焚烧炉多采用螺旋进料器式及旋转进料器式进料装置。

7.7.2 焚烧炉系统的控制

7.7.2.1 焚烧炉燃烧控制的目标

垃圾是成分极其复杂的燃料，要提高垃圾焚烧厂运转效率，焚烧炉燃烧系统的稳定控制是关键。焚烧炉燃烧系统的控制目标通常设定如下：

（1）使炉内温度达到预定高温值并减少波动；

（2）维持稳定的燃烧；

（3）达到预定的垃圾处理量；

（4）使废气中含有较少量的悬浮微粒、氮氧化物及一氧化碳；

（5）焚烧残渣灼烧减量达到设计值；

（6）维持稳定的蒸汽流量；

（7）减低人为的操作疏失。

7.7.2.2 焚烧炉燃烧控制系统

目前已有许多控制系统可完成上述的控制目标。根据垃圾的热值以及进料量，决定垃圾在炉床上的停留时间，使其燃烧温度维持在一稳定的高温状态。为达此目的，一般以调整炉床的速度以及控制燃烧的助燃空气量来配合，并且由一些反馈数据加以修正，必要时加入辅助燃油，维持炉温的稳定。若其超出控制器所能控制的范围，则必须由有经验的操作员介入操作，主要的控制方法如下。

（1）计算蒸汽蒸发量。一般控制系统可按照估计的热值以及目标焚烧量计算得到目标蒸汽流量，在不断进料的过程中，将所测量的蒸汽流量与目标蒸汽流量的偏差，反馈给炉床速度控制器与助燃空气流量控制器进行控制，通过蒸汽蒸发量的变化来代表所欲焚烧垃圾热值的变化，进而调节炉床速度与助燃空气的进流量。

（2）控制炉床速度。炉排运动速度设定值与垃圾的释热量（或垃圾燃烧程度）有关，若想将垃圾的释热量维持在炉体设计值之内，可通过燃烧炉排上温度的感测以及垃圾层厚度的检测，加上蒸汽蒸发量偏差的计算，进行炉床上炉排运动速度的修正。

（3）控制助燃空气量。助燃空气量往往直接影响垃圾的释热量以及垃圾燃烧程度，助燃空气量的多少会表现在废气中残余氧浓度与炉温上，所以要控制燃烧空气量，可通过计算废气残余氧浓度与蒸汽蒸发量偏差，把空气依不同比例分配到炉体各进气口。

（4）控制辅助燃油。有时候垃圾的水分过高，造成垃圾不易燃烧；或是垃圾燃烧情况不佳，造成废气污染物质浓度过高，往往需加入辅助燃油改善燃烧的情况。通常参考炉温、蒸汽蒸发量、助燃空气量以及炉床上炉排运动速度，计算为改善燃烧情况应该加入多少辅助燃油，或由操作员视情况以人为方式介入控制。

（5）控制二次空气流量。二次空气流量的控制程度可由废气污染物质浓度以及蒸汽蒸发量决定。

以上各项控制方法，源于传统的比例积分微分（PID）控制理论，优点是计算简单，能迅速进行在线控制；缺点在于不能将操作员的经验融入控制器中，当对于受控体的内涵与机制不甚了解时，往往不能做出准确的判断。采用模糊控制能弥补这项缺点，将操作员的良好控制经验建模后放入控制器中，而且计算速度也相当迅速，可用来作为在线即时控制。

7.7.3 焚烧灰渣的收集

7.7.3.1 灰渣种类

垃圾焚烧产生的灰渣一般可分为下列四种：

（1）细渣。细渣由炉床上炉条间的细缝落下，经集灰斗槽收集，一般可并入底灰，其成分有玻璃碎片、熔融的铝锭和其他金属。

（2）底灰。底灰是焚烧后由炉床尾端排出的残余物，主要含有燃烧后的灰分及不完全燃烧的残余物（如铁丝、玻璃、水泥块等），一般经水冷却后再送出。

（3）锅炉灰。锅炉灰是废气中被锅炉管阻挡而掉落于集灰斗中的悬浮颗粒，也有粘在炉管上再被吹灰器吹落的。锅炉灰可单独收集，或并入飞灰一起收集。

（4）飞灰。飞灰是指由空气污染控制设备中收集的细微颗粒，一般是经旋风集尘器、静电集尘器或滤袋集尘器收集的中和反应物（如 $CaCl_2$、$CaSO_4$ 等）及未完全反应的碱剂 [如 $Ca(OH)_2$]。

一般而言，焚烧灰渣由底灰及飞灰共同组成，由于近年来飞灰经常被视为危险废物，因此在灰渣的收集、处理、处置及再利用的规划设计上必须仔细对待。

焚烧灰渣性质因其产生地点不同而不同，且受垃圾性质及焚烧处理流程的影响很大。一般而言，焚烧灰渣的物理及化学特性随采样时间及炉型而变动，其成分约为：SiO_2 35%~40%，Al_2O_3 10%~20%，CaO 10%~20%，Fe_2O_3 5%~10%，MgO、Na_2O、K_2O 各 1%~5%，以及少量的 Zn、Cu、Pb、Cr 等金属及盐类。如无前处理，且可能有其他问题时，除了了解基本的理化特性外，应进一步探讨其工程特性。进行系统规划时，可由灰渣的工程特性及再利用产品（材料）规范进一步规划其储存、运送、处理、处置及再利用的可行方案。

7.7.3.2 灰渣收集及储存

焚烧后的灰渣及由烟道气中捕集的飞灰，一般由灰烬漏斗或滑槽收集，在设计时除了需避免形成架桥等阻塞问题，还需严防空气漏入。焚烧灰渣由炉床尾部排出时温度可高达 400~500℃，一般底灰收集后多采用冷却降温法。若飞灰若与底灰分开收集，则运出前可用回收水充分湿润。底灰的冷却多在炉床尾端的排出口处进行，冷却水槽除了冷却底灰温度外，还具有遮断炉内废气及火焰的功能。灰渣冷却前的输送设备一般可分为下列五种：

（1）螺旋式输送带。采用内含螺旋翼的圆筒构造，此种输送带仅适用于 5m 以内的短程输送情况（如平底式静电集尘器的底部）。

（2）刮板式输送带。采用链条上附刮板的简单构造，使用时必须注意滚轮旋转时由飞灰造成的磨损。另外，当输送吸湿性高的飞灰时，应注意其密闭性，以避免由输送带外壳泄入空气后导致温度下降，使飞灰固结在输送设备中。

（3）链条式输送带。借串联起来的链条及加装的连接物在灰烬中移动，利用飞灰与连接物的摩擦力来排出飞灰。

（4）空气式输送管。将飞灰借空气流动的方式运送，空气流动的方式有压缩空气式及真空吸引式两种，均具有自由选择输送路线的优点。缺点为造价太高，且输送吸湿性高的飞灰时易形成固结及阻塞，此外，当输送速度太快时，也会造成设备磨损。

（5）水流式输送管。将飞灰通过水流输送，如空气式输送管一般，具有自由选择输送路径的优点，但会产生大量污水。

目前大型现代化生活垃圾焚烧技术在内容上大体相同，其工艺流程如图 7-5 所示。现代化生活垃圾焚烧工艺流程主要由前处理系统、进料系统、焚烧炉系统、空气系统、烟气系统、灰渣系统、余热利用系统及自动化控制系统组成。其核心是焚烧设备，焚烧设备的结构形式与废物的种类、性质和燃烧形态等因素相关。固体废物焚烧技术和工艺流程各不相同，如间歇焚烧、连续焚烧、固定炉排焚烧、流化床焚烧、回转窑焚烧、机械炉排焚烧、单室焚烧、多室焚烧等。不同焚烧技术和工艺流程有着各自的特点。

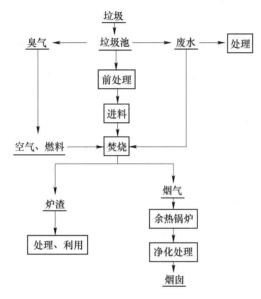

图 7-5　固体废物焚烧工艺流程

7.8　垃圾焚烧设备

7.8.1　前处理系统

固体废物焚烧的前处理系统主要包括固体废物的接受、储存、分选或破碎。前处理系统，特别是对于我国非常普遍的混装生活垃圾的破碎和筛分处理过程，往往是整个工艺系统关键步骤。前处理系统的设备、设施和构筑物主要包括车辆、地衡、控制间、垃圾池、吊车、抓斗、破碎和筛分设备、磁选机，以及臭气和渗滤液处理设施等。

7.8.2　进料系统

进料系统的主要作用是向焚烧炉定量饲料，同时将垃圾池中的垃圾与焚烧炉的高温火焰和高温烟气隔开、密闭，以防止焚烧炉火焰通过进料口向垃圾池垃圾反烧和高温烟气反窜。目前应用较广的进料方法有炉排进料、螺旋给料、推料器给料几种形式。

7.8.3　焚烧炉系统

焚烧炉系统是整个工艺系统的核心系统，是固体废物进行蒸发、热分解和燃烧的场所。焚烧炉系统的主要装置是焚烧炉。焚烧炉有多种炉型，如固定炉排焚烧炉、水平链条炉排焚烧炉、倾斜机械炉排焚烧炉、回转式焚烧炉、流化床焚烧炉、立式焚烧炉、气化热解炉、气化熔融炉、电子束焚烧炉、离子焚烧炉、催化焚烧炉等。在现代生活垃圾焚烧工艺中，应用最多的是水平链条炉排焚烧炉和倾斜机械炉排焚烧炉。

典型机械炉排焚烧炉如图 7-6 所示，各式炉排如图 7-7 所示。

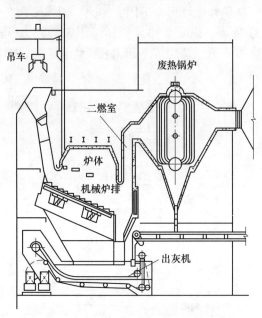

图 7-6　典型机械炉排焚烧炉

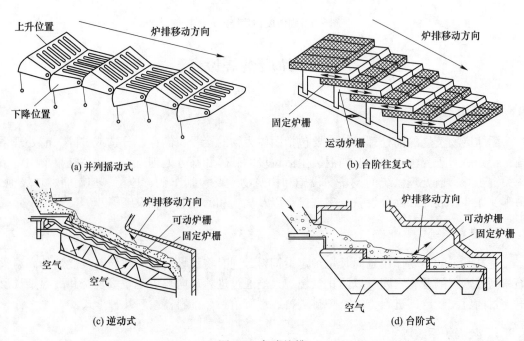

图 7-7　各式炉排

固定炉床-多段炉又叫多膛炉或机械炉（图7-8），是一种有机械传动装置的多膛焚烧炉，可以长期连续运行，是可靠性相当高的焚烧装置，广泛应用于污泥的焚烧处理。缺点：机械设备较多，需要较多维修与保养；需要二次燃烧除臭。

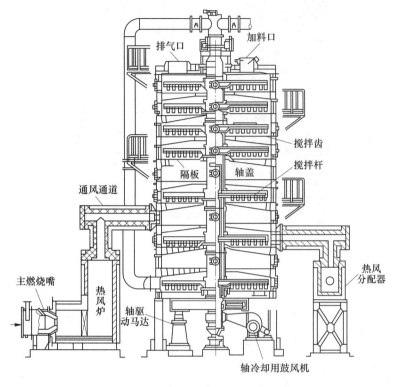

图 7-8　多段炉

活动炉床主要包括转盘式、隧道式、回转式。旋转窑焚烧炉（图7-9、图7-10）是应用最多的活动炉床焚烧炉。它是一个略微倾斜并内衬耐火砖的钢制空心圆筒，窑体通常很长，通过炉体整体转动达到固体废物均匀混合并沿倾斜角度向出料端移动的目的。

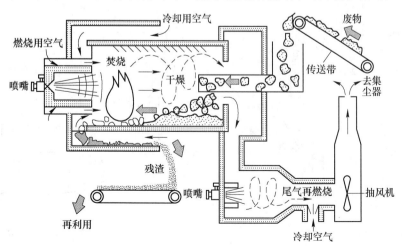

图 7-9　活动炉床-旋转窑焚烧炉

图 7-10　焚烧炉照片

　　根据燃烧气体和固体废物前进方向是否一致，旋转窑焚烧炉可分为顺流和逆流两种。前者常用于处理高挥发性固废；后者常用于处理高水分固废。温度分布大致为：干燥区 200~400℃，燃烧区 700~900℃，高温熔融烧结区 1100~1300℃。

　　流化床炉（图 7-11）利用炉底分布板吹出的热风使废物悬浮气呈沸腾状进行燃烧。一般常采用中间媒体，即载体（砂子）进行流化，再将废物加入到流化床中与高温的沙子接触、传热进行燃烧。目前工业应用的流化床有气泡床和循环床两种类型。前者多用于处理城市垃圾和污泥；后者多用于处理有害工业废物。焚烧温度多保持在 400~980℃。

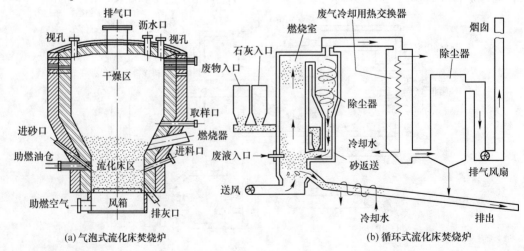

(a) 气泡式流化床焚烧炉　　　　　　　　　　　　(b) 循环式流化床焚烧炉

图 7-11　流化床焚烧炉

7.8.4　空气系统

空气系统除了为固体废物的正常焚烧提供必需的助燃氧气外，还有冷却炉排、混合炉料和控制烟气气流的作用。其主要设施是抽风、送风管道，进气系统，风机和空气预热器等。

助燃空气可分为一次助燃空气和二次助燃空气。一次助燃空气是指由炉排下送入焚烧炉的助燃空气，约占助燃空气总量的60%~80%，主要起助燃、冷却炉排搅动炉料的作用。它分别从炉排的干燥段（着火段）、燃烧段（主燃烧段）和燃烬段（后燃烧段）送入炉内，气量分配大致约为15%、75%和10%。火焰上空气和二次燃烧室的空气属于二次助燃空气，其主要是为了助燃和控制气量的湍流程度，一般约为助燃空气总量的20%~40%。

7.8.5　烟气系统

焚烧炉烟气是固体废物焚烧炉系统的主要污染源，含有大量颗粒状污染物质和气态污染物质。烟气系统的目的就是净化、去除烟气中的这些污染物质，使之达到国家或地方有关排放质量标准的要求，最终排入大气。烟气系统是防治固体废物焚烧二次环境污染的关键。

根据焚烧炉烟气成分和处理要求，常用的处理技术有旋风除尘、静电除尘、湿式洗涤、半干式洗涤、布袋过滤、活性炭吸附等。有时还设有催化脱销、烟气再加热和减振降噪等设施。焚烧炉烟气处理系统的主要设备、设施有沉降室、旋风除尘器、静电除尘器、湿式洗涤塔、布袋过滤器等。除以上工艺系统外，固体废物焚烧系统还包括灰渣系统、废水处理系统、余热系统、发电系统、自动化控制系统及安全保护系统等。

7.9　垃圾焚烧发电系统

7.9.1　炉排炉焚烧发电系统

炉排炉垃圾焚烧发电系统如图7-12所示。炉排炉是一种装备有炉排的焚烧炉（图7-13），其炉体主要由一次燃烧室和二次燃烧室构成。废弃物首先被投到一次燃烧室的炉排上，同时与炉排下部提供的一次燃烧空气相接触，发生燃烧及热分解反应。产生的可燃性气体及被吹起的可燃物进入到二次燃烧室，并与二次燃烧空气相接触，发生完全燃烧，从而产生高温烟气。小型炉排炉通常仅设置一段炉排，而大型炉通常设有两段或三段炉排。三段炉排按燃烧状态可分为干燥引火、焚烧及残渣焚烧三个流程。通过多段炉排的设置，可延长垃圾在炉内的滞留时间，确保垃圾的完全焚烧和焚烧效率。

炉排炉焚烧发电系统的汽包、蒸汽发电机组和除尘系统如图7-14~图7-16所示。

炉排式焚烧炉通常比较适合焚烧类似于废木材、厨余、废纸等比重相对较小的生物质有机废弃物。在进行厨余与其他固体废弃物混合焚烧时，可以同时混入小于15%的废塑料或污泥。如果废塑料的混入量超过15%，熔融的塑料将会从炉排缝隙滴落下去，造成部分炉排堵塞，从而引发一次空气分布不均现象；而当污泥量过多时，会造成炉温过低，废弃物焚烧不完全或难以引燃等问题。

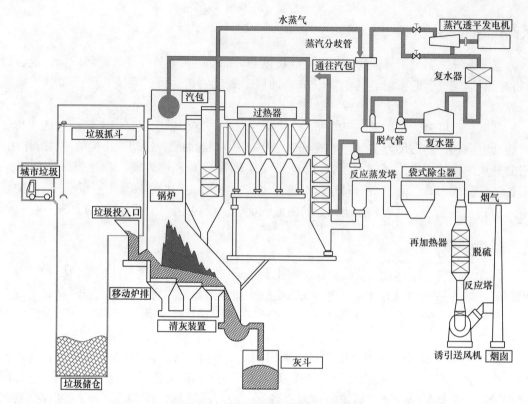

图 7-12   炉排炉垃圾焚烧发电系统

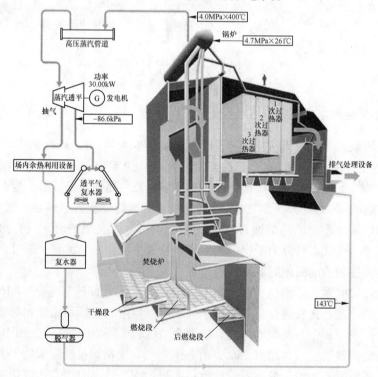

图 7-13   炉排炉示意图

图 7-14　汽包

图 7-15　蒸汽发电机组

7.9.2　流化床式焚烧炉发电系统

　　流化床式垃圾焚烧炉发电系统如图 7-17 所示。流化床式焚烧炉采用了流动化技术，在燃烧床上填充有流动媒体（通常为颗粒均匀的沙粒），并从炉床底部通入一次燃烧空气。当一次燃烧空气通过炉床时，流动媒体就会被吹浮起来，在燃烧室内形成类似于沸水翻腾的状态，即形成流动化状态。当废弃物被投入到流动化燃烧层后，与高温流动媒体接触，受热并与一次空气发生燃烧反应，释放出的热量的一部分又传给流动媒体。流动媒体通过蓄热、放热将燃烧热进行回收并传递给后续被投入的新鲜废弃物，起到传递热量的媒体作用。由于流动媒体在流化床内进行高速移动，因此加快了与废弃物的接触速度，扩大了传热面积，使得废弃物可以在极短的

图 7-16　除尘系统

图 7-17　流化床式垃圾焚烧炉发电系统

时间内获取大量热量，迅速被加热并发生燃烧，因此，流化床式焚烧炉是一种高速燃烧设备（图7-18、图7-19）。流化床式焚烧炉的最大优点在于流化床具有极高的保温和控温能力以及极高的热传导率。同时由于流动媒体的剧烈运动可以起到良好的搅拌效果，因此可以用来焚烧高水分、高黏度的污泥及发热量较高的废旧塑料等燃烧条件要求较高的废弃物。与其他类型的焚烧炉相比，具有结构简单、紧凑，起炉、停炉方便、迅速等特点。

图 7-18　流化床污泥焚烧装置　　　　　　图 7-19　循环流化床污泥焚烧装置

流化床式焚烧炉虽然具有上述这些优点，但由于焚烧速度快、气流速度高、废弃物在燃烧区域滞留时间短，易发生不完全燃烧现象；同时，为确保废弃物能够在流化床内被流化，废弃物在投入炉内时，事先需要进行充分的混合及粉碎等细致的预处理。在焚烧含废塑料较高的垃圾及灰分中含 Na、K 等碱土金属较高的废弃物时，由于炉温较高，易引发流动媒体与这些物质的熔融体发生黏结现象，破坏流动化状态的形成。另外，在烟气中通常含有大量的飞灰，加剧尾气处理工艺的负荷并易引发系统发生故障。

7.9.3　回转窑式焚烧炉发电系统

回转窑式垃圾焚烧炉发电系统如图 7-20 所示。回转窑式焚烧炉以旋转的圆筒为焚烧

图 7-20　回转窑式垃圾焚烧炉发电系统

炉，被焚烧物在筒内边滚动边燃烧。回转窑式焚烧炉可以适用于多种废弃物的焚烧。不过，由于在回转窑中废弃物所占的体积比较大，造成燃烧空气与废弃物的接触面积相对较小，因此容易发生燃烧状态恶化、焚烧不完全、残渣中可燃物含量高等问题。因此，在利用回转窑式焚烧炉时，废弃物占回转窑的体积比应控制在 10%~12% 以下，炉内容积的热负荷及容量负荷分别控制在 $(4.18~29.3) \times 10^5 kJ/(m^3 \cdot h)$ 及 $30~60 kg/(m^3 \cdot h)$ 范围内。在回转窑内，在焚烧水分量高的废弃物及易滑动的废弃物时，为加速干燥过程及延长滞留时间，通常在炉内设置刮板或挡板。在回转窑内的燃气流速通常控制在 3~5m/s 范围内，如果流速过高，将会造成灰分及废弃物飞散入二次燃烧室，飞灰量增加。另外，为了避免因废弃物堵塞回转窑而引发燃烧空气无法进入窑内的问题，通常在回转窑内要加设再燃燃烧器并在尾部设置二次燃烧室。回转窑式焚烧炉适合焚烧杂草、厨余、污泥、焦油残渣及各种粒状废弃物，不适合灰熔点较低废弃物及聚氯乙烯等废弃物。这是由于这类物质在炉内易发生热分解，同时发生结焦现象，造成炉内大量附着焦块，从而影响回转窑的正常、连续运转。最新的回转窑式焚烧炉多采用双层滚筒形式。内筒由水冷管构成，并可以旋转；燃烧空气透过水冷管间隙进入内筒与废弃物相接触，并发生燃烧反应。由于采用了水冷，因此在筒壁上难以生成结焦，可防止设备发生故障。图 7-21 为回转窑式焚烧炉吊装的情景。

图 7-21　回转窑式焚烧炉发电系统

固体废弃物焚烧系统通常由垃圾前处理系统、垃圾焚烧系统、助燃空气供应系统、余热回收系统、蒸汽利用发电系统、烟气处理系统、灰渣回收处理系统及自动控制系统等组成。

对于炉排炉及回转窑焚烧炉，一般不需要粉碎等前处理，废弃物被运入储料仓后，即可直接被投入焚烧设备（图 7-22）进行焚烧。在垃圾储存时应注意垃圾臭气外泄及发生垃圾自燃现象。为防止垃圾臭气泄漏到周围的环境，通常储存仓采用密封设计，并通过引风机连续将储存仓内气体引入焚烧炉，作为助燃空气，同时通过高温分解臭气。由于采用引风机，储存仓将形成一定的负压，外部空气通过建筑物的间隙进入储存仓，内部气体很难

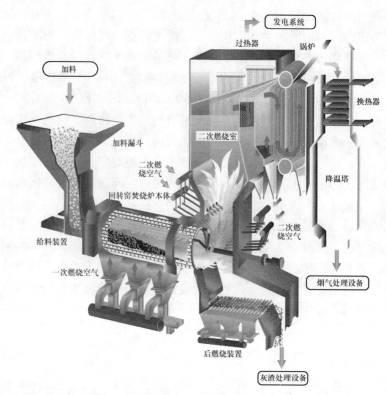

图 7-22   回转窑焚烧炉

逸出建筑物。进料门只有在垃圾车向储存仓内投料时才会打开，通常处于关闭状态。垃圾中含有的水分会因挤压和重力作用从底部渗漏出来，因此，在储存仓的底部要设有排污口，及时排除并回收垃圾渗漏液。由于垃圾和煤炭相似，会在缺氧和重力作用下发生生物分解，释放出可燃性气体氢气及甲烷等；同时由于在热分解时会释放出一定的热量，在通风不好的状态下，会发生自燃现象，造成火灾，因此，垃圾储存仓在设计时对其深度和结构有特殊的要求，一般垃圾的储存量应控制在 3 天左右，最多不能超过 1 周的量。通常的储存仓设计成两个或多个隔仓，并定期进行垃圾的交替保存。

7.10   焚烧尾气控制技术

废物焚烧产生的燃烧气体中除了无害的二氧化碳及水蒸气外，还含有许多污染物质，必须加以适当处理，将污染物的含量降至安全标准以下才可排放，以免造成二次污染。虽然应用于焚烧系统的尾气处理设备与一般空气污染防治设备相同，但是焚烧废物产生的尾气及污染物具有其特殊的性质，设计此种尾气处理系统时必须考虑其应用于专门系统的经验及去除效果，以保证达到预期目的。

7.10.1   概述

7.10.1.1   焚烧尾气中污染物
焚烧尾气中所含的污染物质的产生及含量与废物的成分、燃烧速率、焚烧炉形式、燃烧条件、废物进料方式有密切的关系，主要的污染物质有下列几种：

（1）不完全燃烧产物。碳氢化合物燃烧后主要的产物为无害的水蒸气及二氧化碳，可以直接排入大气之中。不完全燃烧物（PIC）是燃烧不良产生的副产品，包括一氧化碳、炭黑、烃、烯、酮、醇、有机酸及聚合物等。

（2）粉尘，包括废物中的惰性金属盐类、金属氧化物或不完全燃烧物质等。

（3）酸性气体，包括氯化氢、卤化氢（氯以外的卤素，氟、溴、碘等）、硫氧化物（二氧化硫及三氧化硫）、氮氧化物（NO_x），以及五氧化磷（PO_5）和磷酸（H_3PO_4）。

（4）重金属污染物，包括铅、汞、铬、镉、砷等的元素态、氧化物及氯化物等。

（5）二噁英，即 PCDDs/PCDFs。

7.10.1.2 焚烧尾气

一个设计良好而且操作正常的焚烧炉内，不完全燃烧物质的产生量极低，通常并不至于造成空气污染，因此设计尾气处理系统时，不将其考虑在内。

氮氧化物（NO_x）很难以一般方法去除，但是由于含量低（约 100mg/L），通常可通过控制焚烧温度降低其产生量。硫氧化物虽难以去除，但一般危险废物和城市垃圾中含硫量很低（0.1% 以下），尾气中少量硫氧化物可经湿式洗涤设备吸收。溴气（Br_2）、碘（I_2）及碘化氢等尚无有效去除方法，由于其含量甚低，一般尾气处理系统的设计并不特别考虑去除。如果废物中含有高成分的溴或碘化合物，焚烧前可以混合或稀释等方式，降低其含量。卤素与氢的化合物（氯化氢、溴化氢等）可由洗涤设备中的碱性溶液中和。氯化氢是尾气中主要的酸性物质，其含量由几百 mg/L 至几个百分比，必须将其含量降至 1% 以下（99% 去除率）才可排放。废气中挥发状态的重金属污染物，部分在温度降低时可自行凝结成颗粒，于飞灰表面凝结或被吸附，从而被除尘设备收集去除；部分无法凝结及被吸附的重金属的氯化物，可利用其溶于水的特性，经湿式洗气塔的洗涤液自废气中吸收下来。

焚烧厂典型的空气污染控制设备和处理流程可分为干式、半干式或湿式三类：

（1）湿法处理流程。典型处理流程包括文丘里式洗气器或静电除尘器与湿式洗气塔的组合，以文丘里式洗气器或湿式电离洗涤器去除粉尘，填料吸收塔去除酸气。

（2）干法处理流程。典型处理流程由干式洗气塔与静电除尘器或布袋除尘器相互组合而成，以干式洗气塔去除酸气，布袋除尘器或静电集尘器去除粉尘。

（3）半干法处理流程。典型处理流程由半干式洗气塔与静电除尘器或布袋除尘器相互组合而成，以半干式洗气塔去除酸气，布袋除尘器或静电集尘器去除粉尘。

7.10.2 粒状污染物控制技术

7.10.2.1 设备选择

焚烧尾气中粉尘的主要成分为惰性无机物质，如灰分、无机盐类、可凝结的气体污染物质及有害的重金属氧化物，其含量在 $450 \sim 22500 mg/m^3$ 之间，视运转条件、废物种类及焚烧炉型式而异。一般来说，固体废物中灰分含量高时，所产生的粉尘量多，颗粒大小的分布也广，液体焚烧炉产生的粉尘较少。粉尘颗粒的直径有的大至 $100\mu m$ 以上，也有小至 $1\mu m$ 以下，由于送至焚烧炉的废物来自各种不同的产业，焚烧尾气带走的粉尘及雾滴特性和一般工业尾气类似。

　　选择除尘设备时，首先应考虑粉尘负荷、粒径大小、处理风量及容许排放浓度等因素，若有必要可再进一步深入了解粉尘的特性（如粒径尺寸分布、平均与最大浓度、真密度、黏度、湿度、电阻系数、磨蚀性、磨损性、易碎性、易燃性、毒性、可溶性及爆炸限制等）及废气的特性（如压力损失、温度、湿度及其他成分等），以便作合适的选择。

　　除尘设备的种类主要包括重力沉降室、旋风（离心）除尘器、喷淋塔、文氏洗涤器、静电除尘器及布袋除尘器等。重力沉降室、旋风除尘器和喷淋塔等无法有效去除 5~10um 的粉尘，只能视为除尘的前处理设备。静电集尘器、文氏洗涤器及布袋除尘器等三类为固体废物焚烧系统中最主要的除尘设备。液体焚烧炉尾气中粉尘含量低，设计时不必考虑专门的去除粉尘设备。急冷用的喷淋塔及去除酸气的填料吸收塔的组合足以将粉尘含量降至许可范围之内。

7.10.2.2　设备类型

　　控制粒状污染物的设备主要有文氏洗涤器、静电除尘器和布袋除尘器。静电除尘器与布袋除尘器是目前使用最广泛的两种粒状污染物控制设备。布袋除尘器的优点是，除尘效率高，可保持一定水准，不易因进气条件变化而影响其除尘效率；当使用特殊材质或进行表面处理后，可以处理含酸碱性的气体；不受含尘气体的电阻系数变化而影响效率；若与半干式洗气塔合并使用，未反应完全的 $Ca(OH)_2$ 粉末附着于滤袋上，当废气经过时因增加表面接触机会，可提高废气中酸性气体的去除效率；对凝结成细微颗粒的重金属及含氯有机化合物（如 PCDDs/PCDFs）的去除效果较佳。缺点为：耐酸碱性较差，废气中含高酸碱成分时滤布可能在较高酸碱度下损毁；需使用特殊材质；耐热性差，超过 260℃ 以上需考虑使用特殊材质的滤材；耐湿性差，处理亲水性较强的粉尘较困难，易形成阻塞；风压损失较大，故较耗能源；滤袋寿命有一定期限，需有备用品随时更换；滤袋如有破损，很难找出破损位置；采用振动装置振落捕集灰尘时需注意滤布破裂的问题。

7.10.3　酸性气体控制技术

　　用于控制焚烧厂尾气中酸性气体的技术有湿式、半干式及干式洗气等三种方法。

7.10.3.1　湿式洗气法

　　焚烧尾气处理系统中最常用的湿式洗气塔属于对流操作的填料吸收塔，如图 7-23 所

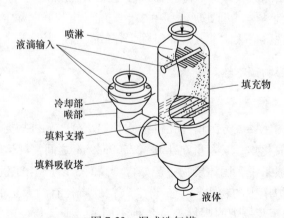

图 7-23　湿式洗气塔

示。经静电除尘器或布袋除尘器去除颗粒物的尾气由填料塔下部进入,首先喷入足量的液体使尾气降到饱和温度,再与向下流动的碱性溶液不断地在填料空隙及表面接触及反应,使尾气中的污染气体有效地被吸收。

填料对吸收效率影响很大,要尽量选用耐久性与防腐性好、比表面积大、对空气流动阻力小以及单位体积质量轻和价格便宜的填料。近年来最常使用的填料是由高密度聚乙烯、聚丙烯或其他热塑胶材料制成的不同形状的特殊填料,如拉西环、贝尔鞍及螺旋环等,较传统陶瓷或金属制成的填料质量轻、防腐性高,液体分配性好。使用小直径的填料虽可提高单位高度填料的吸收效率,但是压差也随之增加。一般来说,气体流量超过 $14.2m^3/min$ 以上时,不宜使用直径在 25.4mm 以下的填料;超过 $56.6m^3/min$ 以上,不宜使用直径低于 50.8mm 以下填料,填料的直径不宜超过填料塔直径的 1/20。

吸收塔的构造材料必须能抗拒酸气或酸水的腐蚀,传统做法是在碳钢外壳内衬橡胶或聚氯乙烯等防腐物质,近年来玻璃纤维强化塑胶(FRP)逐渐普及。玻璃纤维强化塑胶不仅质量轻,可以防止酸碱腐蚀,还具有高度韧性及强度,适于作为吸收塔的外设及内部附属设备。

常用的碱性药剂有 NaOH 溶液(15%~20%,质量分数)或 $Ca(OH)_2$ 溶液(10%~30%,质量分数)。石灰液价格较低,但是石灰在水中的溶解度不高,含有许多悬浮氧化钙粒子,容易导致液体分配器、填料及管线的堵塞及结垢。虽然苛性钠较石灰为贵,但苛性碱和酸气反应速率较石灰快速,吸收效率高,其去除效果较好且用量较少,不会因 pH 值调节不当而产生管线结垢等问题,故一般均采用 NaOH 溶液作为碱性中和剂。

洗气塔的碱性洗涤溶液采用循环使用方式,当循环溶液的 pH 值或盐度超过一定标准时,应排泄部分并补充新鲜的 NaOH 溶液,以维持一定的酸性气体去除效率。排泄液中通常含有很多溶解性重金属盐类(如 $HgCl_2$、$PbCl_2$ 等),氯盐浓度也高达 3%,必须予以适当处理。

石灰溶液洗气时,其化学方程式为:

$$2S+2CaCO_3+4H_2O+3O_2 \longrightarrow 2CaSO_4 \cdot 2H_2O+2CO_2 \tag{7-25}$$

其中 $CaSO_4 \cdot 2H_2O$ 可以回收再利用。

由于一般的湿式洗气塔均采用充填吸收塔的方式设计,故其对粒状物质的去除能力几乎可被忽略。湿式洗气塔的最大优点为酸性气体的去除效率高,对 HCl 去除率为 98%,SO_x 去除率为 90%以上,并附带有去除高挥发性重金属物质(如汞)的潜力;其缺点为造价较高,用电量及用水量也较高,此外为避免尾气排放后产生白烟现象需另加装废气再热器,废水也需加以妥善处理。目前改良型湿式洗气塔多分两阶段洗气,第一阶段针对 SO_2,第二阶段针对 HCl,主要原因是二者在最佳去除效率时的 pH 值不同。

此外,湿式洗气法产生的含重金属和高浓度氯盐的废水需要进行处理。

7.10.3.2 干式洗气法

干式洗气法是用压缩空气将碱性固体粉末(消石灰或碳酸氢钠)直接喷入烟管或烟管上某段反应器内,使碱性消石灰粉与酸性废气充分接触和反应,从而达到中和废气中的酸性气体并加以去除的目的。

$$2xHCl + ySO_2 + (x + y)CaO \longrightarrow CaCl_2 + yCaSO_3 + xH_2O \tag{7-26}$$

$$yCaSO_3 + y/2O_2 \longrightarrow yCaSO_4 \tag{7-27}$$

或

$$xHCl + ySO_2 + (x + 2y)NaHCO_3 \longrightarrow xNaCl + yNa_2SO_3 + (x + 2y)CO_2 + (x + y)H_2O$$

$$(7-28)$$

式中　x，y——分别为氯化氢（HCl）及二氧化硫（SO₂）的摩尔数。

为了加强反应速率，实际碱性固体的用量约为反应需求量的 3~4 倍，固体停留时间至少需 1s 以上。

近年来，为提高干式洗气法对难以去除的一些污染物质的去除效率，使用硫化钠（Na₂S）及活性炭粉末混合石灰粉末一起喷入，可以有效地吸收气态汞及二噁英。干式洗气塔中发生的一系列化学反应如下。

（1）石灰粉与 SO₂ 及 HCl 进行中和反应：

$$CaO + SO_2 \longrightarrow CaSO_3 \tag{7-29}$$

$$CaO + 2HCl \longrightarrow CaCl_2 + H_2O \tag{7-30}$$

（2）SO₂ 可以减少 HgCl₂ 转化为气态的 Hg：

$$SO_2 + 2HgCl_2 + H_2O \longrightarrow SO_3 + Hg_2Cl_2 + 2HCl \tag{7-31}$$

$$Hg_2Cl_2 \longrightarrow HgCl_2 + Hg \uparrow \tag{7-32}$$

（3）活性炭吸附现象将形成硫酸，而硫酸与气态汞可反应：

$$SO_{2,气} \longrightarrow SO_{2,吸附} \tag{7-33}$$

$$SO_{2,吸附} + 1/2O_{2,吸附} \longrightarrow SO_{3,吸附} \tag{7-34}$$

$$SO_{3,吸附} + H_2O \longrightarrow H_2SO_{4,吸附} \tag{7-35}$$

$$2Hg + 2H_2SO_{4,吸附} \longrightarrow Hg_2SO_{4,吸附} + 2H_2O + SO_2 \tag{7-36}$$

或　　$$Hg_2SO_{4,吸附} + 2H_2SO_{4,吸附} \longrightarrow 2HgSO_{4,吸附} + 2H_2O + SO_2 \tag{7-37}$$

因此当用石灰粉末去除 SO₂ 时，会影响 Hg 的吸附，故须加入一些含硫的物质（如 Na₂S）。

干式洗气塔与布袋除尘器组合工艺是焚烧厂中控制尾气污染的常用方法，其典型流程如图 7-24 所示。优点为设备简单、维修容易、造价便宜，消石灰输送管线不易阻塞；缺点是由于固相与气相的接触时间有限且传质效果不佳，常须超量加药，药剂的消耗量大，整体的去除效率也较其他两种方法为低，产生的反应物及未反应物量亦较多，需要适当最终处置。目前虽已有部分厂商运用回收系统，将由除尘器收集下来的飞灰、反应物与未反应物，按一定比例与新鲜的消石灰粉混合再利用，以期节省药剂消耗量，但其成效并不显著，且会使整个药剂准备及喷入系统变得复杂，管线系统亦因飞灰及反应物的介入而增加了磨损或阻塞的频率，反而失去原系统设备操作简单、维修容易的优势。

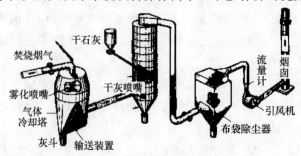

图 7-24　干法洗气流程

7.10.3.3　半干式洗气法

如图 7-25 所示，半干式洗气塔实际上是一个喷雾干燥系统，利用高效雾化器将消石灰泥浆从塔底向上或从塔顶向下喷入干燥吸收塔中。尾气与喷入的泥浆可成同向流或逆向流的方式充分接触并产生中和作用。由于雾化效果佳（液滴的直径可低至 $30\mu m$ 左右），气、液接触面大，不仅可以有效降低气体的温度，中和气体中的酸气，并且喷入的消石灰泥浆中水分可在喷雾干燥塔内完全蒸发，不产生废水。

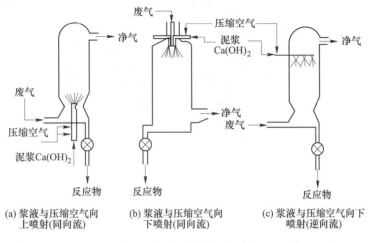

图 7-25　半干式洗气装置

其化学方程式为：

$$CaO + H_2O \longrightarrow Ca(OH)_2 \tag{7-38}$$

$$Ca(OH)_2 + SO_2 \longrightarrow CaSO_3 + H_2O \tag{7-39}$$

$$Ca(OH)_2 + 2HCl \longrightarrow CaCl_2 + 2H_2O \tag{7-40}$$

或　　　　$$SO_2 + CaO + 1/2H_2O \longrightarrow CaSO_3 \cdot 1/2H_2O \tag{7-41}$$

这种系统最主要的设备为雾化器，目前使用的雾化器为旋转雾化器及双流体喷嘴。旋转雾化器为一个由高速马达驱动的雾化器，转速可达 $10000 \sim 20000 r/min$，液体由转轮中间进入，然后扩散至转轮表面，形成一层薄膜。由于高速离心作用，液膜逐渐向转轮外缘移动，经剪力作用将薄膜分裂成 $30 \sim 100\mu m$ 大小的液滴。喷淋塔的大小取决于液滴喷雾的轨迹及散体面。双流体喷嘴由压缩空气或高压蒸气驱动，液滴直径为 $70 \sim 200\mu m$，由于雾化面远较旋转雾化面小，所以喷淋室直径也相对降低。旋转雾化器产生的雾化液滴较小，只要转速及转盘直径不变，液滴尺寸就会保持一定，酸气去除效率较高，碱性反应剂使用量较低；但构造复杂，容易阻塞，价格及维护费用都高。其最高与最低液体流量比为 20∶1，远高于双流体喷嘴（约 3∶1），但最高与最低气体流量比（2.5∶1）远低于双流体喷嘴（20∶1），多用在废气流量较大时（一般为 $Q>340000 m^3/h$）。双流体喷嘴构造简单不易阻塞，但液滴尺寸不均匀。

半干式洗气法（SDA）的典型流程如图 7-26 所示，包含一个冷却气体及中和酸气的喷淋干燥室及除尘用的布袋除尘器室。系统的中心为一个设置在气体散布系统顶端的转轮雾化器。高温气体由喷淋塔顶端成螺旋或旋涡状进入。石灰浆经转轮高速旋转作用由切线方向散布出去，气、液体在塔内充分接触，可有效降低气体温度，蒸发所有的水分及去除酸气，中和后产生的固体残渣由塔底或集尘设备收集，气体的停留时间为 $10 \sim 15s$。单独使用石灰浆时对酸性气体去除效率约在 90% 左右，但利用反应药剂在布袋除尘器滤布表面进行的二次反应，可提高整个系统对酸性气体的去除效率（HCl98%，SO_2 90% 以上）。

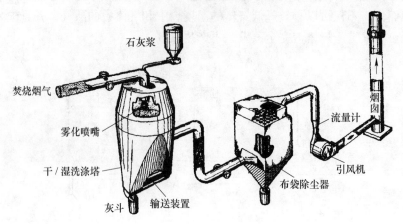

图 7-26　半干法净化系统

该法最大的特性是结合了干式法与湿式法的优点，构造简单、投资低、压差小、能源消耗少，液体使用量远较湿式系统低；较干式法的去除效率高，也免除了湿式法产生过多废水的问题；操作温度高于气体饱和温度，尾气不产生白雾状水蒸气团。但是喷嘴易堵塞，塔内壁容易为固体化学物质附着及堆积，设计和操作中要很好控制加水量。

7. 10. 3. 4　酸性气体控制技术比较

综合而言，以上三种酸性气体控制技术功能比较见表7-5。

表 7-5　酸性气体洗气塔功能特性相对比较

种类	去除效率/%		药剂消耗量	耗电量	耗水量	反应物量	废水量	建造费用	操作维护费用
	单独	配合袋滤式除尘器							
干式	50	95	120%	80%	100%	120%	—	90%	80%
半干式洗气塔	90	98	100%	100%	100%	100%	—	100%	100%
湿式洗气塔	99	—	100%	150%	150%	—	100%	150%	150%

7. 10. 4　重金属控制技术

焚烧厂排放尾气中所含重金属量的多少，与废物组成、性质、重金属存在形式、焚烧炉的操作及空气污染控制方式有密切关系。去除尾气中重金属污染物质的机理有四：

（1）重金属降温达到饱和，凝结成粒状物后被除尘设备收集去除；

（2）饱和温度较低的重金属元素无法充分凝结，但飞灰表面的催化作用会形成饱和温度较高且较易凝结的氧化物或氯化物，而易被除尘设备收集去除；

（3）仍以气态存在的重金属物质，因吸附于飞灰上或喷入的活性炭粉末上而被除尘设备一并收集去除；

（4）部分重金属的氯化物为水溶性，即使无法在上述的凝结及吸附作用中去除，也可利用其溶于水的特性，由湿式洗气塔的洗涤液自尾气中吸收下来。

当尾气通过热能回收设备及其他冷却设备后，部分重金属会因凝结或吸附作用附着在细尘表面，可被除尘设备去除，温度越低，去除效果越佳。但挥发性较高的铅、镉和汞等少数重金属不易被凝结去除。焚烧厂运转经验表明：

（1）单独使用静电除尘器对重金属物质去除效果较差。因为尾气进入静电除尘器时的温度较高，重金属物质无法充分凝结，且重金属物质与飞灰间的接触时间亦不足，无法充分发挥飞灰的吸附作用。

（2）湿式处理流程中采用的湿式洗气塔，虽可降低尾气温度至废气的饱和露点以下，但去除重金属物质的主要机构仍为吸附作用；且因对粒状物质的去除效果甚低，即使废气的温度可使重金属凝结（汞仍除外），除非装设除尘效率高的文氏洗涤器或静电除尘器，凝结成颗粒状物的重金属仍无法被湿式洗气塔去除。以汞为例，废气中的汞金属大部分为汞的氯化物（如 $HgCl_2$），具水溶性，由于其饱和蒸气压高，通过除尘设备后在洗气塔内仍为气态，与洗涤液接触时可因吸收作用而部分被洗涤下来，但会再挥发随废气释出。

（3）布袋除尘器与干式洗气塔或半干式洗气塔并用时，除了汞之外，对重金属的去除效果均十分优良，且进入除尘器的尾气温度越低，去除效果越好。但为维持布袋除尘器的正常操作，废气温度不得降至露点以下，以免引起酸雾凝结，造成滤袋腐蚀，或因水汽凝结而使整个滤袋阻塞。汞金属由于其饱和蒸气压较高，不易凝结，只能靠布袋上的飞灰层对气态汞金属的吸附作用而被去除，其效果与尾气中飞灰含量及布袋中飞灰层厚度有直接关系。

（4）为降低重金属汞的排放浓度，在干法处理流程中，可在布袋除尘器前喷入活性炭，或于尾气处理流程尾端使用活性炭滤床加强对汞金属的吸附作用，或在布袋除尘器前喷入能与汞金属反应生成不溶物的化学药剂，如喷入 Na_2S 药剂，使其与汞作用生成 HgS 颗粒而被除尘系统去除，喷入抗高温液体螯合剂可达到 50%~70% 的去除效果。在湿式处理流程中，在洗气塔的洗涤液内可添加催化剂（如 $CuCl_2$），促使更多水溶性的 $HgCl_2$ 生成，再以螯合剂固定已吸收汞的循环液，确保吸收效果。

7.10.5　二噁英的控制技术

控制焚烧厂产生 PCDDs/PCDFs，可从控制来源、减少炉内形成及避免炉外低温区再合成三方面着手。

控制来源：通过废物分类收集，加强资源回收，避免含 PCDDs/PCDFs 物质及含氯成分高的物质（如 PVC 塑料等）进入垃圾中。

减少炉内形成：焚烧炉燃烧室应保持足够的燃烧温度及气体停留时间，确保废气中具有适当的氧含量（最好在 6%~12% 之间），达到分解破坏垃圾内含有的 PCDDs/PCDFs，避免产生氯苯及氯酚等物质的目标。

控制燃烧温度抑制 PCDDs/PCDFs，促使 NO_x 浓度升高，但采用降低燃烧温度来避免 NO_x 产生时，废气中的 CO 浓度会随之升高；此外，由于炉内蓄热增加提高了锅炉出口废气温度，因此可能促使 PCDDs/PCDFs 在后续除尘设备内再合成。故欲同时控制 PCDDs/PCDFs 及 NO_x 时，应先以燃烧控制法降低由炉内形成的 PCDDs/PCDFs 及其先驱物质，再

于炉内喷入 NH_3 或尿素的无触媒脱氮系统（SNCR），或于空气污染防治设备末端加装触媒脱硝系统（SCR），以降低可能增加的 NO_x 浓度。

避免炉外低温再合成：PCDDs/PCDFs 炉外再合成现象，多发生在锅炉内（尤其在节热器的部位）或在粒状污染物控制设备前。有些研究指出，主要的生成机制为铜或铁的化合物在悬浮微粒的表面催化了二噁英的先驱物质；因此在近年来，工程上普遍采用半干式洗气塔与布袋除尘器搭配的方式，同时控制粒状污染物控制设备入口的废气温度不低于 232℃。

在干式处理流程中，最简单的方法为喷入活性炭粉或焦炭粉，以吸附及去除废气中的 PCDDs/PCDFs。活性炭粉虽然单价较高，但因其活性大、用量少，且蒸汽活化安全性高，同时对汞金属也具较优的吸附功能，因此是较佳的选择。喷入的位置依除尘设备的不同而不同。使用布袋除尘器时吸附作用可发生在滤袋的表面，能为吸附物提供较长的停留时间，将活性炭粉或焦炭粉直接喷入除尘器前的烟道内即可。使用静电除尘器时，因无停滞吸附作用，故活性炭喷入点应提前至半干式或干式洗气塔内（或其前烟管内），以增大吸附作用时间。利用吸附作用去除 PCDDs/PCDFs 的方法，除活性炭粉喷入法外，也可直接在静电除尘器或布袋除尘器后端加设一含有焦炭或活性炭固定床吸附过滤器，但因过滤速度慢（0.1~0.2m/s）、体积大，焦炭或活性炭滤层可能有自燃或尘爆的危险。

在湿式处理流程中，因湿式洗气塔仅扮演吸收酸性气体的角色，而 PCDDs/PCDFs 的水溶性甚低，故其去除效果不大。但在不断循环的洗涤液中，氯离子浓度持续累积，造成毒性较低的 PCDDs/PCDFs（毒性仅为 2，6，7，8-TCDD 的 0.1%）占有率较高，虽对总浓度或许影响不大，也不失为一种控制 PCDDs/PCDFs 毒性富量浓度的方法；若欲进一步将 PCDDs/PCDFs 去除，可在洗气塔低温段加入去除剂，但此种控制方式仍需进行进一步研究。

7.11　垃圾焚烧灰无害化技术

垃圾经焚烧后，会残留焚烧残渣、飞灰等各种灰渣，由于原本包含在垃圾中的重金属及燃烧过程伴生的高沸点有机化合物多半残留在这些灰渣当中，因此灰渣被列为危险废弃物。对其直接进行填埋处理，不仅会增加垃圾焚烧厂的处理成本，同时填埋处理量相当较高，填埋处理前还必须经过严格的固化、稳定化预处理，方能进行安全填埋。尽管如此，填埋过程中，灰渣中的有害重金属及有机物仍然会随渗滤液溶出，存在巨大的潜在危险。为彻底解决焚烧灰渣污染环境的问题，发达国家更倾向于将焚烧灰渣集中起来，利用熔融炉，在 1300~1500℃ 条件下，将灰渣熔融处理。灰渣被熔融后，体积减小的同时，安全性得以提高，有利于安全填埋和有效利用。

熔融炉及炉内情况如图 7-27 所示。通过熔融处理，可以实现灰渣的减量化，提高灰渣制品的安全性；经熔融处理后，有害物质被包容于熔渣中（图 7-28），很难溶解出来，可以实现填埋的安全化、减量化，同时可直接用于建筑或筑路，替代天然石块；可以有效分解飞灰中所含的二噁英等剧毒物质，减少环境负荷排放。但灰渣熔融设备结构复杂、操作点多、系统成本高；残渣及飞灰熔融系统多数需要消耗外部能源，且能量回收困难。各种熔融炉及设备如图 7-29~图 7-34 所示。

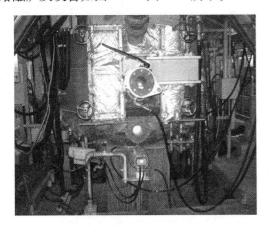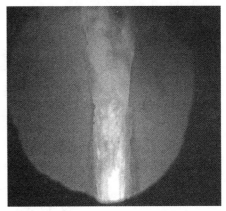

图 7-27　熔融炉及炉内情景

图 7-28　空冷渣和水冷渣

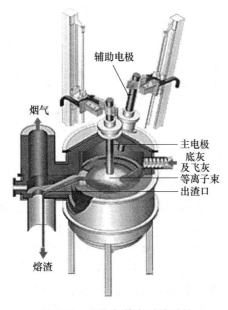

图 7-29　焚烧灰等离子熔融炉

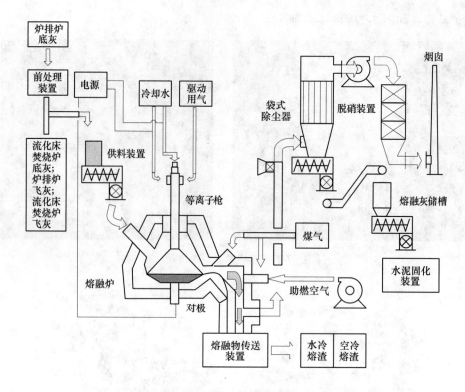

图 7-30　焚烧灰等离子熔融炉

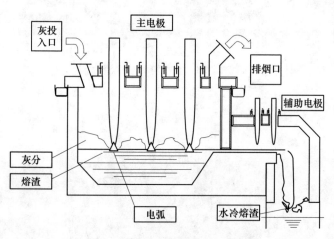

图 7-31　焚烧灰电炉

　　另外，一些剧毒危险废弃物也可以用熔融炉进行安全处理，如各类 POPs，处理时无需开封，可连同密封容器一同投入熔融炉，在 1500℃ 以上的高温下，有毒废物直接彻底分解，残渣转变为熔渣，极为安全。

　　焚烧灰经过高温焚烧并熔融成玻璃体的熔渣具有与砂石相似的性质，因此，可以替代砂石用于铺路或建筑。从实现零排放及建设循环经济社会的角度，将熔渣进行有效利用成为必然。熔渣再生品在利用前，有必要确立合理的再生物安全管理体制及评价标准，对熔渣使用安全性进行合理评价，确保安全，安心利用再生物。

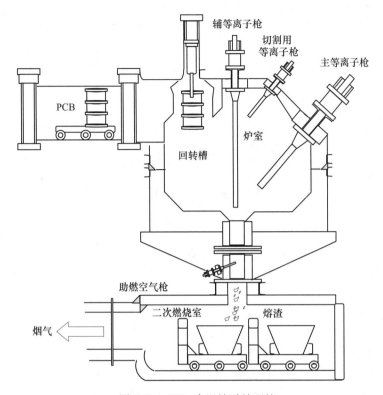

图 7-32　POPs 高温熔融处理炉

图 7-33　熔融炉

图 7-34　熔融炉石墨电极

　　目前，单一垃圾处理技术已不能满足社会的需求，在应用方面有明显的局限性。综合处理系统将成为未来垃圾处理的发展趋势。要实现城市生活垃圾的资源化，需经过收集运输、资源化和最终处置三大系统。如图 7-35 所示。

　　我国上海市老港生活垃圾综合处理基地已采用资源化综合处理方法，规划建设大型的生活垃圾分选、回收、焚烧、生化发电等多种技术有机组合的处理设施，每天垃圾处理量约为 3000~5000t。

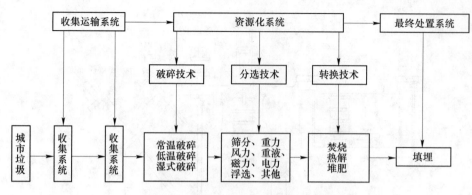

图 7-35　城市生活垃圾资源化示意图

7.12　生活垃圾资源化技术

7.12.1　固体废物的气化技术

目前，我国已在城市垃圾集中处理方面取得了长足的进步。目前垃圾的集中收集、处理率已由 15 年前的 75% 提高至 98%，但资源化利用率仍然相对较低，生活垃圾资源未能得到有效循环利用，大量资源白白浪费的同时，我国石油资源日趋匮乏，燃油供应紧张。为满足国内需求，我国近年被迫从海外大量进口原油，石油对外依存度已经接近 70%。高度的能源对外依赖，不仅耗费大量宝贵的外汇储备，同时也引发燃料油价格逐年攀升，给我国经济的可持续发展和能源安全带来了巨大潜在隐患。

在此背景下，研究开发新型、高效的生活垃圾利用技术，从废弃物中创造出可替代的清洁能源，不但可以缓解城市生活垃圾污染问题，同时还可以弥补我国石油资源不足问题。对确保我国实现可持续经济发展和城镇化目标具有重要的促进作用。

除焚烧外，垃圾还可以通过热解、气化加以处理。热解是在缺氧或无氧的还原性氛围条件下进行热分解反应。热解可以使生活垃圾中有机可燃组分中的高聚化合键发生断裂，产生气态燃气、液态焦油及固态生物碳等物质。城市生活垃圾的热解技术是从借鉴生物质、煤炭热解技术发展而来的。城市生活垃圾有机组分的热解是一个十分复杂的化学过程，其中包括大分子的键断裂、异构化和小分子的聚合等反应过程。城市生活垃圾热解技术具有如下优点：

（1）生活垃圾中的硫、重金属等有害成分大部分被固定在固体产物生物碳中，而且热解烟气中灰量小。

（2）生活垃圾热解处理后产生的气体可以用作气体燃料，焦油可加工成燃料油，固体生物碳可用作活性炭。

（3）热解过程中保持还原条件，生活垃圾中的重金属如 Cr^{3+} 不会转化为 Cr^{6+}。

在 1927 年，美国就对城市生活垃圾中的有机物质进行了热解研究。日本、德国等发达国家也相继进行了研究。之后，美国还在纽约市采用纯氧高温热解法，建立了垃圾日处理量为 3000t 的工厂。

　　在 20 世纪 70 年代石油危机的出现，使人们认识到化石能源的不可再生性，为保证国家能源安全和全社会的可持续发展，气化技术应运而生。其原理是将城市生活垃圾中的有机可燃组分作为原料，在一定条件下（温度、压力），在通入气化剂（氧气、水蒸气、空气或其混合物）的氛围下对原料进行热化学处理，使原料中的有机质转化为富含 CO、H_2、CH_4 等成分的合成气。气化处理方法减容效果明显、二次污染小、处理周期短，在保证无害化处理的同时还可以产生低热值燃气，在一定程度可弥补能源短缺问题。气化后所得合成气的应用途径如图 7-36 所示。其应用具有广泛的环境效益、经济效益以及社会效益。

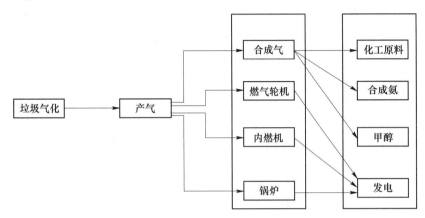

图 7-36　垃圾气化技术应用途径

　　固体废物中的有机物可分为天然的和人工合成的两类。天然的有橡胶、木材、纸张、蛋白质、淀粉、纤维素、麦秆、废油脂和污泥等。人工合成的有塑料，合成橡胶、合成纤维等。随着现代工业发展和人民生活水平的提高，人们的衣、食、住、行中应用到有机高分子材料的机会增多，因此，在固体废物中有机物质的组分不断增加。这些废物都具有可燃性，能通过焚烧回收能量。

7.12.1.1　热解概念

　　固体废物热解是利用有机物的热不稳定性，在无氧或缺氧条件下受热分解的过程。热解法与焚烧法相比是完全不同的两个过程，焚烧是放热的，热解是吸热的，焚烧产物主要是二氧化碳和水，而热解产物主要是可燃的低分子化合物：气态的有氢、甲烷、一氧化碳，液态的有甲醇、丙酮、醋酸、乙醛等有机物及焦油、溶剂油等，固态的主要是焦炭或炭黑。焚烧产生的热能量大的可用于发电，量小的只可供加热水或产生蒸汽，就近利用。而热解产物是燃料油及燃料气，便于储藏及远距离输送。

7.12.1.2　热解原理

　　固体废物热解过程是一个复杂的化学反应过程，包含大分子的键断裂、异构化和小分子的聚合等反应，最后生成各种较小的分子。热解过程可以用通式表示如下：

　　有机固体废物+热量——→气体（H_2、CH_4、CO、CO_2）+有机液体（有机酸、芳烃、焦油）+炭黑+炉渣

　　例如，纤维素热解：

$$3(C_6H_{10}O_5) \longrightarrow 8H_2O + C_6H_8O + 2CO + 2CO_2 + CH_4 + H_2 + 7C \qquad (7\text{-}42)$$

式中，C_6H_8O 即为液态的油品。

热解类型按加热方式可分为直接加热和间接加热。直接加热，由部分废弃物原料直接燃烧供热或利用辅助燃料加热；间接加热，由反应器外侧供应热解所需的热量。按热解设备可分为固定床式、移动床式、流化床式、回转窑式等。按热解方式和产物可分为气化、液化和炭化。气化，废弃物发生不完全燃烧反应的过程；液化，生成物以液态组分为主的热解过程。炭化，以获得多孔质固体产物为主的热解过程。按热解温度可分为低温热解、中温热解和高温热解。低温：600℃以下；中温：600~800℃；高温：800℃以上。

热解过程主要受热解温度、含水率、热解时间和废物性质等因素影响。温度越高，碳氢化合物裂解率越高，液态产物越少，低分子气体产物越多；废弃物含水率越大，热解温度越低，高分子碳氢化合物及液态产物越多。高温情况下，改质反应越易进行，热解时间越短，热解反应越不完全；反之，热解原料层温度梯度小，热解彻底。废弃物的有机质组分越高，越易发生热解反应。高分子有机物完全裂解温度高，纤维质、生物质物质易于裂解。

废弃物热解技术是借鉴城市煤气及焦化技术发展而来。20世纪70年代，石油危机促使生化垃圾热解技术发展，发达国家已经实现大型工业化应用，但仍然存在技术问题和安全问题有待进一步解决，尚未大范围推广。我国已着手进行基础性研究，以实现从生活垃圾中高效回收燃料气体、液体燃料及多孔质物质。美国1970年制定资源再生法，热解技术作为城市垃圾资源化重要技术手段之一，得到高度重视，并开始了大量的技术研究和开发；1975年建成处理能力为1000t/d的城市垃圾热解系统；1977年建成处理能力为200t/d的有机废物热解液化系统，后因技术问题而停产；20世纪80年代，先后开展城市垃圾热解—合成生产氨气、甲醇等工艺技术；代表性工艺有 Purox process，Torrax process，occidental process 等。欧洲20世纪70年代开始对此重视和高度发展，为解决垃圾焚烧造成的二次污染问题，开始热解技术的开发与研究，技术应用以生物质废弃物、废塑料、废橡胶为主；固体废弃物热解系统处理规模一般在10t/d以下，规模较小；Thermal-select Process 具有很高的代表性，并得到推广应用。

塑料热解产物：碳链范围为4000~12000的塑料 PE 在常压、热解得到的产物中，分子质量均匀分布在 C_1~C_{44} 之间，冷凝后得到的油品中含有大量石蜡、重油和焦油成分，常温下发生固化，难以作为液体燃料使用。而将热解产物进一步与催化剂发生接触反应后得到的产品，其相对分子质量约为 C_1~C_{20}，在常温下得到汽油和煤油馏分混合的较高品位的燃料油和燃料气。塑料热解原料：聚氯乙烯（PVC）、聚乙烯（PE）、聚丙烯（PP）、聚苯乙烯（PS）等。热解设备，聚烯烃浴加热分解炉。热解温度：380~400℃；PVC 事先进行脱氯处理；设有 HCl 回收系统。热解产物：低分子碳氢化合物气体、轻质油、重质油及盐酸等。

城市生活垃圾气化是燃料热解、热解产物燃烧、燃烧产物还原等反应的集合。对于不同的工艺流程、气化装置、反应条件和气化剂种类，反应过程不完全相同，但从宏观上划分，可分为燃料干燥、热解、氧化和还原4个反应阶段。

（1）燃料干燥。燃料进入气化装置后，首先被加热析出表面水分，大部分水分在低于105℃条件下释放。

（2）热解。气化过程中，热解反应的中间阶段，燃料析出挥发分后留下残炭，构成进一步反应的床层，而挥发分也将参与下一阶段的反应。在温度高于300℃时，燃料开始发生热解，温度越高，反应越剧烈，大分子的碳氢化合物开始发生断键反应，热解气相产物可达燃料质量的70%。主要发生如下反应。

RDF的热解反应：

$$C_aH_bO_c \longrightarrow H_2 + CO + CO_2 + C_nH_m + char + H_2O \tag{7-43}$$

碳氢化合物的热解反应：

$$C_nH_m \longrightarrow C + H_2 \tag{7-44}$$

（3）氧化。在气化装置内，是只供有限空气或氧气的不完全燃烧反应。燃烧产物包括水蒸气、CO、CO_2。在反应过程中放出大量的热量，为后续反应提供必要的能量，同时使碳氢化合物进一步降解。主要发生如下反应：

RDF的完全及不完全燃烧反应：

$$C_aH_bO_d + O_2 \longrightarrow H_2O + CO + CO_2 \tag{7-45}$$

碳氢化合物的完全及不完全燃烧反应：

$$C_nH_m + O_2 \longrightarrow CO + CO_2 + H_2O \tag{7-46}$$

残炭的完全及不完全燃烧反应：

$$C + O_2 \longrightarrow CO + CO_2 \tag{7-47}$$

（4）还原。还原反应位于氧化反应的后方，燃烧产生的水蒸气和CO_2等与碳反应生成H_2和CO，从而完成固体燃料向气体燃料的转变。此过程为吸热反应，因此温度越高反应越强烈。

发生上述4个基本反应的区域只在固定床气化炉中有比较明显的特征，而在流化床气化炉中是无法界定其分布区域的。即使在固定床中，由于热解气相产物的参与，其分界也是模糊的。通常把氧化反应和还原反应统统称为气化反应。

根据使用气化剂的不同，生活垃圾气化可以分为空气气化、氧气气化、水蒸气气化、氢气气化等。

（1）空气气化以空气作为气化剂，空气中氧气与燃料中可燃组分发生氧化反应。空气为廉价且易得的气化介质，因此大多数气化工艺都以空气为气化介质。空气气化的燃气热值一般在5~6MJ/m^3，属于低热值燃气。其可燃气的主要成分为CO、H_2、CH_4和N_2，其中氮气的含量高达50%。有研究者以空气作为气化剂，研究了聚丙烯类废塑料的气化性质，得到了富含CO的可燃合成气。

（2）氧气气化以纯氧或富氧空气作为气化剂，其原理与空气气化大致相同。由于缺少了N_2的稀释，燃气热值可达到10~12MJ/m^3，其主要的燃气组分为CO、H_2及CH_4。有研究者在富氧气化实验中发现，随着当量比从0.15升高到0.25，反应温度逐渐升高，其热值从13MJ/m^3迅速降低到11MJ/m^3。

（3）水蒸气气化以水蒸气作为气化剂，其反应包括了热解反应、水蒸气和碳的还原反应，还有一氧化碳和水蒸气的变换反应、甲烷化反应，如下所示：

$$H_2O + C \longrightarrow CO + H_2 \tag{7-48}$$

$$H_2O + CO \longrightarrow CO_2 + H_2 \tag{7-49}$$

$$CH_4 + H_2O \longrightarrow CO_2 + H_2 \tag{7-50}$$

生成的可燃气成分主要为H_2和CH_4，其热值可达到17~21MJ/m^3。但系统中需要外供热源，因此独立性较差，技术较复杂，运行成本较高。Chaudhari S T 等对生物质碳水蒸气气化制氢/制备合成气进行了研究，所得合成气 H_2 含量在 70%，H_2/CO 在 4~15 之间，非常适合制氢或制备合成气。有研究者直接以湿生物质为热解气化原料，利用干燥过程产生的水蒸气进行水煤气反应和蒸汽重整反应，结果表明，当生物质含水率为 47.4% 时，氢气产率达到最高值 495mL/g。

（4）空气（氧气）/水蒸气气化是以空气（氧气）和水蒸气同时作为气化剂的气化过程。其组合使用可以自供热系统，不需要外供热源。同时可以生成更多的 H_2 及 C_nH_m 的燃气，其热值可达 10MJ/m³。有研究者以玉米秆为原料，开展氧气-水蒸气气化实验研究，结果表明，氧气和水蒸气的联合使用可有效提高合成气品质。

（5）氢气气化以氢气作为气化剂，该反应在高温高压下进行，氢气与碳和水蒸气生成甲烷，氢气气化所得可燃合成气热值较高，可达 22.3~26MJ/m³，但由于反应条件苛刻，只在实验室进行了研究，并未在工程中使用。

目前气化过程采用的气化装置主要为固定床气化炉、流化床气化炉和移动床气化炉：

（1）固定床气化炉可分为上吸式、下吸式和交叉流三种炉型。上吸式气化器的原料由炉顶加入，气化剂由炉底加入，气流的方向与原料运动的方向相反，向下移动的原料被向上流动的热气体烘干、裂解、气化。热解区产生的焦油被高温气体带走，产生具有较高焦油含量的合成气。其优点是合成气经过裂解层和干燥层时，将携带的热量传递给物料，用于物料的裂解和干燥，而且裂解层和干燥层对产出气有一定的过滤作用，合成气中含尘量较少。下吸式气化器原料由炉顶投入，气化剂由顶部加入或者由喉管区加入，气化剂与原料混合向下流动，下吸式炉型导致热解过程中焦油被有效裂解成 H_2 和 CO，使得气化燃气中焦油含量大为减少；但内部热交换没有上吸式气化炉效率高；且燃气中灰尘较多，出炉温度高，热损失大。交叉流是指物料向下流动，气化剂从气炉两侧输入，由于气炉内的热解和干燥区域在气化炉的上部，因此在气化剂入口处形成了气化高温段。灰从底部排出，气体出口温度较高，可达 850℃ 左右，整体能量效率低，气体含油量较大。

（2）流化床气化炉可分为鼓泡流化床、循环流化床和双流化床三种。鼓泡流化床流化速度低，适合颗粒比较大的原料，一般必须增加热载体，温度控制在 800℃ 左右。循环流化床流化速度较高，具有传热条件好、可操作性强、传热速率高和气化合成气品质好等优点。其较高的气固反应速率使其非常适合大型的工业供气系统。但其缺点为气流速度非常快、停留时间短，使焦油不能充分被裂解，合成气中焦油含量高。双流化床气化器是鼓泡床和循环流化床的结合，或者是双循环流化床的结合。其把燃烧和气化过程分开。双流化床系统一般用于空气（氧气）-水蒸气的气化，其中空气（氧气）用于燃烧，水蒸气用于气化过程。

（3）移动床式气化炉在 1100~1650℃ 的高温下工作，其气化效率较高，炉膛容积小，原料进入高温区后迅速被气化，产物中焦油及甲烷含量较少，同时其反应器结构简单。其缺点为原料在气化剂中浓度较低，反应气体并流，固体颗粒与气流的热交换条件较差，换热器表面容易被高温气流中的灰粒黏结。移动床式气化炉在煤的气化工程中有较多的应用，德国 Choren 公司为制备合成气的 Carbo-V 气化系统中就采用了移动床式气化炉，其将热解后的木炭磨成粉与热解产物共同气化。

7.12.2　生活垃圾气化发电技术

由于生物质废弃物、垃圾在气化过程中可以转化成可燃气体，因此，当气化系统内组合入内燃机组时，就可以构成气化发电系统。由于气化发电系统中，废弃物直接转换为燃气，燃气又直接燃烧用于发电，省略掉水蒸气转换的步骤，因此，发电效率明显高于垃圾焚烧发电，尤其是在处理规模相对较小时，这一优势更为明显，因此，该技术备受关注。发达国家早在20世纪80年代就开始着手进行相关技术研发，瑞士率先成功建成了世界第一座日处理量为200的垃圾气化熔融发电系统，取名为 Thermal-select Process（图7-37），实现了垃圾气化高效发电，引领了该技术的发展。在此基础上，欧美等发达国家陆续建成了一批垃圾气化发电、垃圾气化熔融发电系统，有效推进了垃圾同期实现高效资源化利用、无害化和减量化。

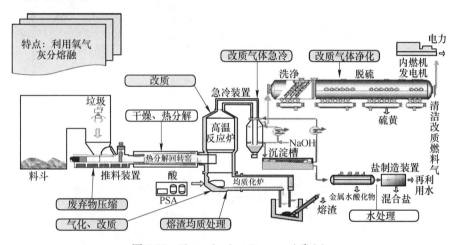

图 7-37　Thermal-select Process（瑞士）

与单纯垃圾焚烧发电系统相比，垃圾气化及气化熔融技术有诸多优势。由于气化合成气通常是作为燃料经高温燃烧后排放到环境中的，因此，二噁英类物质可以得以高效分解。如果是气化-熔融系统，由于熔融过程温度多在1300℃以上，所以气化过程所产生的二噁英类物质也会在这一过程中得到彻底分解，这就避免了垃圾焚烧发电所存在二噁英污染问题。另外，垃圾气化发电气体可以达到很高的发电效率，平均在20%～25%，不仅高效利用了垃圾中蕴含的能源，同时有利于减少化石资源的消耗，降低 CO_2 排放量，尤其是小型气化发电系统，仍然可以维持较高的发电效率，为满足区域、分散型垃圾高效循环利用需求，提供了一条崭新途径。STAR-MEET 小型垃圾气化发电系统如图7-38和图7-39所示。

当采用气化-熔融发电体系时，气化残渣经金属回收分选后，再次被送回到熔融装置当中，因此，最终排放出来的不是灰渣。而是经过高温处理的熔渣。又因为熔渣经过了相变，以玻璃体形态重新进行了结晶，所以原本残留在残渣中的重金属及有毒高分子有机物得到了熔融固化处理，形成的熔渣具有浸出率低、高硬度、高密度和极好的化学稳定性，不仅可以放心填埋，甚至很多熔渣可用于道路建设和水泥骨料，使得垃圾由有型到无形，彻底消失在环境当中，从环境负荷角度出发，接近了"零排放"。因此，垃圾气化、气化-

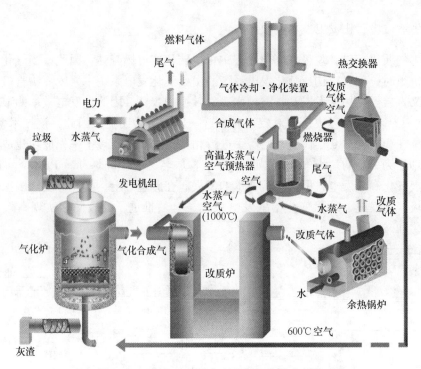

图 7-38 STAR-MEET 小型垃圾气化发电系统

图 7-39 STAR-MEET 小型垃圾气化发电系统实物

熔融发电技术将对循环型社会建设起到重要的支撑作用，具有重要的社会意义和广阔的发展应用前景。

7.12.3 垃圾气化制清洁气体燃料技术

垃圾气化合成气中通常含有丰富的 H_2 和 CO。尤其是 H_2，作为最清洁的燃料，其应用具有广阔的情景。近 20 年来，随着燃料电池技术的飞速发展和大范围的推广应用，燃料电池的应用已由航天、航空等特殊领域向电子、电器、运输机械、家用发电等各个生活领域全面渗透、推广普及。尤其是工业用大型高温型燃料电池碳酸熔融盐燃料电池 MCFC 和固体电解质燃料电池 SOFC 技术的成熟和产品批量化生产的实现，彻底改变了人们对传统发电体系的理解和认知。燃料电池的极高的发电效率给垃圾的能源回收利用带来了巨大契机。

为了拓展清洁能源的来源，建设氢能社会，以美国为代表的发达国家在 21 世纪初相继开展包括生活垃圾在内的各种废弃物的制氢技术研发，尝试多途径制氢的可能性，同时探讨规模化燃料电池发电系统的应用工艺。这其中，垃圾气化制氢成为关注的焦点之一，其技术发展有了长足的进步。图 7-40 和图 7-41 所示为日本政府资助开展废弃物气化制氢研究的实验样机和用于发电测试的商业用 MCFC 大型燃料电池。

图 7-40　废弃物气化制氢系统　　　　　图 7-41　燃料电池 MCFC 图片

研究表明，借助气化、催化改质技术，可以在 700~900℃的温度范围内，从垃圾、生物质废弃物中制取富含氢气的合成气，气体经净化后可直接通入工业燃料电池，进行发电。由于 MCFC、SOFC 可以同时以 H_2 和 CO 作为原料气进行发电，因此，垃圾气化合成气无需进行氢气的分离和纯化处理，工艺流程相对简单，具有较强的实用性。

在此基础上，美国科学家针对垃圾气化合成气的组成特点，还进一步大胆地提出将垃圾气化与燃料电池及蒸汽发电机组两种类型的发电系统耦合在一起，构成超级高效垃圾气化复合发电系统的设想（图 7-42），并通过理论分析，预测出利用该系统，垃圾气化发电效率可达到 45%~55%之高。该系统的研发将成为面向未来的新型废弃物资源循环利用的重要发展目标。

7.12.4　垃圾气化熔融发电技术

垃圾气化熔融发电体系是 20 世纪末在发达国家广泛推行的一项新型垃圾热处理技术。与焚烧发电相比，气化-熔融发电不仅可以实现高效发电，同时，由于气化残渣在高温下得以熔融固化，转变成化学稳定性极好的熔渣，因此，垃圾气化熔融过程，就实现了残渣的无害化，同时也实现了残渣的减量化和资源化，克服了垃圾焚烧发电过程二次污染难以控制的问题。

垃圾气化熔融系统的气化装置主要有竖炉型气化炉、回转窑式气化炉和流化床式气化炉，多设置独立熔融炉，采用竖炉时，为气化熔融一体炉。焚烧系统中常用的炉排炉不适

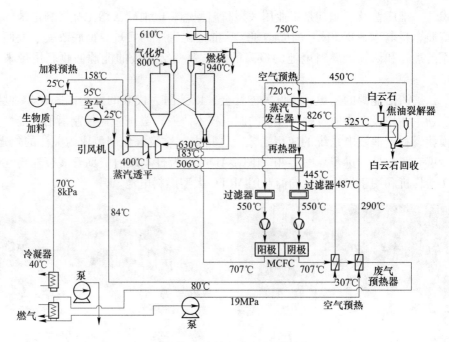

图 7-42　高效复合发电系统

用于气化熔融。

　　值得关注的是新日铁公司，利用废旧高炉及其附属气体处理系统，经简单改造，直接建设成竖炉型气化熔融体系。与常规气化熔融系统不同，该熔融炉内，除需连续供应垃圾外，还需添加一定量的焦炭，用于熔融温度的维护。由于气化-熔融设备采用的是报废高炉，具有巨大的内容量，所以垃圾处理能力非常巨大。同时，设备建设费极低，还延长了昂贵的高炉使用寿命，高炉尾气处理系统也可以有效发挥净化气体作用。相对较低的设备建设费用和巨大的垃圾处理能力，为该系统赢得了好评，是各国钢铁行业投身环保事业的重要参考样本。尤其是在当前我国大力压缩钢铁产能的情况下，将废旧高炉直接转向用于垃圾安全处理和能源回收，对改善我国环境问题具有重要的社会意义。

　　气化熔融体系中，垃圾经筛选、粉碎后，投入气化装置，在以空气、氧气及水蒸气为气化剂的前提下，在气化炉中发生气化、热裂解反应，所产生的气化合成气被送往熔融炉，气化残渣可从炉底取出，通过物质分离，筛选出有价金属，如铜、铁及各种重金属，剩余残渣重新送回高温熔融炉。在高温熔融炉内，热解、气化合成气作为燃料，在助燃氧连续供应的前提下，发生高温燃烧，创造出 1300~1500℃ 的高温氛围，将气化残渣熔化，熔融的残渣由熔融炉底部排出，进入水冷或空冷集渣槽，形成水淬熔渣或空冷熔渣，并作为建筑材料，用于道路施工和建筑等。高温尾气进入到余热锅炉，在那里，通过热辐射和热传导，将热量传递给水冷壁中冷却水及过热器中的高温水蒸气。最后，将冷却水加热成超临界、超超临界的高温高压水蒸气，用于蒸汽发电。由于经熔融处理后的高温尾气温度较普通垃圾焚烧高出许多，因此，可以创造出更高温度和压力的过饱和水蒸气，从而极大地提高发电效率。虽然垃圾的气化熔融系统的发电效率较单纯焚烧发电要高出许多，同时还可以实现残渣的无害化，但系统相对复杂，初期投资大，系统操作更为复杂。图 7-43 所示为代表性的流化床式垃圾气化-熔融发电系统。图 7-44 所示为新日铁竖炉型垃圾气化熔融发电系统。图 7-45 所示为利用废旧高炉改造而成的竖炉型气化熔融一体炉。

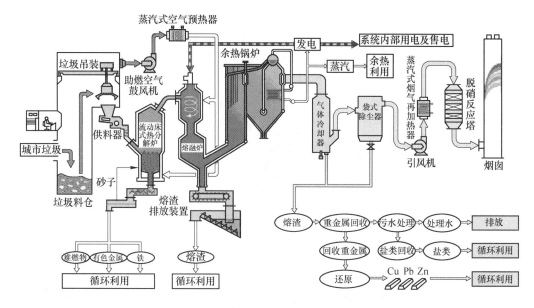

图 7-43　气化熔融体系

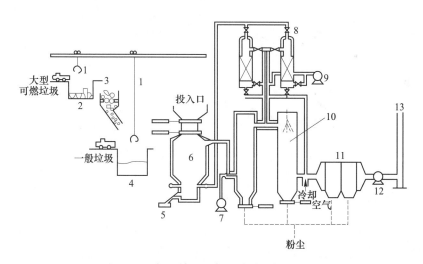

图 7-44　新日铁垃圾气化熔融系统流程图

1—吊车；2—大型垃圾储罐；3—破碎机；4—垃圾渣槽；5—熔融渣槽；6—熔融炉；
7—燃烧用鼓风机；8—热风炉；9—鼓风机；10—喷水冷却器（或锅炉）燃烧室；11—电除尘器；12—引风机；13—烟囱

经气化熔融处理后的垃圾，无机组分被转化成熔渣，排出系统。熔渣由于在 1300℃ 以上的高温区发生过相变，由固态转变为液态，再经冷却重新结晶成玻璃体，变为极为致密的新型结晶体，其中所蕴含的重金属及高分子残渣均在再结晶过程中被包容在晶格中，所以极难溢出。垃圾气化熔渣再生砖及利用熔渣铺设的路面如图 7-46 所示。

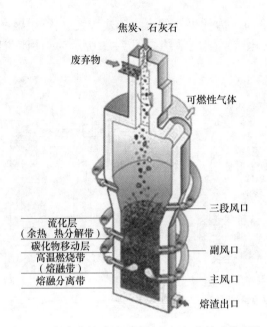

图 7-45　报废高炉改造而成的垃圾气化熔融处理炉

图 7-46　垃圾气化熔渣再生砖及利用熔渣铺设的路面

7.12.5　生物质废弃物气化合成液体燃料技术

通常，燃油、甲醇等燃料是由天然气、石油等经裂解、重整、精制、合成等一系列化学反应生产。随着石油、天然气价格的上升，廉价而存量高、分布广泛的煤炭开始逐步替代石油、天然气作为原料，经气化、费托合成反应生产燃油，该技术被称为"煤制油"。煤制油技术发展至今已有近百年历史，技术日渐成熟，生产效率不断提高。在我国，煤制油技术受到高度重视，已经成为我国防止石油危机的重要手段。

随着生物质废弃物和垃圾气化技术的不断发展和完善，利用农业生产废弃物和垃圾的气化技术，同样可以生产出类似于煤气的合成气，合成气中同样具有费托合成所需的 H_2 和 CO 组分。因此，人们从环保角度出发，研究利用生物质废弃物以及垃圾为原料，借鉴煤制油工艺技术，合成衍生燃油、甲醇的可行性。

经过前人不断的努力，欧盟在 20 世纪末 21 世纪初，率先成功地以林业生产废弃物及农业生产废弃物为原料，通过气化合成，成功地合成出衍生燃油。法国更是在全国一些地区设立了衍生燃油加油站，向机动车供应掺有衍生燃油的机动车燃油，实现了从生产到市场销售一条龙服务，在促进废弃物循环利用技术和途径的发展、拓展的同时，极大地缓解了化石资源的消耗，减少了 CO_2 排放量，同时还解决了废弃物处理困难、难以利用的问题。

东北大学在垃圾气化合成衍生燃油技术研发方面，经过十余年的不断探索，在开发出高效改质催化剂及费托合成催化剂的基础上，将气化—改质工艺与费托合成工艺有机耦合，于 2018 年首次成功地以垃圾衍生燃料为原料，利用垃圾气化合成气的费托合成，生产出与商用柴油具有 95% 相似度的衍生柴油，使得我国在垃圾合成燃油技术达到世界领先水平，为生活垃圾气化合成衍生燃油技术的应用和发展奠定了必要基础。

利用废弃物气化合成气除可以合成燃油外，通过相似的化学反应，还可以合成甲醇，并作为清洁燃料。供应清洁能源的技术研发，近年来也是备受世人瞩目，该技术在一些发达国家得到长足进步。以法国为代表的欧盟，在 20 世纪末期相继建成了一批生物质废弃物气化合成甲醇实验样机，并将合成甲醇通过加油站供应给机动车（图 7-47），实现真正意义上的可替代能源连续生产、供应产业链，对保障能源安全、稳定供应起到重要的辅助作用。受此举启发，日本也在 2003 年建成具有 4t/d 处理能力的生物质气化合成甲醇样机（图 7-48），并筹划建成和欧洲一样的生产、供应产业链。进入 21 世纪，我国也对开发可再生能源的燃料化给予了高度重视，广州能源研究所成功地以农业生产废弃物为原料，经气化合成，成功地生产出生物甲醇，为我国在该领域与世界同步发展奠定了重要基础。

费托合成

液态产品的合成

以生物质为原料
Carbo-V®工艺合
成气的生产

替代现有燃料

生物质

图 7-47　BtL（Biomass to Liquid fuel）工艺

图 7-48　生物质制造甲醇 NEDO 2t/d 实用样机（2004 年）

本 章 小 结

　　与传统的垃圾焚烧相比，气化熔融、气化高效发电以及气化合成的技术的应用，使得城市垃圾处理实现真正意义的零排放和多用途循环利用逐渐成为可能。与此同时，气化技术的应用，尤其是垃圾气化合成技术，为固体废物高效资源化带来了曙光，也使得垃圾处理技术变得更为复杂，技术要求更高。为了促进我国固体废物处理与资源化技术发展，有必要在废物气化领域方面加大研究投入，确保我国在废物处理技术领域方面能够做到与世界同步发展。

思 考 题

7-1　垃圾焚烧系统主要包括哪些工作单元？

7-2　垃圾焚烧炉炉型有哪些？各有什么特点？

7-3　垃圾焚烧过程的主要操作参数有哪些？各个参数对焚烧的影响主要体现在哪些方面？

7-4　焚烧尾气处理工艺主要包括哪些？

7-5　焚烧过程如何控制二次污染发生？

7-6　焚烧飞灰如何安全处理？

8 污泥处理技术

本章提要：

本章重点介绍污水生化处理过程所伴生的剩余污泥副产物的处理技术与工艺，详细叙述剩余污泥的理化性质，脱水干燥技术途径和设备，以及污泥无害化方法及途径。

在给水和废水处理时，不同处理过程产生的各类沉淀物、漂浮物等统称为污泥。污泥的成分、性质主要取决于处理水的成分、性质及处理工艺，其分类很复杂，有多种分类方法，并有不同的名称。污泥是水处理过程中形成的以有机物为主要成分的泥状物质，其有机物含量高、容易腐化发臭、颗粒较细、密度较小、含水率高且不易脱水，是呈胶状结构的亲水性物质。

我国城市污水处理厂每年产生的干污泥约 25 万吨，以湿污泥计约为 450 万~550 万吨，并以每年 15% 左右的速度增长。污泥中含有大量的有机物和丰富的氮、磷等营养物质，直接排入水体，将会大量消耗水体中的氧，导致水体水质恶化，严重影响水生生物的生存；污泥中含有多种有毒物质、重金属和致病菌、寄生虫卵等有害物质，处理不当，会传播疾病、污染土壤和作物，并通过生物链转嫁给人类。因此，必须对污泥进行处理，以达到减容化、稳定化和无害化，然后再做土地利用等最终处置。

污泥处理的目的：（1）减少水分、降低容积，便于后续处理、利用和运输；（2）使污泥卫生化和稳定化，避免污泥中含有的有机物、各种病原体及其他有毒有害物质成为"二次污染源"，导致环境污染和病菌传播；（3）通过处理，改善污泥的成分和某些性质，以利于污泥资源化利用。污泥处理的基本流程如图 8-1 所示。

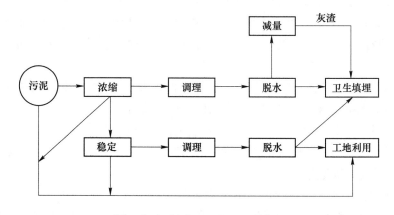

图 8-1　污泥处理工艺的基本流程

8.1　污泥的分类

污泥的种类较多，分类较复杂：

（1）按来源分，大致有给水污泥、生活污水污泥和工业废水污泥三类。

（2）根据污泥从水中分离过程可分为沉淀污泥（包括物理沉淀污泥、混凝污泥、化学污泥）及生物处理污泥（指污水在二级处理过程中产生的污泥，包括生物滤池、生物转盘等方法得到的腐殖污泥及活性污泥法得到的活性污泥）。现代污水处理厂的污泥大部分是沉淀污泥和生物处理污泥的混合污泥。

（3）按污泥成分和性质可分为有机污泥和无机污泥。以有机物为主要成分的有机污泥可简称为污泥，具主要特性是有机物含量高、容易腐化发臭、颗粒较细、密度较小、含水率高且不易脱水，是呈胶状结构的亲水性物质，便于用管道输送。生活污水污泥或混合污水污泥均属有机污泥。以无机物为主要成分的无机污泥常称为沉渣，沉渣的特性是颗粒较粗、密度较大、含水率较低且易于脱水，但流动性较差，不易用管道输送。给水处理沉砂池以及某些工业废水物理、化学处理过程中的沉淀物均属沉渣，无机污泥一般是疏水性污泥。

（4）更常用的是按污泥在不同处理阶段分类命名，包括生污泥、浓缩污泥、消化污泥、脱水干化污泥、干燥污泥及污泥焚烧灰。

8.2　污泥的性质指标

为了合理处理和利用污泥，必须先摸清污泥的成分和性质，通常需要对污泥的以下指标进行分析鉴定：

（1）污泥的含水率、固体含量和体积。污泥中所含水分的含量与污泥总质量之比称为污泥含水率（%），相应地固体物质在污泥中的质量比例称为固体含量（%）。污泥的含水率一般都很大，相对密度接近1。含水率主要取决于污泥中固体的种类及其颗粒大小。通常，固体颗粒越细小，其所含有机物越多，污泥的含水率越高。

（2）污泥的脱水性能。为了降低污泥的含水率、减小体积，以利于污泥的输送、处理和处置，必须对污泥进行脱水处理。不同性质的污泥，脱水的难易程度不同，可用脱水性能表示。

（3）挥发性固体与灰分。挥发性固体能够近似地表示污泥中有机物含量，又称为灼烧减量；灰分表示无机物含量，又称为固定固体或灼烧残渣。

（4）污泥的可消化性。污泥中的有机物是消化处理的对象，其中一部分是能被消化分解的；另一部分是不易或不能被消化分解的，如纤维素等。常用可消化程度来表示污泥中可被消化分解的有机物数量。

（5）污泥中微生物。生活污泥、医院排水及某些工业废水（如屠宰场废水）排出的污泥中，含有大量的细菌及各种寄生虫卵。为了防止在利用污泥的过程中传染疾病，必须对污泥进行寄生虫卵的检查并加以适当处理。

8.3 污泥处理的目的和方法

污泥处理的主要目的：

（1）降低水分，减少体积，以利于污泥的运输、储存及各种处理和处置工艺的进行。

（2）使污泥无害化、稳定化。污泥常含有大量的有机物，也可能含有多种病原菌，有时还含其他有毒有害物质，因此必须消除这些会散发恶臭、导致病害及污染环境的因素，使污泥卫生而稳定无害。

（3）通过处理可改善污泥的成分和性质，以利于应用并达到回收能源和资源的目的。随着废水处理技术的推广和发展，污泥的数量越来越多，种类和性质也更复杂。废水中有毒有害物质往往浓缩于污泥之中，所以从量到质污泥是所有废物中影响环境造成危害最为严重的因素，必须重视对污泥的处理和处置问题。

常用的污泥处理方法有浓缩、消化、脱水、干燥、焚烧、固化及最终处置。由于污泥种类、性质、产生状态、来源及其他条件不同，可采取下述不同的处置方法：

（1）当污泥稳定，无流出和溶出，不发生恶臭、自燃等情况时，可以直接在地面弃置或考虑土地耐力因素而做填埋处置。

（2）污泥虽含有机物会产生恶臭，但不致流出、溶出时，可选择适宜地区将污泥直接进行地面处置、分层填埋或土壤混匀处置，也可经燃烧、湿式氧化等方法把有机成分转换成稳定无害的物质（水、二氧化碳、氮气等），对所剩的无机物再进行地面处置或填埋处置。

（3）对于稳定、无害而在数量、浓度方面可通过水体自净作用加以净化的污泥，可直接排入指定地区的海域中。

（4）对环境有影响但为数不多的污泥，考虑其溶出、产生气体和恶臭、易着火等因素，需直接进行地下深埋。

（5）含有害物质的污泥，需经过固化处理（用水泥、石灰、水玻璃、各种树脂等作为胶结剂，在常温或150~300℃固化，或用固化剂在高温下烧结固化）之后再进行地上或海洋处置。当污泥的处置存在困难又大量集中时，为了节省资源和能量，需考虑污泥有用成分的回收利用。污泥的处理和处置可能在污水处理厂综合考虑解决，也可在专门建立的污泥处理厂进行。可以根据需要选用不同的污泥处理系统，常见的系统分为下述四类：

1）浓缩→机械脱水→处置脱水滤饼；

2）浓缩→机械脱水→焚烧→处置灰分；

3）浓缩→消化→机械脱水→处置脱水滤饼；

4）浓缩→消化→机械脱水→焚烧→处置灰分。

在决定污泥处理系统时，应当进行综合性研究。不仅要从社会效益、经济效益、环境效益全面衡量，还要对系统各处理工艺进行探讨和评价，最后进行选定。污泥浓缩、消化及脱水是应用最广的主要处理方法。

8.4 污泥浓缩处理技术

污泥含水率很高，一般有96%~99%，主要有间隙水（占污泥水分总量的70%）、毛细结合水（占20%）、表面吸附水、内部结合水等。污泥浓缩的目的就是降低污泥中水分，缩小污泥的体积，但仍保持其流体性质，以利于污泥的运输、处理与利用。浓缩后污泥含水率仍高达85%～90%以上，可以用泵输送。污泥浓缩的方法主要有重力浓缩、气浮浓缩与离心浓缩。

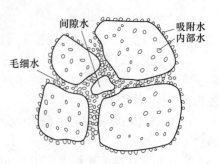

图 8-2　污泥水分示意图

污泥中水分的存在形式如图 8-2 所示，其分离性能如下：

（1）间隙水。被大小污泥块固体包围着的间隙水，并不与固体直接结合，作用力弱，因而很容易分离。这部分水是污泥浓缩的主要对象。当间隙水很多时，只需在调节池或浓缩池中停留几小时，就可利用重力作用使间隙水分离出来。间隙水约占污泥水分总量的70%。

（2）毛细结合水。在细小污泥固体颗粒周围的水，由于毛细现象，可以构成如下几种结合水：在固体颗粒的接触面上由于毛细压力的作用形成楔形毛细结合水、充满于固体本身裂隙中的毛细结合水。各类毛细结合水约占污泥中水分总量的20%。由毛细现象形成的毛细结合水受到液体凝聚力和液固表面附着力作用，要分离出毛细结合水需要有较高的机械作用力和能量，可以用与毛细水表面张力相反的作用力，例如离心力、负压抽真空、电渗力或热渗力等，常用离心机、真空过滤机或高压压滤机来去除这部分水。

（3）表面吸附水。污泥常处于胶体状态，例如活性污泥属于凝胶，污泥的胶体颗粒很小，比表面积大，因表面张力作用吸附水分较多。表面吸附水的去除较难，特别是细小颗粒或生物处理后污泥，其表面活性及剩余力场强，黏附力更大，不能用普通的浓缩或脱水方法去除，常需用混凝方法，加入电解质混凝剂以达到凝结作用，使污泥固体与水分离。

（4）内部（结合）水。一部分污泥水被包在微生物的细胞膜中形成内部结合水。内部水与固体结合得很紧，要去除它必须破坏细胞膜。内部结合水用机械方法是不能脱除的，但可用生物作用（好氧堆肥化、厌氧消化等）使细胞进行生化分解，或采用其他方法破坏细胞膜，使内部水变成外部液体从而进行去除。以上（3）、（4）两部分水约占污泥中水分的10%，可以采用人工加热、干化热处理或焚烧法去除。

污泥浓缩的脱水对象主要是间隙水。浓缩（thickening）是减少污泥体积最经济有效的方法，其中，利用自然的重力作用分离污泥液的重力浓缩是使用最广泛和最简便的浓缩方法。进行污泥浓缩操作的构筑物称为浓缩池。

污泥浓缩的目的在于降低污泥中的水分，缩小污泥的体积，减少后续处理单元（如消化、脱水）所需的处理容积和加温污泥所需热量，从而降低污泥处理过程的总成本。污泥浓缩的方法主要有重力浓缩法和气浮浓缩法两种。

重力浓缩法广泛用于初沉污泥的浓缩，因其设备构造简单且成本低廉，是最常用的污泥浓缩法。重力浓缩法是利用自然的重力沉降作用，使污泥中的固体颗粒自然沉降而分离出间隙水，再利用机械刮臂将污泥刮至污泥斗，最后从污泥斗中将浓缩污泥抽至后续单元进行处理。图 8-3 所示为重力浓缩池。

气浮浓缩与重力浓缩法相反，是在 275～550kPa 压力下，将空气注入污泥中，使大量的空气溶入污泥；然后，污泥流入一个敞开的槽体，由于其压力降到与大气压力相同，原

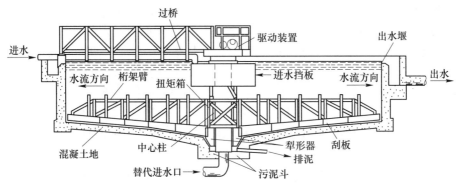

图 8-3　重力浓缩池

先溶解于污泥中的空气因过饱和而形成大量微小气泡。当这些微小气泡向液面浮升时，会附着在污泥中的固体颗粒上，将这些颗粒带向液面，最后累积成一层上浮污泥。利用刮渣设备即可将该层上浮污泥从液面刮除。气浮浓缩对不易用重力方式浓缩的活性污泥特别有效。

与重力浓缩相比，气浮浓缩具有较多优点，如浓缩程度高、固体物质回收率高（达99%）、浓缩速度快、停留时间短、运行稳定（不受污泥负荷影响）、操作管理简单、污泥不易发臭；其缺点是基建费和运行费用偏高。

污泥稳定（stabilization）也称作污泥消化，即第 5 章所述的厌氧消化和好氧消化，通常采用前者。其主要目的是利用生物方法降解污泥中的有机固体物质，使污泥更为稳定（减少臭味及腐败），脱水性好，氨氮浓度提高，同时减少污泥质量。如果直接进行污泥脱水和焚烧，一般不需要稳定处理。厌氧消化的最佳温度一般为 35℃。

8.5　污泥调理

污泥调理（conditioning）是污泥脱水前的预处理，其目的是促进污泥的固液分离，提高脱水设备的生产能力。

污泥调理是为了提高脱水效率的一种预处理，是为了经济地进行后续处理而有计划改善污泥性质的措施。污泥调理方法有洗涤（淘洗调节）、加药（化学调节）、热处理及冷冻熔融法。以往主要采用洗涤法和以石灰、铁盐、铝盐等无机混凝剂为主要添加剂的加药法，近年来，高分子混凝剂得到广泛应用，并且后两种方法也受到重视。特别在以污泥作为肥料再利用时，为了不使有效成分分解，采用冷冻熔融是有益的。在有液化石油气废热可利用时，用冷冻熔融法更为有利。

选择上述调理工艺时，必须从污泥性状、脱水的工艺、有无废热可利用及与整个处理、处置系统的关系等方面综合考虑决定。

8.5.1　污泥的洗涤

污泥的选涤适用于消化污泥的预处理，目的是节省加药（混凝剂）用量，降低机械脱水的运行费用。

　　污泥加药调节所用的混凝剂，一部分消耗于挥发性固体（中和胶体有机颗粒），一部分消耗于污泥水中溶解的生化产物。生污泥经过厌氧消化的甲烷发酵期，会同时生成钙、镁、铵的重碳酸盐，使消耗于液相组分的混凝剂数量激增。污泥水的重碳酸盐碱度的浓度可由数百 mg/L 增加到 $2000\sim3000mg/L$，按固体量计算，碱度增加 60 倍以上。如果先不除去重碳酸盐，就要消耗大量药剂用于下述反应。

铁盐混凝剂：

$$FeCl_3 + 3NH_4HCO_3 \longrightarrow Fe(OH)_3\downarrow + 3NH_4Cl + 3CO_2 \qquad (8-1)$$

$$2FeCl_3 + 3Ca(HCO_3)_2 \longrightarrow Fe(OH)_3\downarrow + 3CaCl_2 + 6CO_2 \qquad (8-2)$$

铝盐混凝剂：

$$Al^{3+} + 3HCO_3 \longrightarrow Al(OH)_3\downarrow + 3CO_2 \qquad (8-3)$$

$$Al_2(SO_4)_3 + 3Ca(HCO_3)_2 \longrightarrow 2Al(OH)_3\downarrow + 3CaSO_4 + 6CO_2 \qquad (8-4)$$

　　按上述反应计算，1 份重碳酸盐碱度（以 $CaHCO_3$ 计）要消耗 1.16 份 $FeCl_3$ 或 1.14 份 $Al_2(SO_4)_3$。由于消化后碱度增加几十倍，因此液相组分的混凝剂是很不经济的，需要进行污泥的洗涤处理。洗涤用水为污泥的 $2\sim5$ 倍，目的就是降低碱度，节省混凝剂用量。

　　对于消化污泥来说，仅用加药调理法（用 $FeCl_3$）的效果差，需要的混凝剂量也多；洗涤法的效果较好，洗涤后加药调理效果最好，达到同样的比阻抗值时，可节省大量的混凝剂。以使比阻抗值降低到 $0.1\times10^9s^2/g$ 为例，加药调理法，需投加 $FeCl_3$ 约 14%；而洗涤后只需加 $FeCl_3$ 约 3%，或加聚合氯化铝约 0.8%。一般情况下，洗涤以后混凝剂的消耗量可节约 $50\%\sim80\%$。一般进行机械脱水的污泥，其比阻抗值在 $(0.1\sim0.4)\times10^9s^2/g$ 之间较为经济。各种污泥比阻抗值均大于此值。洗涤水可用二次沉淀池出水或河水，污泥洗涤过程包括用洗涤水稀释污泥、搅拌、沉淀分离撇除上清液。

　　颗粒大小不同，沉降速度及有机微粒的亲水性就不同，污泥洗涤不仅能去除部分有机微粒，还能降低污泥的黏度，所以能提高污泥的浓缩、脱水效果。但是当循环用水时，有机微粒会逐渐在水中富集，故洗涤后上清液 BOD_5 与悬浮物浓度常高达 $2000mg/L$ 以上，必须回流到污水处理厂处理，不能直接排放。另外，洗涤水会将污泥中氮带走，降低污泥的肥效，所以当污泥用作土壤改良剂或肥料时，不一定采用洗涤工艺。对浓缩生污泥来说，洗涤的效果较差，这时可采取直接加药的方式进行调理。

8.5.2　加药调理

　　加药调理（化学调节）就是在污泥中加入助凝剂、混凝剂等化学药剂，促使污泥颗粒絮凝，改善其脱水性能。

8.5.2.1　助凝剂

　　助凝剂本身一般不起混凝作用，而在于调节污泥的 pH 值，供给污泥以多孔状网格的骨骼，改变污泥颗粒结构，破坏胶体的稳定性，提高混凝剂的混凝效果，增强絮体强度。助凝剂主要有硅藻土、珠光体、酸性白土、锯屑、污泥焚烧灰、电厂粉尘及石灰等惰性物质。

　　助凝剂的使用方法有两种：一种是直接加入污泥中，投加量一般为 $10\sim100mg/L$；另一种是配制成 $1\%\sim6\%$ 糊状物，预先粉刷在转鼓真空过滤介质上，成为预覆助滤层，随着转鼓的转动，每周刮去 $0.01\sim0.1mm$，待刮完后再涂上。

8.5.2.2　混凝剂

　　污泥调理常用的混凝剂包括无机混凝剂与高分子混凝剂两大类。无机混凝剂是一种电解质化合物，主要有铝盐［硫酸铝 $Al_2(SO_4)_3 \cdot 18H_2O$、明矾及三氯化铝 $AlCl_3$等］和铁盐［三氯化铁 $FeCl_3$、绿矾 $FeSO_4 \cdot 7H_2O$、硫酸铁 $Fe_2(SO_4)_3$等］，高分子混凝剂是高分子聚合电解质，包括有机合成剂及无机高分子混凝剂两种。国内广泛使用高聚合度非离子型聚丙烯酰胺（PAM）（简称聚丙烯酰胺，又叫三号混凝剂）及其变性物质。无机高分子混凝剂主要是聚合氯化铝（PAC）。使用混凝剂需注意如下几点：

（1）当用三氯化铁和石灰时，需先加铁盐再加石灰，这时过滤速度快，节省药剂。

（2）高分子混凝剂与助凝剂合用时，一般应先加助凝剂压缩双电层，为高分子混凝剂吸附污泥颗粒创造条件，以最有效地发挥混凝剂的作用。高分子混凝剂与无机混凝剂联合使用，也可以提高混凝效果。

（3）机械脱水方法与混凝剂类型有一定关系。通常，真空过滤机使用无机混凝剂或高分子混凝剂效果差不多，压滤脱水对混凝剂的适应性也较强。离心脱水要求使用高分子混凝剂而不宜使用无机混凝剂。

（4）泵循环混合或搅拌均会影响混凝效果，增加过滤比阻抗，使脱水困难。故需注意适度进行。

8.5.3 热处理

将污泥加热，可使部分有机物分解及亲水性有机胶体物质水解，同时污泥中细胞被分解破坏，细胞膜中水游离出来，故可提高浓缩性与脱水性能。这个过程称为污泥的热处理，也叫蒸煮处理。热处理对于脱水性能差的活性污泥特别有效。这是由于活性污泥的泥团内含有内部水，即使用添加剂脱水，这些水分也难以分离，通过加热处理，可使细胞分解、蛋白质原生质被释放的同时，蛋白质和胶质细胞膜被破坏，形成由可溶性蛋白酶（缩多氨酸）、氨氮、挥发酸及碳水化合物组成的褐色液体，留下矿物质和细胞膜碎片，提高污泥的沉降性能和脱水性能。热处理法可分为高温加压处理法与低温加压处理法两种。

（1）高温加压处理法。高温加压处理法是把污泥加温到 $170 \sim 200℃$，压力为 $10 \sim 15MPa$，反应时间 $1 \sim 2h$。热处理后的污泥，经浓缩即可使含水率降低到 $80\% \sim 87\%$，比阻抗降低到 $0.1 \times 10^9 s^2/g$；再经机械脱水，泥饼含水率可降低到 $30\% \sim 45\%$。

（2）低温加压处理法。高温高压处理后的分离液中溶解性物质比原污泥高约 2 倍，分离液需要进行处理。所以考虑用低温加压处理，该法反应温度较低（在150℃以下），有机物的水解受到控制，与高温加压法比较，分离液中的 BOD_5 浓度低 $40\% \sim 50\%$，锅炉容量可减少 $30\% \sim 40\%$，臭气也比较少。

热处理调理后的污泥脱水性比化学调理污泥更好，但系统的操作与维护较为复杂，而且污泥热处理产生的高浓度蒸煮液回流至污水处理厂时，将明显增加污水处理单元的负荷。

8.5.4 冷冻熔融法

冷冻熔融法是为了提高污泥的沉淀性能和脱水性而使用的预处理方法。当污泥冷冻到 $-20℃$ 后再熔融时，因为温度大幅度变化，使胶体脱稳凝聚且细胞膜破裂，细胞内部水分得到游离，从而可提高污泥的沉淀性能和脱水性。

8.6　污泥脱水

污泥脱水（dewatering）是用真空、加压或干燥方法使污泥中的水分进一步分离。

在过去，污泥干燥床是最常采用的污泥脱水设备，其操作与维护简单，特别适于在一些小型污水处理厂使用。污泥干燥床一般适用于温暖及日照充足的地区。各种污泥干燥床的共同的操作程序是：用泵将消化污泥送至干燥床表面，使厚度达到 0.2~0.3m。如果使用化学调理剂，则在泵送污泥时，将调理剂连续注入污泥中。当注入污泥在干燥床上达到预定高度时，则停止注入并使污泥干燥，直至干燥到所需的固体含量。一般在气候条件有利的情况下，污泥干燥脱水所需时间约为 10~15 天；如果气候条件不佳，则污泥干燥所需时间将延长至 30~60 天。最后用人工或机械方法移除干燥床上的脱水污泥。

为了经济有效地进行污泥干燥、焚烧及进一步处置，必须充分脱水减量化，使污泥可以当作固态物质来处理。所以在整个污泥处理系统中，过滤、脱水是最重要的减量化手段，也是不可缺少的预处理工序。

污泥脱水包括自然干化与机械脱水，其本质上都属于过滤脱水范畴，基本理论相同。

8.6.1　过滤及过滤介质

过滤是给多孔过滤介质（简称滤材）两侧施加压力差而将悬浊液过滤分成滤渣及澄清液两部分的固液分离操作。过滤操作处理的悬浊液（如污泥）称为滤浆，所用的多孔物质称为过滤介质，通过介质孔道的液体称为滤液，被截留的物质称为滤饼或泥饼。

产生压力差（过滤的推动力）的方法有四种：（1）依靠污泥本身厚度的静压力（如污泥自然干化场的渗透脱水）；（2）在过滤介质的一面造成负压（如真空过滤脱水）；（3）加压污泥把水分压过过滤介质（如压滤脱水）；（4）产生离心力作为推动力（如离心脱水）。

过滤介质是滤饼的支承物，它应具有足够的机械强度和尽可能小的流动阻力。工业上常用的过滤介质主要有以下几类：

（1）织物介质，又称滤布，包括由棉、毛、丝、麻等天然纤维及由各种合成纤维制成的织物，以及用玻璃丝、金属丝等织成的网状物，织物介质在工业上应用最广。

（2）粒状介质，包括细砂、木炭、石棉、硅藻土等细小坚硬的颗粒状物质，多用于深层过滤。

（3）多孔固体介质，是具有很多微细孔道的固体材料，如多孔陶瓷、多孔塑料、多孔金属制成的管或板。此类介质多耐腐蚀，且孔道细微，适用于处理只含少量细小颗粒的腐蚀性悬浮液及其他特殊场合。

在污泥机械脱水中，滤布起着重要作用，影响脱水的操作与成本，因此必须认真地选择。对于不同的污泥、不同的脱水机械，可以采用不同的试验方法，确定最佳滤布。

各种滤布中，棉、毛、麻织品的使用寿命较短，约 400~1000h；不锈钢丝网耐腐蚀性强，但价格昂贵；毛纤织物符合机械脱水的各项要求，使用寿命一般可达 5000~10000h。目前，棉织物的应用逐渐减少，而涤纶、棉纶及维纶等的使用逐渐增加。

8.6.2 过滤脱水设备

真空过滤脱水设备是转鼓式真空过滤机；压滤脱水设备主要有自动板框压滤机（图8-4）和厢式全自动压滤机两种；此外，还有滚压式脱水机（图8-5）和离心机（图8-6）。

图 8-4 板框压滤机

图 8-5 水平滚压式脱水机

图 8-6 污泥离心机

现在污泥脱水常用设备有真空脱水机和滚压带式脱水机等。

真空脱水机主要由覆盖有过滤材料或滤布的圆柱形滚筒构成，滚筒旋转时部分浸入污泥槽中，而槽中污泥已经过调理。当滚筒内部有一定真空度时，污泥中的水分被吸入滚筒，并在滤布表面留下固体物质而形成滤饼。滚筒继续旋转，刮刀将形成的滤饼刮除，滚筒继续进入下一个脱水循环。真空脱水处理消化污泥，可得到足够干燥的污泥饼（固体含量为15%~30%），这种污泥饼可直接进行填埋，或作为肥料施用。如果对污泥进行焚烧处理，也可用真空脱水机处理未经消化的生污泥，所得脱水污泥饼直接送入污泥焚烧炉焚烧。

滚压带式脱水机主要由滚压轴和滤布组成。其工作原理是先将调理过的污泥送入浓缩段，依靠重力作用浓缩脱水，使其失去流动性，以免压榨时被挤出滤布带。滚压的方式有对置滚压和水平滚压两种。与真空脱水机相比，该设备的主要特点是：不需要真空加压设备，动力消耗小，不易发生污泥黏附滤布的问题，而且可以连续生产。带式压滤机如图8-7所示。

图 8-7　带式压滤机

8.7　污泥减量化及处置

污泥减量（reduction）是利用湿式氧化或焚烧等化学氧化方法将污泥固体物质转化为更稳定的物质，由于污泥的体积减小，故称为减量。

在污泥不适于用作土壤改良剂，或卫生填埋用地不足的情况下，污泥焚烧是实现污泥减量的一种选择。污泥焚烧可完全蒸发出污泥中的水分，燃烧所有的有机固体物质，只留下少许的灰渣。目前常用的污泥焚烧设备有回转焚烧炉、多段焚烧炉和流化床焚烧炉等。为尽量节省焚烧污泥所需的辅助燃料，污泥在焚烧前应尽量脱水。此外，污泥焚烧炉排出的废气也应妥善处理，以避免造成空气污染。污泥干燥、焚烧系统及其干燥炉、焚烧炉如图 8-8~图 8-10 所示。

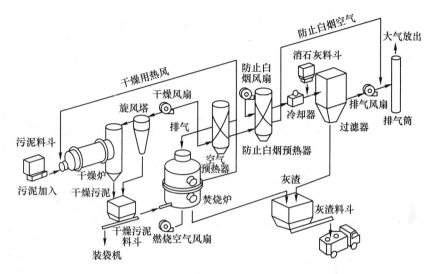

图 8-8　污泥干燥、焚烧系统

图 8-9　干燥炉

图 8-10　焚烧炉

污泥处置（disposal）的可行方案有土地处置（包括农田林地利用和土地填埋）、海洋处置和利用污泥生产产品。

污泥中含有大量植物生长所必需的肥分（N、P、K）、微量元素及土壤改良剂（有机腐殖质），所以污泥农田利用是污泥的最佳处置方法。经过堆肥化处理的污泥和焚烧后的污泥灰渣可直接施于地面，作为作物生长的肥料；也可用于被破坏土地的修复，如废弃的地表采矿区等。污泥的土地利用必须符合我国《农用污泥中污染物控制标准》（GB 4284—2018）的要求。

污泥还可用于生产砖和纤维板材。用污泥制砖的方法有两种：一种是用干化污泥直接制砖；另一种是用污泥灰渣制砖。用干化污泥直接制砖时，应对污泥的成分做适当调整，使其成分与制砖黏土的化学成分相当。利用污泥焚烧灰渣制砖时，灰渣的化学成分与制砖黏土的化学成分是比较接近的，制坯时只需添加适量黏土与硅砂即可。灰渣制砖设备及产品如图8-11和图8-12所示。利用活性污泥中所含粗蛋白（有机物）与球蛋白（酶）能溶解于水及稀酸、稀碱、中性盐的水溶液这一性质，还可用污泥制生化纤维板。将污泥在碱性条件下加热、干燥和加压，使其发生蛋白质的变性反应，制成活性污泥树脂（又称蛋白胶），然后与漂白、脱脂处理的废纤维压制成板材，其品质优于国家三级硬质纤维板的标准。

图 8-11　灰渣制砖设备

图 8-12　灰渣制地面砖

污泥填埋是指将污水处理的残余固体物质，包括污泥、筛渣、砂砾及灰渣等，在特定区域内进行有计划的填埋。污泥既可单独填埋，也可与其他固体废物一起填埋。污泥填埋的操作要求与垃圾填埋相似。

沿海地区，尤其是有大江、大河入海口附近，可考虑把生污泥、消化污泥、脱水泥饼或焚烧灰渣投海。投海污泥最好是经过消化处理的污泥。投海方式可用管道输送或船运，其中管道输送较为经济。在污泥投海工程实施前，必须做好投海区的选择（离海岸10km以外，水深25m左右），以保证海水的稀释与自净作用。但污泥投海容易对海洋生物造成污染，通过食物链等间接危害人类，此法在美国已被禁止。

——— 本 章 小 结 ———

剩余污泥处理一直是困扰我国污水处理技术发展的一个关键瓶颈问题，由于污泥含水率高，脱水困难，易于腐败，严重污染周边环境，近十年污泥处理备受世人关注，也成为了各地受到环保督察的核心问题之一。目前，污泥处理更多的局限于快捷的干燥技术和无害化处理技术研发，面向未来，如何实现污泥的多途径资源循环利用，必将成为发展趋势。

思 考 题

8-1 污泥中水分存在的形式及特点是什么?

8-2 污泥脱水的技术途径主要有哪些?

8-3 污泥浓缩方法及主体设备有哪些?

8-4 什么是污泥调理? 主要采用哪些药剂? 各种药剂的作用是什么?

8-5 如何实现污泥的减容化?

本章提要:

本章重点介绍了高能废弃物-废塑料的安全处理和循环利用方法和技术途径,主要包括废塑料的理化形式,废塑料的物质循环利用技术及废塑料的化学、能源循环利用技术发展现状及世界先进的废塑料资源化利用案例。

9.1 塑料制品的分类及塑料垃圾的主要来源

9.1.1 塑料的分类

塑料作为四大基础材料之一,由于具有质量轻、易于加工、耐磨耐腐蚀、经济实用等特点,至 20 世纪初问世以来,受到极大地欢迎。生产量和需求量逐年增加,塑料制品已经成为生产和生活中不可缺少的基础物质。塑料又称为塑料树脂,是通过单体有机物(通常为 C_2H_4、C_3H_6)经过加聚、缩聚等反应制成的高分子聚合物。根据原料、生产加工工艺及添加物的不同,塑料树脂主要可划分为 11 类,其应用领域和可以生产的产品也各不相同。表 9-1 中汇集了主要塑料树脂的种类、特征、应用领域和主要产品。

表 9-1 塑料树脂及其应用

树脂名称	特性	主要应用领域	产品示例
低密度聚乙烯(LDPE)	防潮、低温性好、具有惰性等	包装	薄膜、食品袋、垃圾袋、电缆、管材、复合纸等
高密度聚乙烯(HDPE)	半透明、韧性高、其他 LDPE 特性	包装	牛奶及清洁剂用包装容器、电线电缆绝缘材料等
聚丙烯(PP)	柔韧性好、抗疲劳性高、耐热等	包装、家具	渔网、薄膜、板材、管材、编织袋、周转箱等
聚氯乙烯(PVC)	透明、易老化、易变脆等(加入助剂可改性)	包装、建筑	各种管道、管件、人造革、薄膜、电线电缆、地板、扶手、线槽等
聚酯(PET)	强韧性、耐疲劳性、耐热性、尺寸稳定性好等	包装、建筑	饮料瓶、复合食品袋、录音磁带、汽车车身、耐磨零件等
丙烯腈-丁二烯-苯乙烯共聚物(ABS)	极好的抗冲击强度、抗蠕变性好、电绝缘性好	机械制造、汽车等	机械零件、电冰箱及洗衣机等内衬
聚酰胺(PA)	拉伸强度优秀、耐磨性优秀等	包装、工业、日用品等	缆绳、刷子、衣服、管材、棒材、复合薄膜等

续表 9-1

树脂名称	特性	主要应用领域	产品示例
聚碳酸酯（PC）	透明、脆、耐热性及加工性能好等	包装、航空航天、医疗器械等	汽车外壳、飞机座舱罩、饮水桶、灯罩、电器零件等
聚苯乙烯（PS）	透明、脆、耐热性及加工性好等	包装、光学仪器等	泡沫包装盘、光学玻璃及仪器等
聚氨酯（PU）	可压制性、绝热、吸音等	建筑、运输、化工、航空等	飞机及车厢等保温、防震及隔音材料等
酚醛树脂（PF）	耐热、耐粉碎、强度大等	建筑、房屋建造等	板、管、棒、电话机、手柄、灯头、插座等

由此可见，塑料材料在包装领域使用的比例很高。同时，由于包装物的使用寿命较短，因此产生塑料废物量也多。

9.1.2 废塑料的产生、特性及危害

2005 年我国塑料制品的年生产量约为 2500 万吨。其中，农用塑料约为 470 万吨，占总生产量的 19%；包装用塑料产品约为 550 万吨，占总生产量的 22%；建筑用塑料产品 400 万吨，占总量的 16%；工业配套用塑料产品 450 万吨，占总量的 18%；日用及医疗用塑料产品 472 万吨，占总量的 19.1%。

废塑料的产生量通常与生产量相对应，大约为生产量的 50% 左右，每年有数千万吨的塑料制品被当作废弃物排放出来。随着塑料生产量的增加，可以预见废塑料的产生量也将相应地扩大，废塑料在固体废弃物中所占的比例也将极大地提高。废塑料的减量化工作将会越来越受到重视。按照废塑料的产生来源，可将废塑料划分为日常生活废塑料、农业废塑料和工业废塑料。

（1）日常生活废塑料：日常生活中产生的废塑料主要包括商品包装用塑料制品、抗震用聚苯乙烯泡沫塑料、塑料容器、家具中塑料部件、各种电器产品及一次性塑料容器和包装制品等。

（2）农业废塑料：农业生产过程中产生的塑料废品多为塑料薄膜、编织袋、各种输水管、排水管及塑料绳索、网具等。

（3）工业废塑料：工业废塑料主要包括生产过程中产生的过渡料（树脂牌号更换过程中产生的前后两种牌号塑料成分都具有的产品）、加工过程中的边角废料、不合格产品等。另外，在生产工艺中采用的因老化、破损而被废弃的塑料制品，如齿轮、油箱、管道、阀门、门窗、电线电缆、办公设备等。

废塑料（图 9-1、图 9-2）由于质量轻，具有抗压缩性，因此回收相当困难。特别是包装用废塑料，体积大，重量轻，蓬散而难以压缩成块，难以收集和运输。废塑料在被任意丢弃和随意堆放时，很容易飘浮于空中，或散落于建筑物、街道及树木上，成为我们常说的"白色垃圾"，极大地影响环境景观，破坏环境卫生。废塑料制品通过常规的填埋方式进行处理时，由于塑料本身的降解性差，在地下埋藏数十年甚至上百年也无法降解，直接妨碍土地的再生循环利用；同时，伴随塑料的部分降解，塑料中具有毒性的化学助剂将会逐渐溶出，并随渗滤液进入地下水，进而造成地下水的严重污染；并且，由于塑料的能源

含量高，塑料的填埋被认为是对能源的极大浪费，因此，欧美等国已经开始通过法律的制定限制塑料的填埋，促进塑料制品的循环利用。其中，荷兰政府明确规定填埋物中的废塑料含量不得超过 5%。

图 9-1　废塑料　　　　　　　　　　　图 9-2　废塑料容器

9.2　塑料垃圾的筛选及回收

由于塑料是由煤炭、石油及天然气等化石资源制成的高分子有机物，通常具有可燃性，热值一般在 33.5~37.6GJ/kg 左右，比煤炭高，比石油略低，因此，废塑料本身就是极好的能源体。废塑料的有效利用不但可以节约一次性资源的消耗，减少温室效应气体的排放，同时可以降低因石油开采带来的环境破坏，起到保护生态环境的作用。废塑料的有效利用主要表现为物质循环利用和能源循环利用。

由于废旧塑料制品种类繁多、组成复杂，同种形状和规格的塑料制品可以通过不同种树脂加工而成。而每种树脂的软化点、熔点及添加剂种类、数量又各不相同，因此，在进行物质循环利用时，必须对树脂进行鉴别、归类和分离，筛选出同类树脂，便于再生加工工艺设计和质量管理。塑料主要可以通过塑料标志鉴别法、常规鉴别法、密度鉴别法、加热分析法、其他鉴别方法进行鉴别。

9.2.1　塑料标志鉴别法

为了促进塑料的回收利用和防止环境污染，国家有关部委发布了相关法规，强制要求塑料制品上明确标注塑料回收标志。塑料标志是标注在塑料制品上用于回收利用的标志，由循环利用图形、塑料代码和相应的缩写代码组成（图 9-3）。

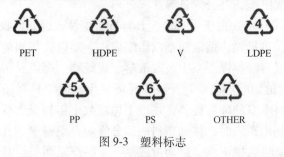

图 9-3　塑料标志

图 9-3 中，缩写代码 PET 代表聚酯；HDPE 代表高密度聚乙烯；V 表示聚氯乙烯；LDPE 代表低密度聚乙烯；PP 表示聚丙烯；PS 表示聚苯乙烯；OTHER 表示属其他种类的塑料制品。

通过识别塑料制品上的回收标志，可以对废塑料进行分类回收，从而节省分拣时间，节省人力物力，提高效率。

9.2.2 常规鉴别法

常规鉴别法主要包括根据热塑性和热固性对塑料鉴别，根据常用塑料制品进行鉴别及根据塑料外观形状进行鉴别等方法。

9.2.2.1 热塑性和热固性鉴别法

塑料可以通过其外观判断出是属于哪一类的。判断依据为塑料的热塑性、热固性和弹性。热塑性塑料具有可溶性，可以反复进行加工。热塑性塑料通常呈透明、半透明及乳浊状；热固性塑料不可溶，只能加工成型一次。通常热固性塑料因含有填料而呈不透明状态，而弹性体具有橡胶的手感，有一定的拉伸率。

9.2.2.2 常用塑料制品鉴别法

常规塑料制品的树脂原料基本保持不变。通过制品的外观可以基本判断出原料树脂的种类：

（1）PS、PC 制品多为透明性好的硬质塑料制品；

（2）HDPE 多用来制造灰色的塑料管、板材、塑料地板、塑料门窗等；

（3）RPVC（软质聚氯乙烯）多用来生产塑料雨具、台布、电线套管、人造革、吹气玩具、塑料凉鞋、拖鞋等；

（4）PE、PP 多用来生产塑料桶、水管、食品袋、微波炉托盘、医药包装瓶等；

（5）PS 多用于制造硬质泡沫塑料、牙刷柄、茶盘、酒杯、衣架、汽车灯罩、硬质玩具等；

（6）ABS 用于制造齿轮、各种家用电器制品的外壳；

（7）PF 用于制造渔船、储罐、储槽、冷却塔、电器开关及插座等；

（8）PS、PVC、PU 等可以制造泡沫塑料；

（9）PET 主要由于制造饮料瓶。

对应于上述制品，可以简单地将塑料分类，分别收集。

9.2.2.3 塑料外观形状鉴别法

由于树脂具有不同的外观性状，可根据不同的外观，如光泽、透明感、硬度、撞击声等，区别不同的废旧塑料品种。

9.2.3 密度鉴别法

根据各类塑料树脂密度的差异，通过材料的密度测定可以大致判断出塑料的品种。

9.2.4 加热分析法

根据塑料树脂熔点和软化点的不同，可以判断塑料的种类。通常熔点可以用差热扫描量热仪（DSC）和热台偏光显微镜进行测定，最为方便而且较准确的方法是利用转矩塑化仪或双辊塑炼机进行塑化温度的测量。热塑性塑料在一定高温下可以被塑化，结晶热塑性塑料的塑化温度在熔点之上，而非结晶热塑性塑料的塑化温度在软化点以上。

9.2.5　其他鉴别方法

除上述塑料鉴别方法外，还有利用塑料对溶剂的反应来鉴别塑料种类的溶剂法，根据塑料燃烧时火焰的颜色、熔融塑料的滴落形式及气味进行塑料鉴别的燃烧鉴别法，以及根据塑料在不同显色剂中的显色现象进行塑料鉴别的显色反应鉴别法等。

9.3　废塑料的物质循环再生利用

对废塑料制品进行鉴别分选之后，可以根据塑料树脂的特性通过直接再生利用法和改性再生利用法将废塑料加工成各式各样的再生制品。

直接再生法是指废旧塑料经过直接塑化、粉碎后塑化或经过相应的前处理粉碎塑化等塑化处理后，再进行成型加工制得再生塑料制品的方法。直接再生利用可根据废旧塑料的不同来源，采用不同的工艺流程和加工方法。直接再生法的工艺流程比较简单，生产成本低，但再生料的制品力学性能比较低，不适合制造性能要求较高的高档产品。

废塑料的改性利用方法是指将不同树脂按一定比例进行混合，并添加具有一定活性的填充料，从而改进再生塑料性能，制成高性能再生塑料制品的方法。其中，不同树脂的混合利用有助于塑料树脂各种性能的相互补充，改善再生料的基本力学性能，满足特殊制品的质量要求，而填充剂的投入可增强塑料制品的弹性和韧性，改善可加工性，增强耐热性、抗老化性和抗腐蚀性等。改性方法的生产成本与直接再利用法相比相对较高，但生产的再生制品在性能上可以达到甚至超过原树脂制品的性能。

9.3.1　直接再生利用案例及工艺流程

直接再生通过单独利用废塑料或添加适量的添加剂，经密炼、热炼、热压等物理加工，制成种类繁多的塑料再生品，具有简单易行、成本低、操作简单等优点。对于一些小型再生品厂来说，非常适用。不过，由于原料主体为废塑料，在无法彻底清洗原料情况下，生产出的产品质量将严重受限，同时，缺乏安全性。因此，该工艺技术多用于制作与人体非直接接触的，且功能简单的产品。表9-2为一些通过直接再生法制造塑料再生品的工艺条件和参数。

表 9-2　废塑料的直接再生生产工艺及相关参数

再生工艺	废旧塑料种类	再生产品	工艺及配方
废农膜生产容器技术	PVC、PE 系列废旧农用薄膜	各种盆、盘、桶等容器	开塑炼化温度控制在 135～145℃ 之间，加适量的无机填料和染料
PVC 废塑料制再生电线穿管	各种 PVC 制薄膜、压延革、管材等	电线穿管	回收料：100；PVC 新树脂：18；硬脂酸钡：0.6；三碱式硫酸铅：2.4；二碱式硫酸铅：1.2；颜料：适量

续表 9-2

再生工艺	废旧塑料种类	再生产品	工艺及配方
PVC 废塑料生产硬质管材	各种 PVC 制品	钙塑 PVC 管材	回收料：100；PVC 新树脂：18；硬脂酸钡：0.6；三碱式硫酸铅：2~3；二碱式硫酸铅：1；碳酸钙：80~100；颜料：适量
PVC 废塑料生产再生地板	各种废旧软质 PVC 制品	再生地板	废旧 PVC 软质制品：100；硬脂酸：2；三碱式硫酸铅：2；二碱式硫酸铅：1；轻质碳酸钙：200~260；氧化铁红：0.3
利用 HDPE 废旧制品制造生产用周转箱	各种废旧 HDPE 废旧制品	周转箱	废旧 HPDPE 废料：100；硬脂酸：0.8；HDPE 树脂：5~8；石蜡：0.5；防老剂：0.2；活性碳酸钙：2~6；炭黑：适量

另外，利用 PE 废塑料制造再生钙塑箱体，用包装废弃塑料制新型环保分类垃圾箱，废旧 VC 材料制造再生鞋类制品，用 PVC 薄膜边角废料制造泡沫人造革，用人造革废料制取软质片材，用废旧低密度聚乙烯生产蔬菜包装袋，用废 PP 制造再生打包带、绳索等技术工艺也已经成熟。具体工艺流程如图 9-4~图 9-8 所示，再生产品如图 9-9~图 9-11 所示。

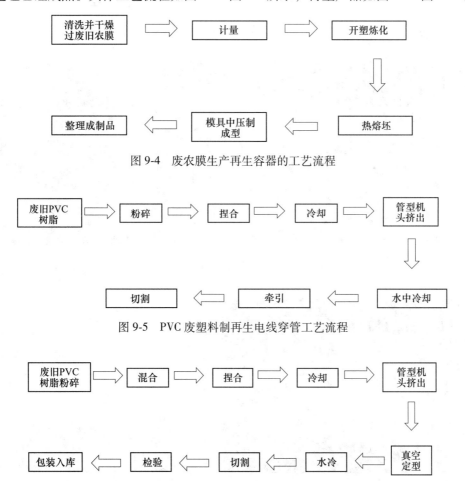

图 9-4 废农膜生产再生容器的工艺流程

图 9-5 PVC 废塑料制再生电线穿管工艺流程

图 9-6 PVC 废塑料生产硬质管材工艺流程

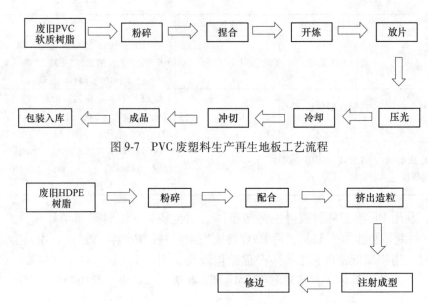

图 9-7　PVC 废塑料生产再生地板工艺流程

图 9-8　利用废 HDPE 树脂制造生产用周转箱工艺流程

图 9-9　再生塑料制品

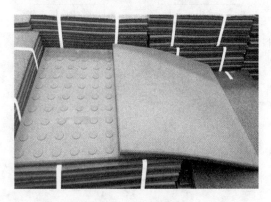

图 9-10　再生塑料板

图 9-11　再生地板

9.3.2 改性再生利用及工艺流程

废塑料改性利用主要包括物理改性利用和化学改性利用两种方法。物理方法是指通过机械加工方法将不同种类的塑料树脂混合在一起，或在塑料树脂中混入助剂，从而制成高性能再生塑料制品的工艺方法。化学改性是指塑料树脂通过参加化学反应使其性能得以改进的塑料再生方法。其中，物理改性利用又包含共混改性、充填改性、增强改性等方法；化学改性利用主要有氯化改性、交联改性、接枝共聚改性等方法。

共混改性是指将两种或两种以上的塑料树脂按一定配比通过共同混合制成共混聚合物的工艺过程。充填改性是指通过向废旧塑料中添加填充剂，从而增强制品的强度和刚性，改善和调节电性能、热膨胀系数、减少制品的收缩性、提高耐热性能的改性方法；增强改性是指通过在塑料树脂中加入一定比例的玻璃纤维、合成纤维及天然纤维等纤维制品，从而制成具有优良抗拉伸强度及韧性的再生塑料制品的工艺方法。

（1）回收聚乙烯和木纤维混合物制柑橘箱。回收的聚乙烯废旧塑料经清洗、粉碎后按表9-3配方混合制料，进而加工成制品。

表 9-3　废塑料改性再生制塑料容器配方

配　方	质量比 A_1	质量比 A_2
聚乙烯再生料	100	100
木　屑	122	65
滑石粉	30	40
石棉粉	30	52
硬碳酸钙	5	4.7
炭　黑	适量	适量

（2）用 NBR（丁腈橡胶）及 CPE（氯化聚乙烯）等弹性体改性剂对废旧 PVC 软制品进行增韧改性生产塑料泡沫鞋底表9-4 为化学改性配方，生产工艺流程如图9-12 所示。

表 9-4　废塑料化学改性配方

配　方	质量比	配　方	质量比
PVC 废料	90	活化碳酸钙	15
PVC 树脂	10	过氧化二异丙苯 DCP	0.2
NBR	6	稳定剂	1.6
CPE	4	增塑剂	8

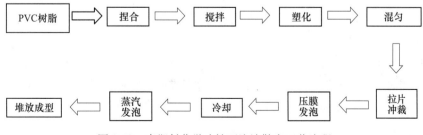

图 9-12　废塑料化学改性至泡沫鞋底工艺流程

9.4　废塑料的循环利用技术

9.4.1　废塑料油化技术

由于塑料树脂是由有机分子单体聚合成的高分子有机物，因此，在高温条件下塑料将发生热裂解，生成分子量较小的烃类及其衍生物等低分子有机物。通过控制热分解的操作参数，可以从塑料的热分解过程中制造出类似于轻油、汽油及重油的液体燃料，这一工艺过程被称为塑料油化工艺。油化和高炉还原剂、炼焦等塑料利用技术被称为化学循环利用法（Chemical Recycle）。

9.4.1.1　热解产物

高分子固体废物的热解产物，随高分子的种类及热解条件而有所不同。塑料受热分解后的产物又可分成解聚反应型塑料和随机分解型塑料，以及二者兼而有之的中间分解型塑料。大多数塑料的受热分解二者兼而有之。各种分解产物的比例随塑料种类、分解温度的不同而不同，一般温度越高，气态的（低级的）碳氢化合物的比例越高。

塑料中含氯、氰基团时，热分解产品一般含 HCl 和 HCN。由于塑料制品含硫较少，故热分解得到的油品含硫分也相应较低，是一种优质的低硫燃料油，为此，日本开发了废塑料与高硫重油混合热解以制得低硫燃料油的工艺。

9.4.1.2　热解工艺流程

废塑料具有导热系数较低、品种混杂分选困难等特点，因此需用独特的废塑料热解流程。

（1）分解流程。这是日本三菱公司开发的一种热解塑料流程。废塑料被破碎成约 10mm 的颗粒送入挤出机，加热至 230～280℃使塑料熔融。如含聚氯乙烯，则产生的氯化氢可在氯化氢吸收塔回收。熔融的塑料再送入分解炉，用热风加热到 400～500℃分解，生成的气体经冷却液化回收燃料油。

（2）聚烯烃浴热解流程。这是日本川崎重工开发的一种方法。它是利用 PVC 脱 HCl 的温度比 PE、PP 和 PS 分解的温度低这一特点，将 PE、PP、PS 在接近 400℃时熔融，形成熔融浴液使 PVC 受热分解。把 PVC、PE、PP、PS 加入到 380～400℃的 PE、PP、PS 的热浴介质中，分解温度低的 PVC 首先脱除 HCl 汽化，然后 PE、PP、PS 熔融形成热浴媒体，再根据停留时间的长短 PE、PP、PS 逐渐分解。该流程的优点是用对流传热代替导热系数小的热传导。

（3）流化床法。流化床热分解炉中流化用的气体可用预热过的空气，部分废塑料燃烧产生热量供加热用。热媒体用 0.3mm 粒径的砂，热风把媒体层加热到 400～450℃，破碎成 5～20mm 大小的废塑料送入分解炉后，从热媒体获得热量进行分解，同时部分废塑料燃烧产生的热量可加热塑料，供给分解需要的热量。流动层内设置搅拌桨，以保证流化床层温度均匀，同时防止废塑料与热媒体黏附在一起变成块状物阻止流化的进行。该热解炉的优点是内热式供热，热效率高。该方法操作简单、控制容易，适合于负荷波动较大的情况选用。

废塑料简易油化系统如图 9-13 所示。目前废旧塑料的油化法已有槽式、管式炉、流化床和催化法。其工艺特点见表9-5。

图9-13　废塑料简易油化系统

表9-5　废塑料热解装置类型及其特点

方法	特点		优点	缺点	产物特征
	熔融	分解			
槽式法	外部加热	外部加热	技术简单	加热设备和分解炉大；传热面易结焦；废旧塑料熔融量大，紧急停车困难	轻质油、气体、残渣
管式炉法	用重质油溶解或分散	外部加热	加热均匀，油回收率高；分解条件易调节	易在管内结焦；需均质原料	油、废料
流化床法	不需要	内部加热（部分燃烧）	不需要熔融；分解速度快；热效率高；容易大型化	分解生成物中含有机氧化物，但可回收其中馏分	油、废气
催化法	外部加热	外部加热，采用催化剂	分解温度低；结焦少；气体生成率低	炉与加热设备大；难于处理PVC塑料；应控制异物混入	

注：上述工艺所得到的产物以油为主，同时也包含可燃性气体、残渣。

　　槽式法：槽式法可分为聚合浴法和分解槽法。槽式法的热分解与蒸馏工艺比较相似，加入槽内的废旧塑料在开始阶段受到急剧的分解，通过压力控制调节挥发性分解物在分解炉内的滞留时间。分解物经过冷却、分离处理后，油分回收，气体作为燃料用于系统内部。槽式法的油回收率一般为57%~78%。

　　管式炉法：管式炉法主要采用了管式蒸馏器、螺旋式炉、空管式炉及填料管式炉等设备，并通过外部加热方式进行供热。管式炉法比槽式法的操作工艺范围宽，油的收率较高。

　　流化床法：此法具有生产效率高、燃料消耗少等特点。由于采用空气为流化载体，当空气流经高温流化床层时，引发部分燃烧反应，消耗固体残渣，因此所需提供的能量较少。此法油的收率可达76%，以PP为原料时，收率可达80%。

　　催化法：此法由于采用了催化剂，因此热分解的温度较低，优质油的收率较高。

　　由于通过废塑料的油化不仅可以使原来难于处理的废塑料得到有效利用，同时还可以节约大量用于生产燃料油的化石资源，欧美及日本等发达国家都建设了各种形式的大型油化设备，集中回收利用废旧塑料。

我国在借鉴国外技术的基础上，也有许多企业研究并开发了各种形式的油化技术，并在国内建成投产了 20 余套生产设备。其中，北京大康技术发展公司研制的"DK-2 废塑料转化燃料装置"，系统为全封闭、连续生产型，出油率达 70%，汽油、柴油各占 50%。山西永济福利塑化总厂开发的废旧塑料油化工程采用了催化法，出油率达到 70%，产品分别为汽油、煤油和柴油等。

以札幌废旧塑料油化工艺进行介绍。伴随日本包装容器循环利用法的实施，塑料包装容器的回收利用得到了强化。为了满足法律要求，札幌市在 2000 年建设了一套废旧塑料油化系统。系统由两套处理能力为 7400t/a（21.75t/d）的油化设备构成。废旧塑料主要来源于北海道各地及日本东北部主要县市。塑料树脂除 PE、PP、PS 以外，还含有 PVC、PET 等难于油化的废塑料树脂。

废塑料油化系统工艺流程如图 9-14 所示，油化系统如图 9-15 所示。回收来的废旧塑料经粉碎机粉碎后，通过磁选机和风选机去除金属及杂物，进而利用造粒机挤压成颗粒状原料，并加以储存。粒状废塑料首先被投入螺旋杆式脱氯设备，在 350℃ 的温度条件下，PVC 中的氯以 HCl 形式从废料中蒸发出来，脱氯后废料被投入到热分解装置，在受热条件下分解成热解油，进而经精馏，生产出轻质油、中质油及重油。从脱氯装置中产生的 HCl 混合气体在燃烧炉内经高温燃烧去除其中有机气体成分后，通过水洗形成盐酸加以回收。系统的产油率为 650kg/t，生产出的油分中轻质油、中质油及重油的比例为 50∶10∶40。油化残渣 130kg/t。可燃性气体 200kg/t。其中，从生成油回收塔中回收的可燃气体在余热锅炉中完全燃烧，并生成高温水蒸气用于系统内部。同时，系统内部还设有两套 2000kW 燃油发电机组，利用重质油生产物进行发电，供应系统内部动力消耗。生产的油产品中有

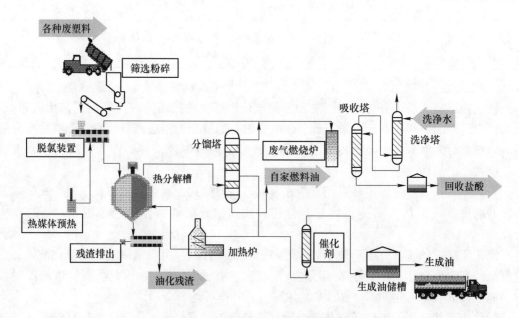

图 9-14　札幌废旧塑料热分解油化工艺流程

图 9-15　札幌废旧塑料油化系统

机氯含量低于 50×10^{-6}，系统排放的尾气中二噁英浓度为 0.0026ng-WHO-TEQ/Nm^3，SO_x 浓度低于 5×10^{-6}，NO_x 低于 100×10^{-6}，完全达到烟气排放标准。因此，此系统具有良好的环境友好性。

9.4.2　替代化石资源

由于塑料树脂主要成分是碳氢化合物，与煤炭有很多相似的性质，因此，通过废塑料的有效利用可以替代化石资源，实现节能减排、保护环境的目的。

日本新日铁公司通过利用废旧塑料替代焦炭，作为还原剂应用于炼铁，开发了废塑料高炉利用工艺。通过该工艺，每年处理约 5 万吨废塑料，同时节约等量的煤炭。经过多年实际运行，证实系统运行可靠，生铁质量不受塑料应用的影响。高炉可处理塑料废物量巨大，在利用过程中塑料残渣混入铁渣，所以无废物发生。烟气为高炉煤气，利用现有烟气净化设备即可处理。此法既可高效利用废塑料，又无二次污染发生，是废塑料减量化的重要途径之一。

新日铁利用废旧塑料作为高炉还原剂的工艺流程如图 9-16 所示。各种收集来的废旧塑料，经鉴别、分类、去除杂物、筛选、清洗后，将 PVC 与其他类型废塑料分别归类。PVC 树脂被送入脱氯装置，经加热脱氯后，与其他类型废旧塑料混合，压缩、造粒成型。造粒后塑料燃料按一定比例与铁矿、焦炭、CaO 等原料配合后，被投入高炉炼铁。高炉煤气经过热量回收、除尘、脱硫等能量回收、净化处理后被送入余热锅炉或燃气引擎，通过燃烧实现发电，以满足钢铁厂内动力消耗。PVC 脱氯后的尾气被送入焚烧炉，通过高温燃烧，尾气中的碳氢化物完全燃烧后，被送入清洗塔，利用水将 HCl 溶解成盐酸，净化尾气。盐酸溶液经浓缩后，作为副产品进行销售。

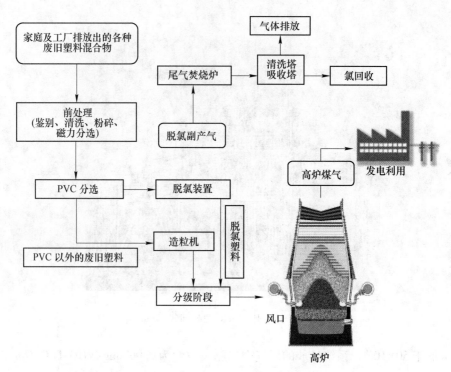

图 9-16　新日铁利用废旧塑料作为高炉还原剂的工艺流程

9.5　废塑料化学循环利用技术

9.5.1　废塑料合成氮肥技术

利用废塑料合成氨生产工艺由荏原製作所与宇部产业社合作开发，2003 年建成投产。工艺中采用了两段气化炉。通过塑料的低温气化，高温改质处理后，首先制出富含氢气的合成气，再经气体分离，制成高纯氢气，在催化剂作用下，与氮气最终合成氨。

在该系统中，废旧塑料经鉴别、分类、筛选、粉碎及清洗等前处理后，将 PVC 塑料与其他类型塑料分开。其中 PVC 经脱氯处理后，与其他类型塑料混合，加工成 RDF。塑料 RDF 经高压输料装置从低温流化床式气化装置顶部投入，在氧化剂氧气与水蒸气的作用下，通过不完全燃烧，使废塑料发生热解，生成焦油、高分子碳氢化合物、氢气、CO、CO_2 等热解产物。残渣与流动砂一同从气化炉底部排出，经振动筛分后，流动砂被循环回流化体系，残渣经金属回收处理后，输送至高温裂解炉内，通过高温燃烧，形成熔渣。热分解气体与氧气、水蒸气进入高温裂解炉内，在 1300℃以上的高温条件下，通过改质反应，将焦油成分重整为氢气及 CO。气化及重整用氧气由空气分离装置制造，氧气被应用于氢气生产，氮气与工艺产品中的氢气在催化剂作用下生成氨气，用于氨水及各种氨化肥的生产。改质气体经净化和膜式气体分离装置将氢气分离后，仍含 CO 和部分碳氢化物，作为燃料气体，用于发电。分离出的氢气除可合成氨以外，可用于燃料电池，实现高效发电。

茌原废塑料气化合成氨工艺流程如图 9-17 所示，合成氨系统如图 9-18 所示。

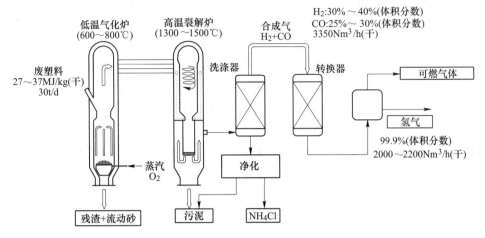

图 9-17　茌原废塑料气化合成氨工艺流程

图 9-18　茌原废塑料气化合成氨系统

9.5.2　废 PET 塑料饮料瓶的回收利用

国外回收的 PET 塑料饮料瓶主要用于制造纤维及 PET 饮料瓶再生。澳大利亚用回收的 PET 作为三层包装瓶的中间层原料，或生产短纤维，用作非织布。美国主要用 PET 生产中空纤维，用作絮棉填充料。另外，美国的 Dyersburg 织物厂用 100% 废 PET 瓶再生 PET 切片生产绒面布，美国 Wellman Fiber 公司开发了室外用面料，利用再生 PET 纤维与其他纤维进行混纺生产衣料，混纺率可达 89%。

20 世纪 90 年代初，日本帝人公司开发了用 PET 塑料生产再生 PET 塑料瓶的工艺技术。在此工艺中，废 PET 瓶经压碎后进行清洗，之后溶解于 EG（乙二醇），在 EG 的沸点温度和常压条件下，进行 PET 的解聚，生成双-对苯二甲酸乙酯（BHET）。经过滤除去滤渣和添加剂后，与甲醇反应生成对苯二甲酸二甲酯（DMT）和 EG。再经过蒸馏，把 DMT 和 EG 进行分离，然后通过重结晶进行 DMT 精制，并利用蒸馏法回收 EG。甲醇循环利用。

回收的 DMT 和 EG 的纯度可以达到 99.99%。DMT 可转化成纯 TPA（对苯二甲酸），用于制造生产饮料瓶的 PET 塑料树脂。该工艺每年可大约处理、再生 20 亿支 PET 废饮料瓶。

———— 本 章 小 结 ————

作为高能聚合物，废塑料被视为废弃物的同时，在更多情况下被作为一种资源，通过各种途径加以循环利用。与传统、简单的废塑料物质循环利用相比，废塑料的化学循环，尤其是利用气化处理技术实现废塑料的化学合成、油化技术等逐步成为发展的主流方向，同时也为废塑料的多途径高效利用带来的光明和启迪，具有巨大的发展潜力。因此，着力发展废塑料的气化技术，将成为解决废塑料污染问题的关键。

思 考 题

9-1　开展废塑料的循环利用有什么重要的社会意义？

9-2　如何进行废塑料的分类？

9-3　废塑料循化利用的主要技术途径有哪些？

10 固体废物处理技术展望

随着科学技术的发展和社会的进步，近 10 年来，人类对于固体废物的态度和认识有了令人瞩目的变化，固体废物本身就是一种"人造资源"，是亟待开发的"第二矿产资源"。对于固体废物的处理已从消极处理变为积极回收利用，从而把当今世界各国城市发展所遇到的两个共同难题——"垃圾过剩"和"能源不足"有机地协调起来。但是，如何通过工艺技术的改革或固体废物的再循环利用，将产生的工业固体废物和生活垃圾变成主要资源，实现真正的"变废为宝"愿望，仍然是摆在全世界人民和各国政府面前的共同课题。

当今科学技术的现代化带来了经济上的飞速发展和社会的空前繁荣，也给人类创造出高度文明奠定了重要基础。但由于人们忽视了经济发展给自然生态系统所带来的负面影响，经济发展的结果不仅使不可再生的矿产资源日趋枯竭，而且造成环境严重恶化。不适当的工业化，不仅造成大量资源浪费、能源紧缺，而且使城市人口迅速膨胀、工业废弃物和生活垃圾急剧增加。据统计，每人每天排出的垃圾量，美国为 $2\sim3kg$，英国为 $1kg$，法国为 $0.8kg$，瑞典为 $0.7kg$，日本为 $1kg$。美国是世界上垃圾最多的国家，其工业废渣年排出量为 19×10^8t，生活垃圾量近 2×10^8t，每年多种垃圾废物总量达 26.16×10^8t。日本东京每天要出动 5000 辆卡车和 100 多艘轮船往返运输垃圾。

科学技术的现代化促进了产品开发和生产技术的现代化。然而，每当技术更新和新产品开发时，企业家首先考虑的是它们的有效性和经济性，却容易忽视这种技术和产品带来的后患。例如，聚氯联苯（PCB）曾开辟过广泛的用途，但人们后来才了解到它对人体有剧毒，被迫停止生产。又如塑料生产已建立了其现代化的技术体系，其产品已统治了整个时代，消费量越来越大，但如今却不得不来解决其很难处理的后遗症。因此，现代技术体系的建立，丰富了物质，方便了生活，但是，集中化、大型化生产过程中产生的大量的工艺废物，对环境造成了深远影响，威胁着人类的生存，这就是现代化带来的后患与危机。

我国的现代化发展要避免走西方发达国家走过的"先污染，后治理"的老路，然而，我国固体废物污染控制技术还很落后，不能完全适应现代社会污染控制目标。因此，现今的技术体系首先要从思想上进行变革，才能实现我国经济的可持续发展。其主要途径主要有 3 个：充分利用有限的资源、抑制废物的产生、废物的循环利用和无害化。

固体废物处理是一项庞杂的浩大工程，涉及环境学、医学、化学、力学、化工、冶金、电力电子、机械等多学科领域的专门理论和现代科学技术方法，因此是一项综合性很强的技术工程。我国在本领域起步较晚，总体技术水平与发达国家还有一定差距，尤其是固体废物资源开发利用领域的科学及技术水平差距较大。因此，应积极引进国外先进技术，加强自己的研究开发，建立起一套适合我国的固体废物资源化技术体系。

我国在固体废物资源利用方面主要存在以下问题：

（1）缺乏再生资源工艺技术。固体废物外形多变、大小悬殊、成分复杂，对处理它的工艺流程必须深入调查、认真研究，通过反复试验，最后提出一套适合多种形状、大小尺寸和能分离各种有用成分的预处理和分选工艺流程。

（2）缺乏关键设备。我国目前的固体废物处理普遍存在的问题是机械化程度低，设备陈旧不配套。要提高我国垃圾处理的科学技术水平，必须在技术设备上狠下力气，除借鉴引进国外先进技术外，特别要加强预分选关键设备的研制和推广工作，主要包括破碎筛分、风选、磁选、高压静电分选、涡流分选以及低温冷冻分离等设备以及废电子元器件、多种混杂废料的分选工艺设备。

（3）亟待加强固体废物资源化再循环技术的开发研究。固废物质资源化再循环技术可归为两类，即物质回收型资源再生系统和能源回收型资源再生系统。比较合理的工艺路线应是在物质回收系统后连接能源回收系统，这样才能达到既节约资源又保护环境的双重目的。因此，加强再循环技术研究与开发以实现资源、能源的双重回收，是一项具有现实意义和时代意义的重大课题。

根据我国国情，固废中再利用程度最大的是废钢铁和废有色金属铜、锌、铝，其次是城市生活垃圾，包括化工轻工产品废橡胶、废塑料和废纸，在这些废物中存在着巨大的回收利用潜力和开发价值。因此，今后相当长的时期内，应当把研究方向和开发内容集中在下列领域：

（1）废钢铁的再生利用；

（2）废杂有色金属的再生利用；

（3）废塑料的再生利用；

（4）废纸的再生利用技术；

（5）废橡胶的再生利用及轮胎翻新技术；

（6）废化纤的再生利用；

（7）废玻璃的再生利用；

（8）粉煤灰的综合开发利用技术；

（9）城市生活垃圾、下水道污泥的开发利用；

（10）通过焚烧、热解和生物转化（厌氧消化）从固体废物中提取能源供发电和供热等技术。

随着计算机技术的发展和应用，固体废物处理工程技术将达到更高的水平，高度综合的现代化固体废物处理厂，将会以崭新的面貌出现在城市中，分门别类地把成分复杂的固体废物转化成资源和能源物质送往专门的加工厂使用。

参 考 文 献

[1] 杨娜，邵立明，何品晶. 我国城市生活垃圾组分含水率及其特征分析 [J]. 中国环境科学，2018，38（3）：1033-1038.

[2] 聂永丰. 三废处理工程技术手册（固废卷）[M]. 北京：化学工业出版社，2000.

[3] 国家统计局能源统计司. 中国能源统计年鉴 2011 [M]. 北京：中国统计出版社，2011.

[4] 解强，边炳鑫，赵由才. 城市固体废弃物能源利用技术 [M]. 北京：化学工业出版社，2004：31.

[5] 中华人民共和国统计局. 中国统计年鉴 2010 [M]. 北京：中国统计出版社，2010.

[6] 吴鸿钧. 城市垃圾处理技术及应用前景 [J]. 工程与技术，2000（12）：14-16.

[7] Environment FARA. Municipal waste management in the European Union [OB/EL]. http：//www. defra. gov. uk/environment/waste/statistics/index. htm，2006.

[8] 杜吴鹏，高庆先，张恩琛，等. 中国城市生活垃圾排放现状及成分分析 [J]. 环境科学研究，2006（5）.

[9] 顾润南. 城市生活垃圾处理技术综述 [J]. 青海环境，2001，11（4）：152-155.

[10] 段世江. 我国城市生活垃圾问题及管理对策探讨分析 [J]. 河北大学学报（哲学社会科学版），2001（1）：563-570.

[11] 张云，刘长礼，刘平贵，等. 石家庄市地下水源保护区的堆放垃圾污染与防治 [J]. 水文地质工程地质，2006（1）：115-119.

[12] 国家环境保护总局污染控制司. 城市固体废弃物管理与处置技术 [M]. 北京：中国石化出版社，2000.

[13] 尚谦. 城市生活垃圾的危害及特性分析 [J]. 黑龙江环境通报，2001，25（2）：31-37.

[14] 马洪辱，林聪，张运真. 城市垃圾处理技术应用探讨 [J]. 中国沼气，2006，24（3）：36-40.

[15] 王明武. 城市生活垃圾处理方法综述 [J]. 矿山环保，2000（1）：13.

[16] 杜吴鹏，高庆先，张恩琛，等. 中国城市生活垃圾排放现状及成分分析 [J]. 环境科学研究，2006，19（5）：85-90.

[17] 赵由才，柴晓理. 生活垃圾资源化原理与技术 [M]. 北京：化学工业出版社，2001.

[18] 余昆朋，张进锋. 生活垃圾焚烧处理技术的发展分析与建议 [J]. 环境卫生工程，2009（3）：12-16.

[19] Gullett B K, Sarofim A F, Smith K A, et al. The Role of Chlorine in Dioxin Formation [J]. Process Safety and Environmental Protection. 2000，78（1）：47-52.

[20] Sorum L, Gronli M G, Hustad J E, et al. Pyrolysis characteristic and kinetics of municipal solid wastes [J]. Fuel，2001，80（9）：1217-1227.

[21] Wu C H, et al. Thermal treatment of coated printing and writing paper in MSW：pyrolysis kinetics [J]. Fuel，1997，79（12）：1151-1157.

[22] 孙立，张晓东. 生物质热解气化原理与技术 [M]. 北京：化学工业出版社，2013.

[23] Belgiorno V, De Feo G, et al. Energy from gasification of solid wastes [J]. Waste management，2003，23（1）：1-15.

[24] 陶渊，黄兴华. 城市生活垃圾综合处理导论 [M]. 北京：化学工业出版社，2006.

[25] 任连海，田媛，何亮. 城市典型固体废弃物资源化技术与应用 [M]. 北京：冶金工业出版社，2003.

[26] 郝广才，张全，赵由才. 基于集装化外运与综合型处理的上海市生活垃圾管理对策 [J]. 环境污染与防治，2006，28（11）：834-858.

[27] 刘荣厚，牛卫生，张大雷. 生物质热化学转换技术 [M]. 北京：化学工业出版社，2005.

［28］刘荣厚. 生物质能工程［M］. 北京：化学工业出版社，2009.

［29］McIlveen-Wright D R, Williams B C, McMullan J T. Wood gasification integrated with fuel cells［J］. Renewable Energy, 2000（19）：223-228.

［30］Pa Y G, Roca X. Removal of tar by secondary air in fluidized bed gasification of residual biomass and coal［J］. Fuel, 1998（7）：1703-1709.

［31］吴亭亭，曹建. 等温热重法生物质空气气化反应动力学研究［J］. 煤气与热力，1999（2）：3-5.

［32］李志合，易维明，柏雪源. 生物质闪速热解挥发特性的研究［J］. 可再生能源，2005（4）：29-31.

［33］肖睿，董长青，金宝升，等. 聚丙烯类废塑料空气气化特性试验研究［J］. 燃烧科学与技术，2003，9（4）：348-352.

［34］李延吉，李爱民，李润东. 生物质富氧气化颤器特性的试验研究与灰色关联分析［J］. 热力发电，2004（10）：25-28.

［35］吴创之，阴秀丽，徐冰燕. 生物质富氧气化特性的研究［J］. 太阳能学报，1997，18（3）：237-242.

［36］Chen Ping, Xie Jun, Yin Xiuli, et al. Comparison of sawdust gasification in bubbling fluidized bed gasifier and circulating fluidized bed gasifier［J］. Journal of Fuel Chemistry and Technology, 2006, 34（4）：417-421.

［37］张建安，刘德华. 生物质能源利用技术［M］. 北京：化学工业出版社，2009.

［38］Roberto Coll, Joan Salvado, Xavier Farriol. Steam reforming model compounds of biomass gasification tars：Conversion at different operating conditions and tendency towards coke formation［J］. Fuel Processing Technology, 2001, 74：19-31.

［39］Schuster G, Ler G, Weigl K, et al. Biomass steam gasification an extensive parametric modeling study［J］. Bioresource Technology, 2001, 77：71-79.

［40］Chaudhari S T, Dalai A K, Bakhshi N N. Production of hydrogen and／or syngas（H_2+CO）via steam gasification of biomass-derived chars［J］. Energy and Fuels, 2003, 17（4）：1062-1067.

［41］Hu G X, Huang H, Li Y H. Hydrogen-rich gas production from pyrolysis of biomass in an autogenerated steam atmosphere［J］. Energy and Fuels, 2009, 23（3）：1748-1753.

［42］Chen G, Andries J, Spliethoff H, et al. Biomass gasification integrated with pyrolysis in a circulating fluidised bed［J］. Solar Energy, 2004, 76：345-349.

［43］杨树华，李士碹，李在峰，等. 玉米成型燃料氧气-水蒸气气化实验研究［J］. 河南科学，2011，29（9）：1055-1058.

［44］寇公. 煤炭气化工程［J］. 北京：机械工业出版社，1992.

［45］McKendry P. Energy production from biomass（Part3）：Gasification technologies［J］. Bioresource Technology, 2002, 53（1）：55-63.

［46］Warnecke R. Gasification of biomass：Comparison of fixed bed and fluidized bed Gasifier［J］. Biomass and Bioenergy, 2000, 18（6）：489-497.

［47］芈振明，高忠爱. 固体废物的处理与处置（修订版）［M］. 北京：高等教育出版社，1993.

［48］汪宝全.《中华人民共和国固体废物污染环境防治法》实施手册［M］. 北京：中国环境科学出版社，2005.

［49］许时. 矿石可选性研究［M］. 北京：冶金工业出版社，1983.

［50］胡为柏. 浮选［M］. 北京：冶金工业出版社，1983.

［51］杨慧芬，张强. 固体废物资源化［M］. 北京：化学工业出版社，2004.

［52］《三废治理与利用》编委会. 三废治理与利用［M］. 北京：冶金工业出版社，1995.

［53］李金秀. 固体废物工程［M］. 北京：中国环境科学出版社，2003.

［54］ 李国学，张福锁. 固体废物堆肥化与有机复混肥生产［M］. 北京：化学工业出版社，2000.

［55］ 王绍文，梁富智，王纪曾. 固体废弃物资源化技术与应用［M］. 北京：冶金工业出版社，2003.

［56］ 张小平. 固体废物污染控制工程［M］. 北京：化学工业出版社，2004.

［57］ 杨玉楠，熊运实，杨军，等. 固体废物的处理处置工程与管理［M］. 北京：科学出版社，2004.

［58］ 汪群慧. 固体废物处理及资源化［M］. 北京：化学工业出版社，2004.

［59］ 杨国清. 固体废物处理工程［M］. 北京：科学出版社，2000.

［60］ 杨慧芬. 固体废物处理技术及工程应用［M］. 北京：机械工业出版社，2003.

［61］ George Tchobanoglous，Hilary Theisen，Samuel Vigil. Integrated Solid Waste Management［M］. New York：McGraw-Hill，2000.

［62］ 张益，赵由才. 生活垃圾焚烧技术［M］. 北京：化学工业出版社，2000.

［63］ 李国建，赵爱华，张益. 城市垃圾处理工程［M］. 北京：科学出版社，2003.

［64］ 聂永丰. 三废处理技术工程手册（固体废物卷）［M］. 北京：化学工业出版社，2000.

［65］ 赵由才. 危险废物处理技术［M］. 北京：化学工业出版社，2003.

［66］ 赵由才，朱青山. 城市生活垃圾卫生填埋场技术与管理手册［M］. 北京：化学工业出版社，1999.

［67］ Schumacher M M. Landfill Methane Recovery［M］. Noyes Data Corporation，1983：97-145.

［68］ Qin W，Egolfopoulos F N. Fundamental and environmental aspects of landfill gas utilization for power generation［J］. Chemical Engineering Journal，2001，82：157-172.

［69］ Keith A Brown，David H Maunder. Exploitation of landfill Gas：A UK perspective［J］. Water Science and Technology，1994，30（2）：143-151.

［70］ Sandelli G J，Trocciola J C. Landfill gas pretreatment for full cell application［J］. Journal of Power Application，1994，49：143-149.

［71］ Ronald J Spiegel，Trocciola J C. Test results for full cell operation on landfill gas［J］. Energy，1997，22（8）：777-786.

［72］ Rautenbach R，Welsch K. Treatment of landfill gas by gas permeation—Pilot plant results and coMParision to alternatives［J］. Journal of Membrane Science，1994，87：107-118.

［73］ 李慧强，杜婷，等. 建筑垃圾资源化循环再生骨料混凝土研究［J］. 华中科技大学学报，2001，29（6）：83-84.

［74］ 庄伟强. 固体废物处理与利用［M］. 北京：化学工业出版社，2001.

［75］ 周凤华. 塑料回收利用［M］. 北京：化学工业出版社，2005.

［76］ 李勇. 废旧高分子材料循环利用［M］. 北京：冶金工业出版社，2019.